谷藤賢一＝著
text by Tanifuji Ken-ichi

リックテレコム

注 意

1. 本書は、著者が独自に調査した結果を出版したものです。
2. 本書は万全を期して作成しましたが、万一ご不審な点や誤り、記載漏れ等お気づきの点がありましたら、出版元まで書面にてご連絡ください。
3. 本書の記載内容に関して運用した結果の影響については、上記にかかわらず、本書の著者、出版社、制作関係者のいずれも責任を負いかねますのであらかじめご了承ください。
4. 本書の内容は執筆時点の 2013 年 8 月現在のものです。本書に記載された URL やソフトウェアの内容は将来予告なしに変更される場合があります。
5. 本書に掲載されているサンプルプログラムやスクリプト、画面イメージ等は、特定の環境と環境設定において再現される一例です。本書の執筆に際しては、これらについて以下の環境で開発と動作確認を行いました。
Microsoft Windows 7（32 ビット版・64 ビット版）、Mac OS X
6. 本書に掲載されているプログラムコード等の作品のうち著作者が明記されているものの著作権は、各々の著作者に帰属します。

商標の扱いについて

1. Macintosh は米国 Apple Inc. の米国およびその他の国における商標または登録商標です。
2. Windows、Windows 95、Windows XP、Windows Vista、Windows 7、Internet Explorer、Word、Excel 等は米国 Microsoft Corporation の米国およびその他の国における商標または登録商標です。
3. 上記の他、PHP、XAMPP、Apache、Skype、Mozilla Firefox、Google、Google Chrome、Safari、TeraPad、mi、UNIX、Linux、MySQL 等、本書に記載されている製品名、サービス名、会社名、団体名は、一般に各社、各団体または個人の商標、登録商標または商品名です。
4. 本書では原則として ™ マーク、® マーク等の表示を省略させていただきました。

プロローグ

「ショッピングカート」システムを自分で作る！

信じられますか？

PHPのプログラム命令の数々を使いこなす！

夢だとお思いですか？

あなたが手にしているのは、

それらを同時に叶えてしまう画期的な本なのです。

易しすぎず、難しすぎず、

あなたに寄り添うように、ときには突き放すように、

思いを込めて執筆いたしました。

ようこそ、本格的なシステム開発の世界へ！

この本の読者と使い方

❖ 本書はこんな方々を広く対象としています

- ネット店舗のショッピングカートを、自分で作れるようになりたい方
- 外注に頼りっきりのWebクリエイターや企業のWeb担当者の方
- 世の中のPHP講習の料金と期間を知って、ビックリしてしまった方
- IT業界志望の学生さん、転職希望の方
- その他、PHPでもっとプログラミングをやりたくなった方は全員、本書の対象です。

❖ 特にこんな想いを持つ方々には、是非お読みいただきたいのです！

- 超入門書『いきなりはじめるPHP』(拙著)をやってみて、もっと知りたくなった方
- PHPの解説書を何冊も読んでいるのに、なかなか初級を脱出できずに足踏みしている方
- フレームワークを使う前に、一度はゼロからECサイトを作ってみたい方
- Webサービスの立ち上げが目的であり、PHPの習得はなるべく手短に済ませたい方

❖ 次のような方々なら、安心してお読みいただけます

- C/C++やJava、VB、.net等のエンジニアであり、「PHPは初めて」という方
- プログラミング経験はあるけど、SQL(データベース)はやったことのない方
- 学校でPHPを習ったけど「よくわからなかった」とか、「ほとんど忘れてしまった」という方
- 簡単なアプリしか作ったことないけど、本格的な業務システムの世界に入っていきたい方

　　※因みにHTML、CSS、JavaScript等のみのご経験者には、PHPの世界に楽々入って来る方と、意外にご苦労なさる方がおられます。まさにご本人次第です。

❖ 「まるで初めて」という方に…

1行もプログラムを書いた経験のない方や、パソコン初心者の方、ごめんなさい、本書は無理です。一口に入門書と言っても、幅があるのです。是非いちど、拙著『いきなりはじめるPHP——ワクワク・ドキドキの入門教室』を手にとって下さい。多くの初心者が、諦めかけていたプログラミング入門を、この本で見事にクリアしています。それが終わったら、また本書に戻って来てくださいね。

どこまでできるようになるの？

PHPプログラミングで使う基本的な命令を一通り使えるようになります。最初からデータベースを前提にして、ショッピングカートはもちろん、スタッフや商品の追加と変更、ログイン認証、注文データのダウンロード、お客様の会員登録までこの1冊でできちゃいます。つまり、一連の業務システムの基礎を経験することになります。

本書を卒業した頃のあなたは、そこそこ高度な技術を身に付けていることでしょう。もう初心者ではありません。「PHP使い」と名乗ってよいでしょう。後は自分のやりたいことをやってみましょう。やれるようになっています。他の解説書も相当読める力がついています。分からないことに突き当たっても、本書を読み返したりWebで調べたりすれば、大抵は解決できるはずです。そんなご自分の姿を想像してください。

本書の特徴

- 本書はPHP言語の命令を体系的にまとめてはいません。でも、一般の入門書に出てくる命令はほとんどカバーしてあります。ショッピングカートシステムを作っていく中で、必要となったときに必要な事柄が登場するよう書かれているとても珍しい本です。
- ガリガリと「お勉強」しなくてもプログラミングができるように、全体の流れを緻密に作り込んであります。ベテランの方は「おや？」と疑問に思う箇所があるでしょう。初心者の方が無理せず理解できるよう、あくまで初心者の目線で書いているからなのです。
- 誰もが身に付けるべきプログラミングのセオリーを随所でお伝えします。「命令は分かったけど、プロの人たちはどのようにそれを組んでいくんだろう？」という疑問が沸きそうなところに、なるべくセオリーの解説を入れるようにしました。「こういう組み方もあるけど、普通はこうする」とか、「普通はこうするけど、ここではやむなくこうする」とか、考えの過程が分かるように書かれています。

この本の構成

- 第1章は「準備編」です。心の準備からパソコンの設定まで、かなりのページを割きました。とっても大切だからです。
- 第2章では「スタッフ管理」の画面をいきなり作ります。ネットショップ（ショッピングサイト）に必須の店員さんを登録する仕組みが題材です。この章だけで、昔から変わらないコンピューターシステムの基本形を知ることができます。
- 第3章は「商品管理」の画面です。お店の主役は商品ですよね。それを登録したり管理したりする画面の流れは、さっき作った「スタッフ管理」をコピーし改造するだけで、簡単にできてしまいます。第2章でシステムの基本形を知ったからこそできる芸当です。
- 第4章では「ログイン」の仕掛けを作り込みます。多くの方がどうしていいか分からずに悩む「ユーザー認証」の技術を伝授いたします。

- 第5章は「遊び」をやります。遊びを通じて、いくつかの重要な技術を獲得していきます。遊びながらなので、「お勉強」気分はナシですよ♪
- 第6章はいよいよ「ショッピングカート作り」です。憧れのショッピングカートをグングン作っていきますよ！　5章までで自然に身に付いたあなたの力が発揮されることを、この章で実感してください。
- 第7章は「注文受付け」です。お客様がカートに入れた商品の注文をデータベースへ記帳したり、自動でメールを発信します。そう、データベースに注文データが自動で溜まっていく仕組みを作るのです。
- 第8章では「ダウンロード」の機能を追加します。データベースの中に入っている注文データを選んでダウンロードできるようになれば、手元のExcelで集計したり活用できます。
- 最後の第9章は「会員登録」です。一度登録しておけば、毎回住所氏名を入力したりせず、簡単にお買い物ができる仕組みを追加します。ここまでやれたら、かなり本格的なショッピングサイトですよね。

本書の読み方

- 順序が大切です。ページを飛ばさず、じっくり取り組んでください。本格的なシステムの作り方を、煮詰めて煮詰めて、ごく限られたページでお伝えしています。必要な情報ばかりなのです。また前述のとおり、通常の入門書と違って、PHPの命令が体系的ではなしに、本全体に散りばめられています。あなたが辛い「お勉強」をしなくても、プログラミング技術が身につくよう、練りに練った構成になっているからです。いつ新しい命令が登場するか分かりませんから、ページを飛ばさないでくださいね。
- 「分かんないけど動いた」というときは、分かるまで先に進まないでください。「へ～」とか「あ～なるほど！」という感覚が来てから先に進んでください。これ、とても大切なのです。
- 「いろいろやってみてください」とか、「じっくり眺めて理解してください」といった類の指示が頻繁に出てきます。その通り守ってください。先に進んでからあなたが行き詰まらないように、考えて指示しています。

フロー図の見方

第1章と5章を除く扉ページには、その章で作る一連の画面の流れを、ひとつの図で表してあります。こういった図は一般に、フロー図とか画面遷移図などと呼ばれます。
右上の図の長円型の1つ1つが、Web画面1枚に相当すると思って下さい。その中にPHPのプログラムを組んでいきます。それぞれ名前と略称がついており、その画面で何をするのか、なんとな～くイメージできるようになっています。

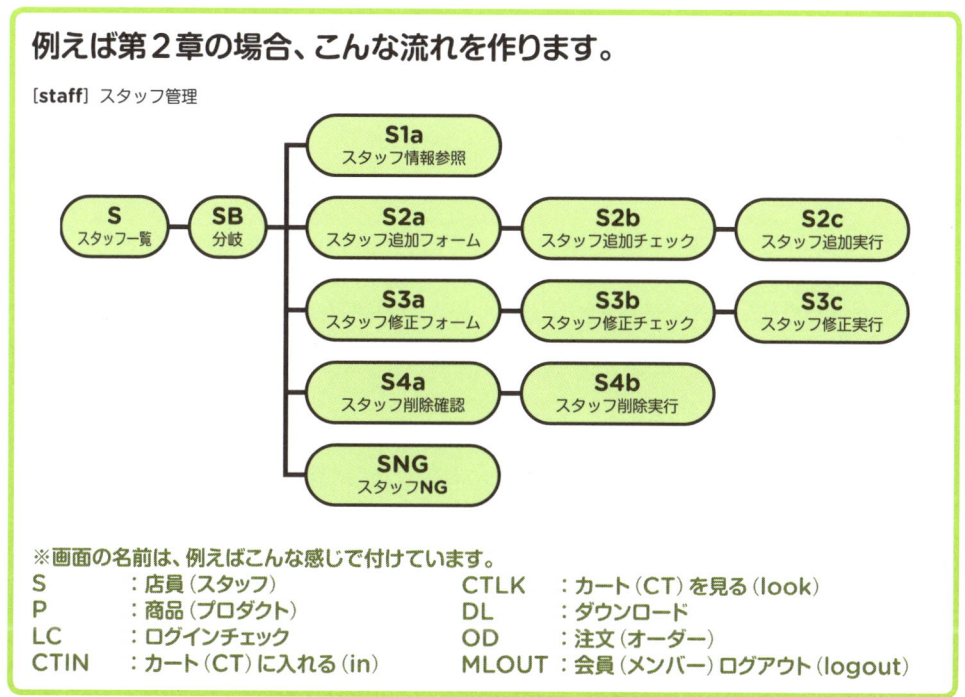

ユーザー、つまりこれから作るショップのお客様やスタッフは、フロー図の左から右側へと順に画面をたどることで、商品を選んだり注文を受け付けることになります。ところがプログラムを作るときは、その順番どおりに作るとは限りません。作りやすさ等の理由もありますが、今回は特別に、楽しく簡単にPHPを理解するための順番を組んであります。ですので、「今どこを作っているの？」の地図が必要だと思いました。それを表すのが、各節の冒頭にある簡易フロー図です。

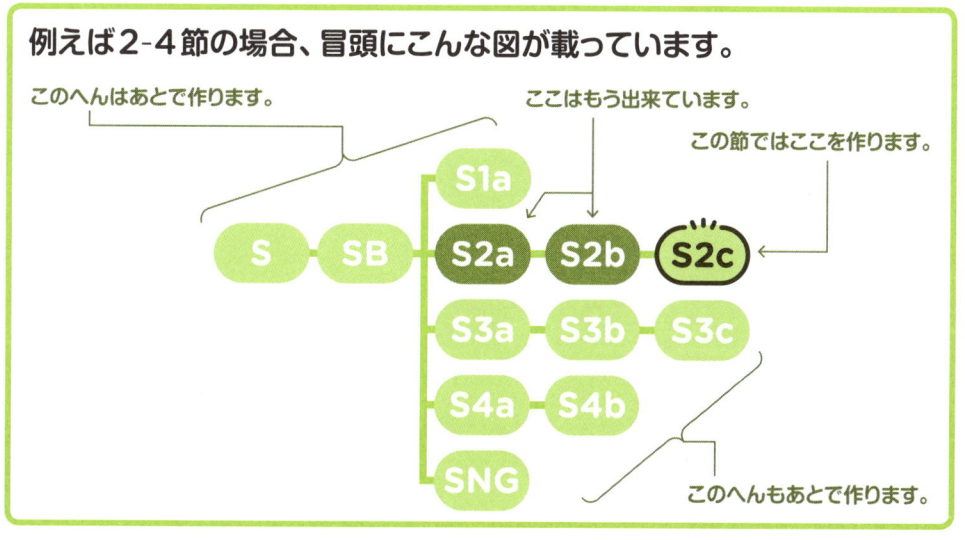

よく見比べてください。略称だけになっていますが、さっきの章扉ページのフロー図と同じ構成です。色の薄い所は、この先どこかで作る予定の画面です。色が濃いのは、もう作り終わった画面です。黒線で縁取られているのが、まさにその節で作る画面です（すでに出来ている画面に後から修正を加えるときも、このマークで表示します）。

試しに[2-1]から[2-2]、[2-3]…[2-8]まで、各節の簡易フロー図を追いかけてみてください。ページを進むと、徐々にシステム全体の流れが形づくられていく様子が見えると思います。自分が今どこにいて、何をしているかが一目でわかると安心ですよね。

ほかにも、いろんな工夫を凝らしてあります。本書に出会ったことを喜んでいただけるよう、できる限りの努力をいたしました。この本によって、あなたの技術が大きく飛躍することを、真剣に願っているのです。

CONTENTS

プロローグ　　　　　　　　　3
この本の読者と使い方　　　　4

Chapter 1　いろいろ準備編　　　　13

1-1	とっても大切な心の準備！	15
1-2	タダでサーバーを手に入れよう！	17
1-3	タダでテキストエディタを手に入れよう！	23
1-4	Windows OSのこの機能はOFFにしよう！	25
1-5	最大の壁！文字化けを防ごう！	27

Chapter 2　お店のスタッフは誰？　　　　37

2-1	データベースを作成しよう！	39
2-2	スタッフを追加する画面を作ろう！	48
2-3	スタッフ情報の入力チェック画面を作ろう！	52
2-4	情報の追加を完了させる画面を作ろう！	61
2-5	スタッフ一覧画面を作ろう！	68
2-6	スタッフ情報の修正画面を作ろう！	72
2-7	好きな画面に分岐ジャンプさせよう！	79
2-8	スタッフの削除画面と参照画面を作ろう！	87

Chapter 3　お店に商品を並べよう！　　　95

- 3-1　商品を追加する画面を作ろう！　　97
- 3-2　ほかの画面を一気に作っちゃおう！　　102
- 3-3　ワクワク♪　商品の画像を追加しましょう！　　110

Chapter 4　関係者以外立ち入り禁止！　　　125

- 4-1　ログイン画面を作ろう！　　127
- 4-2　ユーザー認証の仕組みを作ろう！　　133
- 4-3　ログアウト画面を作ろう！　　139

Chapter 5　遊びでスキルアップ！　　　143

- 5-1　季節の野菜サイトを作ろう！　　145
- 5-2　あの星は！　　149
- 5-3　学生に戻ろう！　　153

5-4	プログラミングの楽しさの真髄！	159
5-5	遊びで身に付けた技術を使って！	164

Chapter 6　憧れのショッピングカートを作ろう！ 167

6-1	まずは商品を表示しよう！	169
6-2	「カートに入れる」機能を作ろう！	173
6-3	カートの中身を見る画面を作ろう！	179
6-4	カートを空にする画面を作ろう！	187
6-5	商品の購入数を変える機能を追加しよう！	189
6-6	カートから商品を削除する機能を作ろう！	196
6-7	大切なお客様のために！	201

Chapter 7　注文を受け付けよう！ 213

7-1	注文フォームの画面を作ろう！	215
7-2	注文チェックの画面を作ろう！	217
7-3	注文登録の画面を作ろう！	225
7-4	注文情報をデータベースに追加しよう！	235
7-5	もっと安全にしよう！	245

Chapter 8　Excelで注文管理したい！　　249

8-1　注文データを日付けで選べるようにしよう！　　251
8-2　注文データをダウンロードしよう！　　258

Chapter 9　お客様に会員になってもらおう！　　271

9-1　会員登録の画面を作ろう！　　273
9-2　会員ログインの仕組みを作ろう！　　284
9-3　会員だけの特典「かんたん注文」の仕組みを作ろう！　　288

あとがき　　295
参考文献　　297
C60のページ　　298
用語索引　　300

Chapter 1

いろいろ準備編

こんなキーワードが出てきますよ!

お勉強禁止!	基礎は後回し!	エラー
XAMPP	Webサーバー	Apache
テキストエディター	拡張子	文字化け
文字コード	Shift_JIS	EUC-JP
Unicode	UTF-8	文字化け対策
htdocs	.htaccess	php.ini
データベースサーバー	MySQL	my.ini
my.cnf	UTF-8N	

スーッと入って行きましょう！

辛いお勉強をしていたら作れません。楽しむことが大切です！

心の準備とパソコンの準備、
プログラミングの世界にスーッと入っていくには
この２つが一番大切かもしれません。
多くの方が、
心の準備がないために挫折してしまいます。
パソコンの設定が分からず、諦めてしまいます。
これから１章まるごと割いて、
大切な大切な準備の仕方を
あなたにお伝えいたします！

行って
みましょう

とっても大切な心の準備!

あなたの手を止めるもの、それは「思い込み」です。
このページを読むだけで自信が沸いてきますよ。

心のあり方次第で、完成までの道のりが全然違ってきます。ここではとても大切なことをお伝えしますので、飛ばさないで読んでくださいね!

「勉強きらいなんだけど…」 → はいはい、お勉強禁止です!

「なぜ勉強しちゃダメなの!?」 はい、もう学校じゃないですよ。予習も復習も確認テストも不要です。もちろんマル暗記も不要です。大切なのは、ちょっとだけ頭を使って、そして実際にやってみること。ガリガリ詰め込む暇があったら、手を動かしてください。「あ!動いた!」という感動を味わってください。サッカーを覚える近道は、ルールブックの暗記よりも、まずボールを蹴ってみることです。クロスワードパズルを始める前に、辞書をマル暗記する人なんていませんよね。それと同じです。

「そうは言っても基礎からやらないと…」 → いいえ、基礎は後回し!

「まずは基礎から勉強しなくっちゃ…」と思った方、それはやめましょう。まずは手を動かしてください。「あ!動いた!」の感動が大切です。次に「何でこうなるの?」と疑問に思ったら調べてください。「へ〜なるほど!」という感覚があったら、それが基礎に触れた瞬間です。「基礎は後回し」が鉄則。これなら、辛くないばかりでなく、感動すら味わえますよね。本書で一番大切にしている考え方です。

「事前の設定が大変そう…」→大丈夫！このあと、じっくりやりますから

プログラムを1行も書かないうちに、インストールなどパソコンの事前設定でイヤになってやめてしまった方も多いのではないでしょうか。最初のプログラムを書くまでの準備って、けっこう大変なんです。でもこの後、パソコンの設定をじっくりやっていきますから大丈夫です！

「エラーにビックリ＆ガックリ！」→直せばいいのです

「エラーだ！」とビックリ。「もうダメだ…」とガックリ。エラーが出たら直せばいい、それだけのことです。いけないことでも、恥ずかしいことでもありません。エラーが出るのは当たり前なんです。ベテランだって、たくさんエラーをしますよ。「ほらっ、エラーが出たよ！」って楽しんじゃうくらいに、気持ちに余裕を持ちましょう。

「エラーがなくならない…」→必ずどこかが間違ってます

プログラムを何度見直しても間違ってない。なのにエラー表示が消えない。「もうイヤだ…」となることもあるでしょう。いくら正しいように見えてもミスしている部分が必ずあります。そうしたプログラムの入力ミスには、お決まりのパターンがあるのです。どんどんエラーを出して、慣れていきましょう！

「何だか分からないけど、一応動いた…」→じっくり考えてね

この本は、何も考えなくても最終的にはショッピングカートシステムができてしまうように書かれています。でもそれだけだと、プログラミングの最もおいしい部分をすっ飛ばしてしまうばかりか、スキルアップにもつながりません。「あ～なるほど！」と分かるまで、じっくり考えてください。
「何だ、やっぱりお勉強じゃないか」と言いたい方、いいえ違います！答えを教わりながらクロスワードパズルを埋めていけば完成しますが、それって面白いですか？　自分で解いてこそパズルは楽しいし、そのときガリガリ「お勉強」はしていないと思います。自分なりに頭の中で考えて解くから楽しいし、コツも掴めてくるのですよね。
プログラミングも同じです。「ん～どういう仕組みだろう？」と、理解できるまでじっくり考えてほしいのです。最低限必要な解説はしてあります。「あ～なるほど！」という感覚がやってきてから、次のステップに進むことをオススメします。絶対あきらめず、それを守っていただければ、本書を通じてかなりのスキルアップが期待できますよ！

タダでサーバーを手に入れよう！

1-2

サーバーを手に入れなければ、PHPのプログラミングは始まりません。
でも大丈夫。お金がなくても場所がなくても、手に入れられます。

❖ PHPはサーバー側で動く！

PHPのプログラムは、ホームページと同じ場所に作ります。そう、サーバー内で動くのです。ですので、PHPでプログラミングをやるからには、あなただけのサーバーを手に入れる必要があります。

❖ タダでもらえて場所もとらないサーバーなんてある？

「高いお金払ってサーバーなんて買えないですよ」 という方、大丈夫です。無料でサーバーが手に入ります。「でも部屋に置き場所がないですよ」という方、それも大丈夫です。置き場所に困るようなことはありません。「タダで使えるレンタルサーバーですね？」 という方、それも違います。あなたのパソコンの中にインストールするだけで、まるで自分専用のサーバーを持っているかのように動作してくれるソフトがあるんです。それが「XAMPP」です！ XAMPPは「ザンプ」と読みます。

❖ XAMPPってホントにタダなの？

はい、タダです。オープンソースというフリーソフトだからタダなんです。会費だとかユーザー登録だとか、代わりに何かしなくちゃいけないようなことは一切ありません。さあ、その素晴らしい仮想サーバーソフトのXAMPPをさっそく手に入れましょう！

❖ XAMPPを手に入れよう！（Macユーザー向け）

Macの方はこちらを参考にして、ダウンロードからインストールまでを行ってください。
　　　http://www.apachefriends.org/jp/xampp-macosx.html
「xamp mac」で検索してもたどり着けます。秋葉原にある筆者の教室にいらしたMacユーザーで、うまくいかなかった方は今のところほとんどいませんので、焦らずにやってみてください。起動方法も上記のサイトに書いてあります。

❖ XAMPPを手に入れよう！（Windowsユーザー向け）

Windowsユーザーの方は、まずこのサイトへアクセスしてください。
　　　http://sourceforge.net/projects/xampp/files/XAMPP%20Windows/1.8.1
どうすればいいか1つずつ説明しますね。

Webページの途中にこんな表示を見つけたら、xampp-win32-1.8.1-VC9.zipというファイルをダウンロードしてください。

● 1-2-1

ここをクリックしてください。10秒ほど待つと、このファイルをどうするか聞いてくるので、デスクトップに保存してください。

※広告の中のダウンロードボタンは関係ありません。ご注意ください。

※ブラウザの種類やバージョンによって操作が違います。がんばってください。

※InternetExplorerで「セキュリティ保護のため～」というメッセージが出た場合、メッセージをクリックすれば先に進めます。

※本書ではXAMPPのVer.1.8.1を使います。最新バージョンがhttp://www.apachefriends.org/jp/xampp-windows.htmlで次々公開されていますが、Ver.1.8.1のままで動作に問題はありません。画面が多少違っても操作に不安のない方は、最新バージョンでチャレンジしても構いません。

ダウンロードができたら、以下の通りにやってみてください。

1. **解凍する**
   ダウンロードしたファイルのアイコンを右クリックし、「すべて展開」を選びます。あとは画面に従って解凍してください。

2. **解凍されたフォルダを移動する**
   解凍された［xampp］フォルダを、まるごとCドライブの中に移動してください。必ずCドライブの直下に置いてくださいね。どれかのフォルダ内に収めると動作しない場合があるので、注意してください。

3. **ショートカットを作る**
   ［xampp］フォルダの中にxampp-control.exeというファイルがあります。これのショー

トカットをデスクトップに作ってください。まず、xampp-control.exeのアイコンをマウスの右ボタンでデスクトップにドラッグします。右ボタンを離して「ショートカットをここに作成」を選ぶと、デスクトップにショートカットが作られます。これでXAMPPのインストールは完了です。

WebサーバーApacheを起動！

さあ、いま作ったショートカットをダブルクリックしてみましょう。XAMPPのコントロールパネルが起動しますので、次のような操作をしてください。

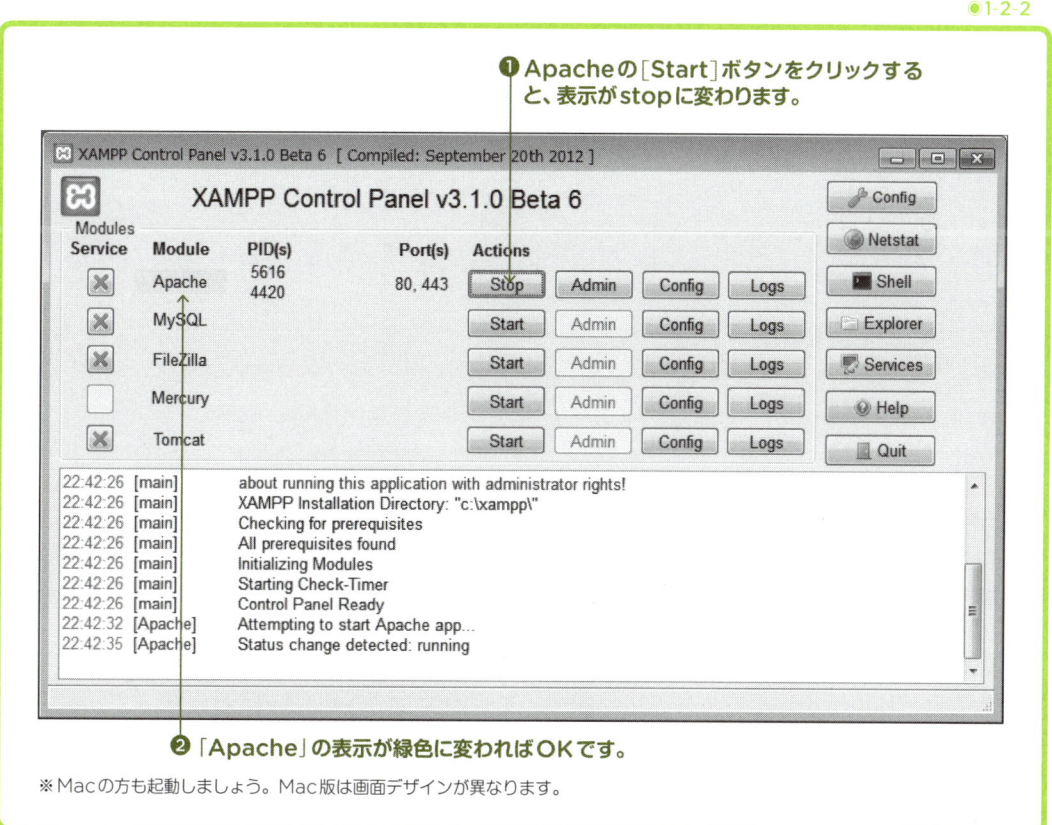

●1-2-2

❶Apacheの[Start]ボタンをクリックすると、表示がstopに変わります。

❷「Apache」の表示が緑色に変わればOKです。

※Macの方も起動しましょう。Mac版は画面デザインが異なります。

うまくいったら022ページに進んでください

もしApacheが起動しなかったら…

もし[Apache]の表示が緑色にならない、黄色になってしまう、緑色になっても3秒くらいで消えてしまう、そんな現象が起こっていたら、これから説明する対策で切り抜けましょう。無事緑色になった方はここを読み飛ばして先へ進んでください。

● Skypeをお使いではありませんか？

　ポートと呼ばれる大切な通信窓口を、パソコン電話のSkype（スカイプ）と奪い合っているために、緑色にならない場合があります。ここで焦ってSkypeをアンインストールしないでください。Skypeを起動して設定画面を開き、以下の操作をしてください。

●1-2-3

「上記のポートに代わり、ポート80を使用」のチェックを外してください。

ここにチェックが入っていると、ポート80という大切な通信窓口を奪い合ってしまい、緑色にならないのです。

　これが済んだら、XAMPPコントロールパネルの［Quit］ボタンをクリックして一旦終了させてください。そのうえで、もう一度XAMPPコントロールパネルを起動し、Apacheの［Start］ボタンをクリックしてください。今度はどうですか？ 緑色になりましたか？

● Windows 7をお使いではありませんか？

　Windows 7のIISという仕組みと通信窓口を奪い合っている可能性があります。

1. スタートボタンをクリック、「コンピューター」を右クリックし、「管理」をクリックしてください。「コンピュータの管理」画面が開きます。
2. 「サービスとアプリケーション」をクリックして開きます。
　「インターネット インフォメーション　サービス」はありますか？　あれば開いてください。
　なければ「コンピュータの管理」画面を閉じて、この対策は諦めましょう。
3. 「インターネットインフォメーションサービス」の中の「Webサイト」を開きます。
　「既定のWebサイト」を右クリックし、「停止（P）」を選んでください。
4. 「FTPサイト」を開きます。
　「既定のFTPサイト」を右クリックし、「停止（P）」を選んでください。

以上が済んだら、XAMPPコントロールパネルの[Quit]ボタンをクリックして一旦終了させてください。そのうえで、もう一度XAMPPコントロールパネルを起動し、Apacheの[Start]ボタンをクリックしてください。今度はどうですか？ 緑色になりましたか？

●**高度な方法**

まだ緑色にならない方、困りましたね。ここから先は少し高度な方法になります。全然自信のない人は、この後の方法を試してください。

1. まず、[C:¥xampp¥apache¥conf]フォルダの中の、httpd.conf をメモ帳ソフトで開いてください。以下の2つの行がどこかにあるので、このように変更してから上書き保存してください。

    Listen 80　➡　Listen 8080
    ServerName localhost:80　➡　ServerName localhost:8080

2. 次に、[C:¥xampp¥apache¥conf¥extra]フォルダの中の、httpd-ssl.conf をメモ帳で開いてください。以下の3つの行がどこかにあるので、このように変更してから上書き保存してください。

    Listen 443　➡　Listen 444
    virtualhost _default_:443　➡　virtualhost _default_:444
    ServerName localhost:443　➡　ServerName localhost:444

3. XAMPPコントロールパネルの[Quit]ボタンをクリックして一旦終了させてください。そのうえで、もう一度XAMPPコントロールパネルを起動し、Apacheの[Start]ボタンをクリックしてください。今度はどうですか？ 緑色になりましたか？

> **8080に変更する方法を施した方は…**
> この先、ブラウザでアクセスする際に、何度もくり返し
> 　　　http://localhost/ 〜〜〜
> と打ち込むことになります。しかし、上記の方法で80から8080に変更した方は、
> 　　　　http://localhost:8080/ 〜〜〜
> と打ち込んでください。今後いちいち、この指示はしませんので、よく覚えておいてくださいね。

●**その他の方法**

これでもまだ緑色にならない方、いよいよ困りましたね。多くの場合はポート80問題ですので、Skypeの設定など奪い合いを解消すれば解決します。稀にそれでも動作しない場合があるのです。アンチウイルスソフトとの競合、その他予想できないソフトとの競合など、明確な答えはありません。

一番やってみる価値があるのは、[Quit]ボタンでXAMPPコントロールパネルを終了してから、[xampp]フォルダをいったん丸ごと削除してしまうことです。削除が失敗する場合は、[xampp]フォルダの名前を[xampp2]などに変えてしまいましょう。そのうえで、面倒でももう一度、XAMPPをセットアップしてみてください。これで不思議とうまくいくことが多いです。

❖ 動作を確認しよう！

さあ、いつもお使いのブラウザソフト(Internet Explorer、Mozilla Firefox、Google Chrome、Safariなど)を起動して、このURLにアクセスしてください。

　　　http://localhost

このような画面のどれかが出たらOKです！

●1-2-4

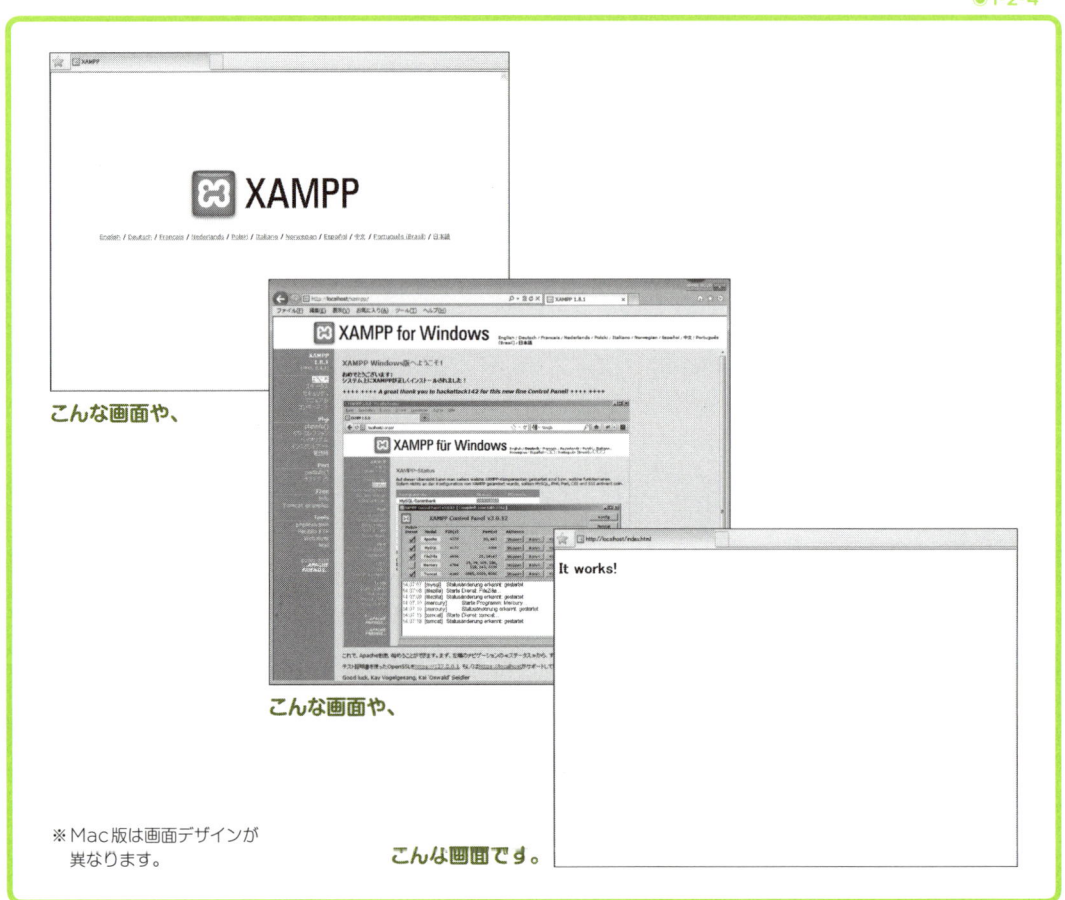

こんな画面や、

こんな画面や、

※Mac版は画面デザインが異なります。

こんな画面です。

これでサーバーが手に入りました。一昔前だったらマンションの1つも買えるくらいお金が掛かったものです。こんなに簡単に、しかもタダでサーバーが手に入るのですから、すごい時代になったものですね。

※Windows Vistaの方で上記のような画面が出ない場合は、[http://localhost]の代わりに [http://127.0.0.1] にアクセスしてみてください。それでうまくいったら、今後、本書の「localhost」の部分にはすべて「127.0.0.1」を打ってください。

1-3 タダでテキストエディタを手に入れよう!

プログラムはテキストエディタというソフトで書きます。
これもタダで手に入れる方法があるのです。

◆「TeraPad」を手に入れよう！

テキストエディタソフトもいろいろあります。こんな条件で探してみました。
　　　・みんなに使われている定番のソフト
　　　・タダで手に入るフリーソフト
　　　・PHPのプログラムを書くのに適していること

見つけたのは、寺尾進氏が作成した「TeraPad」です。Windowsユーザーの方は、このWebサイトからダウンロードして、インストールしてください。
　　　http://www5f.biglobe.ne.jp/~t-susumu/library/tpad.html

◆ Macユーザーには「mi」！

Macで定番のテキストエディタは「mi」（mimikakiから改称）です。このWebサイトからダウンロードして、インストールしてください。
　　　http://mimikaki.net

※本書をあなたが手にした時にはこれらのURLは変更されているかもしれません。
　その際はGoogleなどを使い、「terapad」や「mi」といった単語で検索してみてください。

◆ TeraPadを使いやすくしよう！

Windowsユーザーの方は、TeraPadをこんな設定にしておくと、プログラムを組むときにとても楽になります。ぜひこの設定をしましょう！
「表示(V)」メニューの「オプション(O)」をクリックしてください。

● 1-3-1

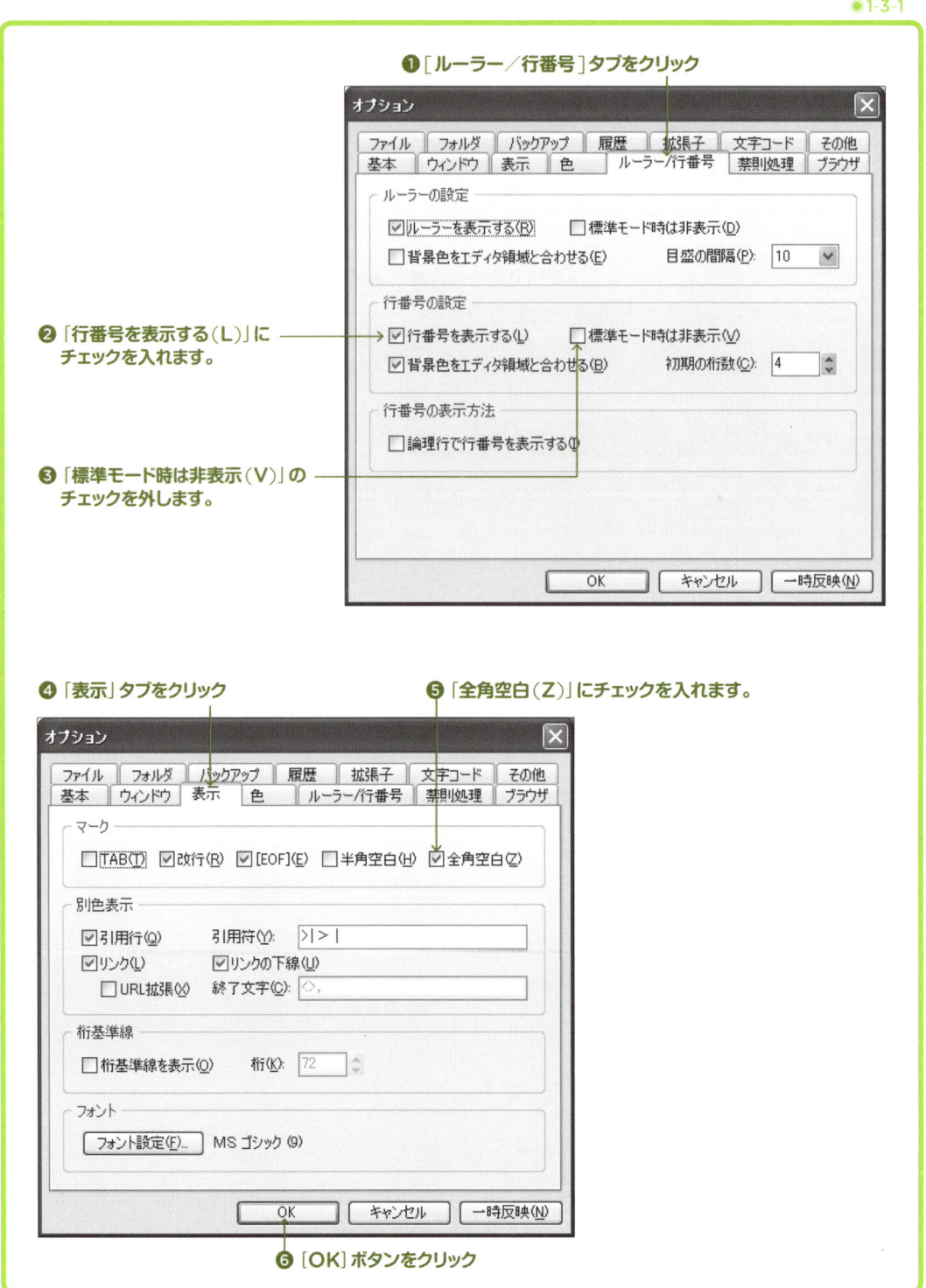

❶ [ルーラー／行番号] タブをクリック

❷ 「行番号を表示する(L)」に
チェックを入れます。

❸ 「標準モード時は非表示(V)」の
チェックを外します。

❹ 「表示」タブをクリック

❺ 「全角空白(Z)」にチェックを入れます。

❻ [OK] ボタンをクリック

※ Macのmiについては、フォント表示を大きくした方がよいかもしれません。

Windows OSのこの機能はOFFにしよう!

1-4

Windowsのパソコンは、購入時のままではプログラミングがしにくい設定になっているのです。簡単な設定変更なのですが、必ずやっておきましょう。

ファイル名の表示の仕方を変える

ファイルの名前って、
　　　hello.txt
　　　mitsumori.doc
というように、後ろに「.txt」等のおまけが付くのが普通です。Word文書なら「.doc」、Excelファイルなら「.xls」、HTMLページなら「.html」など。これを拡張子と言います。

ところが拡張子を表示せず、
　　　hello
　　　mitsumori
とだけ表示するようにする機能がWindowsOSにはあります。新しいパソコンを買ってきた時には、たぶんこの機能がONになっていると思います。これではプログラミングがとてもやりにくいので、この機能をOFFにしましょう。

Windows XP、Windows Vista、Windows 7の方はこのように設定してください。
1. Windowsの[スタート]ボタンを右クリック。
2. 「エクスプローラーを開く（P）」をクリックするとエクスプローラーの画面が開きます（これからもよく使います）。
3. Windows XPの場合、「ツール(T)」をクリックして「フォルダオプション(O)」をクリック。
   Windows VistaやWindows 7の場合は、「整理」をクリックして「フォルダーと検索のオプション」をクリック
4. 次の図のように設定してください。

●1-4-1

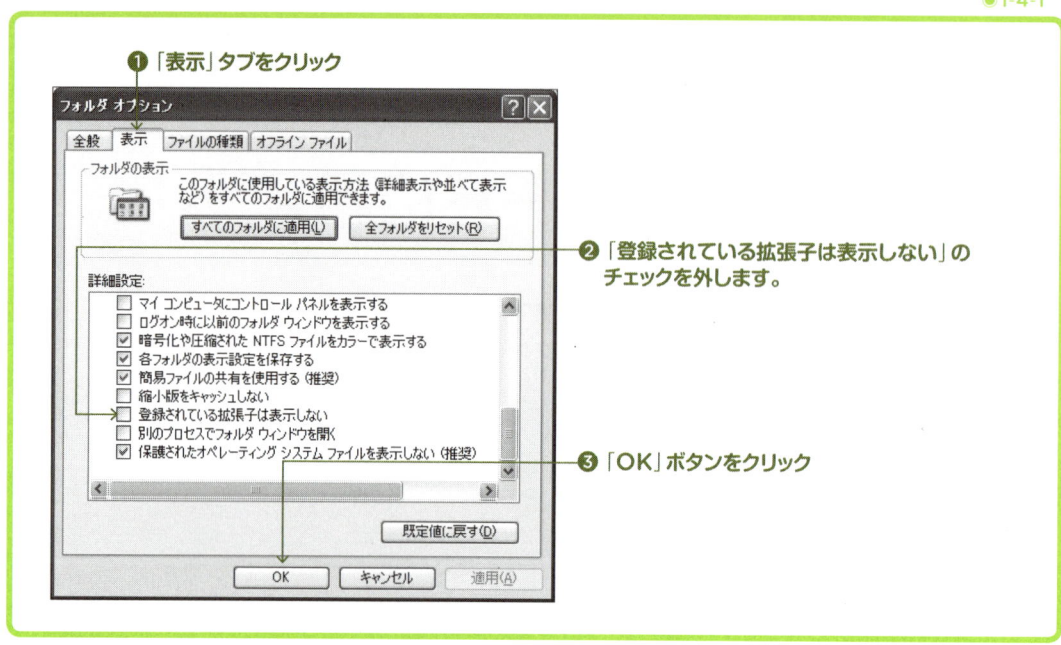

Windows 8の方はこのように設定してください。
　1. Windows画面下のツールバーのエクスプローラーをクリックして起動。
　2.「表示」タブをクリック。
　3. 次の図のように設定してください。

●1-4-2

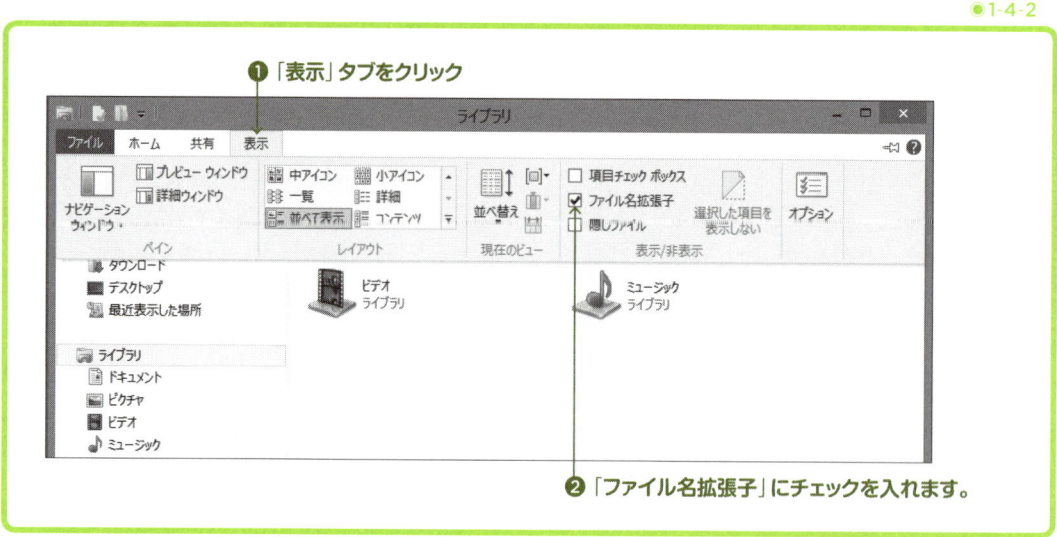

これで、プログラミングがとてもやりやすくなります。
※なおMacをお使いの方は、OSの設定変更をする必要はないでしょう。

1-5

最大の壁！
文字化けを防ごう！

これが乗り越えられず、1行もプログラムを書くことなく諦めてしまう人のなんと多いことでしょう。でも大丈夫です！ 原因を知ったうえで、1つ1つ設定していけばよいのです。

文字化け問題ってナニ？

Webサイトやメール本文の日本語がグチャグチャの表示になってしまう現象が文字化けです。え？ 知ってるって？ 見たことあるって？ そうです。あなたも一度は見たことのあるあれです。あの文字化けを防止するために、裏では涙ぐましい努力がなされているのです。今度はあなたが文字化け対策をするのです。
ここからはうんちくが多くなりますが、知っておいた方がいいと思いますよ。正体を知れば、より理解しながら文字化け問題の壁を越えられると思うのです。

文字には背番号がある！

パソコンの世界では、「あ」の字は82A0番、「い」の字は82A2番…というように、ひらがな・カタカナ・漢字に1つ1つ背番号が振られています。それを文字コードといいます。プログラムの奥の奥では、この番号で文字を管理しているのです。ゴシック体で表示しようが、毛筆体で表示しようが、「あ」の背番号は82A0番で変らないのです。

●1-5-1

背番号には種類がある！

| パソコン Shift_JIS | あ 82A0 | い 82A2 | う 82A4 | ... |
| ワークステーション EUC-JP | あ A4A2 | い A4A4 | う A4A6 | ... |

全く異なる背番号（文字コード）

1-5 最大の壁！文字化けを防ごう！　027

では、いったい誰がいつ、この背番号を振ったのでしょう。1980年代前半、マイクロソフトと日本企業数社が共同作業で背番号を振ったのです。そしてJIS規格（日本工業規格）に登録したのが「Shift_JIS」（シフトJIS）という文字コード規格です。

一方、UNIXというOSを乗せた、ワークステーションと呼ばれるコンピュータの世界があります。パソコンとは別の世界です。こちらの世界でも1980年代に「あ」の字はA4A2番、「い」はA4A4番…と背番号が振られました。これが「EUC-JP」という文字コード規格です。Shift_JISとはまったく違う背番号でしたが、問題ありませんでした。だってパソコンとは別の世界でしたから。あの時代が来るまでは…。

ついにやってきた1995年！

1995年、Windows 95が発売され、ついにインターネット時代の到来です。とんでもないことが起こりました。なんと、Windowsのパソコンで、UNIXサーバーのホームページを見に行く時代がやって来たのです。Shift_JISとEUC-JPがモロにぶつかってしまいます。これこそが文字化けの原因なのです！

Shift_JISとEUC-JPのやりとりで文字化けしないように、プログラムでコード変換、つまり翻訳をしなければならなくなりました。それに失敗したときに起こるのが、そう、文字化けです。つまり文字化けとは、文字コード変換の失敗のことだったのです！

PHPはサーバー側で動くけど…

PHPのプログラムやWebサイトは、サーバー側で動作します。サーバーは多くの場合、UNIXやLinuxで構成されています。だからPHPやWebサイトは、サーバー側の文字コードで記述します。ということはEUC-JPになるのでしょうか。はい正解でした、2000年代までは…。

ところが現在では、EUC-JPは使いません！「なんで？ だってサーバーはUNIXとかLinuxでしょ？ だったらEUC-JPじゃないですか。」 その通りです。しかし2000年代後半くらいから「究極の文字コード」が急速に普及してきたのです。それが「UTF-8」です！

究極の文字コード「Unicode」

UTF-8とは、Unicode（ユニコード）という文字コードの一種です。Unicodeとは「世界中すべての文字に背番号を振って使えるようにしよう」という考え方に立った規格です。ついに日本の携帯電話の絵文字にまで背番号が振られました。「そこまでやるか！」というくらい徹底してやるのです。なので、UTF-8にしておけば、この先よほどの技術革新がない限り安心して使うことができます。有名サイトも急速にUTF-8化を進めました。

● 1-5-2

2000年代後半から、急速にUTF-8へ移行した！

| EUC-JP |  | UTF-8 |

本書ももちろんUTF-8を採用します。Webサーバー、データベースサーバー、テキストエディタ、この3つをUTF-8化する必要があるのです。その方法を、じっくり説明していきましょう。

そもそもWebサイトを開設するってどういうこと？

通常、Webサイトはまずパソコンの中で作ります。インターネットで閲覧できるようにするためには、作ったWebサイトのファイルを、あなたが借りたサーバー（世界のどこかに設置されている大きめのパソコン）の中にある特別なフォルダにコピーしなければいけません。この作業をアップロードといいます。

本書で使うXAMPPには、いろいろな種類のサーバーソフトが入っています。そう、あなたのパソコンの中に、たくさんのサーバーが設置されているのと同じです。その1つがApache（アパッチ）というWebサーバーです。ですので、XAMPPの中にある「特別なフォルダ」に、あなたが作ったファイルをコピーするだけで、アップロードしたのと同じことになり、ApacheがそれをWebサイトとして扱ってくれます。インターネット経由での閲覧はできませんが、実際のサーバー内に置いたのと同じ動作をしてくれます。また、その特別なフォルダの中を直接編集することもできます。実際のサーバーにいちいちアップロードしなくても、あなたのパソコンの中でサクサクとプログラミングができるのです。

特別なフォルダ[htdocs]を探せ！

Webサイトをアップロード（パソコン内なのでコピー）する先の「特別なフォルダ」とは、どこにある何という名前のフォルダなのでしょうか？

それは[xampp]フォルダの中にある[htdocs]というフォルダです。見つけてみましょう。たくさんのフォルダの羅列の中に必ずあります。これこそが、Webサイトのアップロード先なのです！Apacheはこのフォルダ内をWebサイトとして扱ってくれます。

WebサーバーをUTF-8化しよう！（Macの方は不要です）

XAMPPをインストールしただけではまだUTF-8にはなっていません（Macの方は、なっています！）。UTF-8化するためのファイルを作る必要があるのです。TeraPadを起動してください。そして、こんな文を打ってください。ちょっと大変ですが、半角小文字で慎重に打ってください。

●1-5-3

```
1 |php_value output_buffering OFF
2 |php_value default_charset UTF-8
3 |php_value mbstring.detect_order SJIS,EUC-JP,JIS,UTF-8,ASCII
4 |php_value mbstring.http_input pass
5 |php_value mbstring.http_output pass
6 |php_value mbstring.internal_encoding UTF-8
7 |php_value mbstring.substitute_character none
8 |php_value mbstring.encoding_translation OFF
```

打ち終わったら、スペルミスがないか、うっかり全角で打ってしまっているところはないか、チェックしてください。何を書いているのか意味が分からなくてもOKです（後々スキルアップして興味が沸いてきたら、何をしているのか調べてみてください）。

大丈夫ですか？　それではTeraPadの「ファイル(F)」を開き、「名前を付けて保存(A)」をクリックします。デスクトップに、

　　　　　.htaccess

というファイル名で保存します。正確に打ってくださいね。保存する際、ファイルの種類は必ず「すべてのファイル(*.*)」を選んでください。これを忘れると、ファイルがうまく作れません。ドット「.」で始まるし、拡張子もない特殊なファイル名だからです。

この「.htaccess」とは、サーバーに対する指示が書かれた特別なファイルです。サーバーはまずこの「.htaccess」を見にきてくれます。そして「このファイルが存在するフォルダの中は、このファイルに書かれたルールに従う」という仕組みになっているのです。先ほど慎重に書いてもらった文は、「このフォルダの中はUTF-8だよ」という指令になっているのです。

今後、新しいフォルダを作ったら、「その中に.htaccessをコピーしてください」というような指示をいたします。それをやるだけで、そのフォルダ内はUTF-8になってくれます。そのためにいつでも使えるよう、.htaccessはデスクトップに置きましょう（あなたがやりやすいフォルダでも構いませんよ）。さあ、これでWebサーバーをUTF-8化する準備は完了です。

●2-2-3

.htaccessはダウンロードもできます！

自分で作るのが面倒なあなたのために、すでに作成した.htaccessを以下のURLからダウンロードできるようにしました。ダウンロードしたファイルを解凍すると、設定済みの.htaccessが手に入りますよ

http://www.c60.co.jp/download/phpkiso/htaccess.zip

.htaccessについて補足です

本書を卒業後、実際のサーバーにWebサイトをアップロードするとき、.htaccessもいっしょにアップロードして文字化け対策をするのでしょうか。実は、レンタルサーバーもかなりUTF-8化が進んでおります。もしあなたが借りたサーバーがすでにUTF-8になっていたら、.htaccessのアップロードは不要です。

もう1点、大切なお話があります。

他の入門書での文字化け対策には「php.iniを変更せよ」という指示が多く見られます。これも正解です。php.iniはとても大切なファイルなので、本書では危険を避けるため、あえて.htaccessを使った方法をお伝えしています。

データベースサーバーをUTF-8化しよう！（Windows版）

次にデータベースサーバーをUTF-8化します。Cドライブの[xampp]フォルダの中の、[mysql]フォルダの中の[bin]フォルダの中にmy.iniというファイルがあります。それをTeraPadで開いてください。

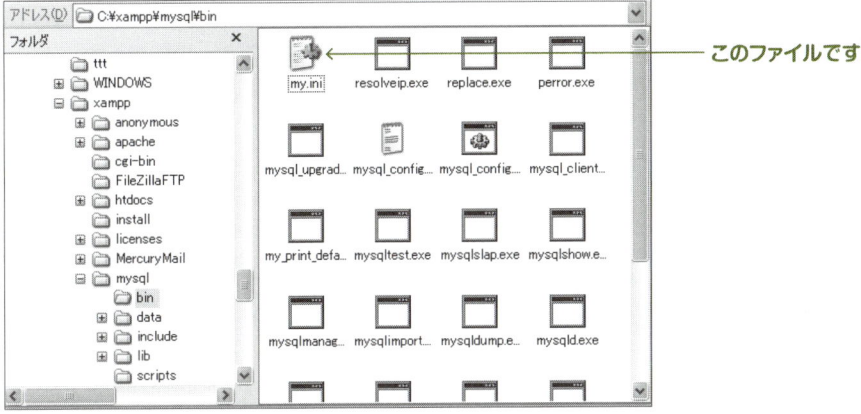

このファイルです

なんだか難しいことがたくさん書いてあるファイルですね〜。文字化け対策を優先しますので、ここではそれぞれの詳しい解説は省きます。以下のように2箇所を変更することに集中してください。これで文字化け対策は完了です！

なお、Macの方はここを飛ばして、その次からご覧下さい。

●1-5-5

1箇所目：[client]のすぐ下に1行追加しましょう。

```
18 [client]
19 character-set-server=utf8
20 #password       = your_password
21 port           = 3306
22 socket         ="/xampp/mysql/mysql.sock"
```

行番号はXAMPPのバージョンによって違うかもしれません。[client]や[mysqld]のすぐ下に追加することが大事です。

2箇所目：[mysqld]のすぐ下に2行追加しましょう。

```
28 [mysqld]
29 character-set-server=utf8
30 skip-character-set-client-handshake
31 port= 3306
32 socket = "/xampp/mysql/mysql.sock"
33 basedir = "/xampp/mysql"
```

1文字も間違ってはダメですよ。無闇にほかのところをいじらないよう、慎重に追加してください。追加したら上書き保存をしてTeraPadを閉じましょう。もし後で文字化けをしたら、ここに戻ってきてくださいね。どこかスペルを間違えたのかもしれませんから。

❖ データベースサーバーをUTF-8化しよう！（Mac版）

\Applications\xampp\etc\ に、my.cnf というファイルがあります。これをmiで開いてください。

Mac版にもなんだか難しいことがたくさん書いてありますね。それぞれの意味の解説はここでは省きます。以下のように3箇所を変更することに集中してください。これで文字化け対策は完了です！

●1-5-6

3箇所それぞれのすぐ下に、以下のように追加しましょう。

```
[client] の下にこの行を追加
character-set-server = utf8

[mysqld] の下にこの行を追加
character-set-server = utf8
skip-character-set-client-handshake

[mysql] の下にこの行を追加
character-set-server = utf8
```

1文字も間違ってはダメですよ。慎重に追加してください。追加したら上書き保存をしてmiを閉じましょう。もし後で文字化けをしたら、ここに戻ってきてくださいね。何かスペルを間違えたのかもしれませんから。スペルミスがないのに文字化けする場合は、MySQLのバージョンを調べてみてください。本書が出た時点では5.5.xxです。5.5.xxより古いバージョンをお使いでしたら、
  character-set-server = utf8
を、こう変えてみてください。
  default-character-set = utf8
5.5.xx以降で仕様が変わったためです。これでもうまくいかない場合は、Webで調べてみてください。本書が出た時点では知られていない最新の解決方法があると思います。

MySQLを起動しよう！

XAMPPのコントロールパネルを開いてください。[MySQL]の[Start]ボタンをクリックしてMySQLを起動します。

● 1-5-7

❸ 起動したら最小化しておきましょう。

❷ 2秒ほどでMySQLの文字が緑色になれば起動OK！

❶ [Start]ボタンをクリックすると、表示がStopに変わります。

すでにMySQLの文字が緑色になっている場合は、一度[Stop]をクリックして停止させてから、もう一度[Start]をクリックしてください。

もしすでにMySQLの文字が緑色になっている場合は、[Stop]をクリックして停止してください。停止したら、[Start]ボタンで再度、緑色にします。こうすることで文字化け対策が有効になります。

もし、緑色にならない、緑色になっても数秒で消えてしまう、などの現象が起こったとしたら、データベースサーバーの起動に失敗しています。先ほどのデータベースの文字化け対策、もう一度よく見直してください。それでも間違っていない場合は、

```
skip-character-set-client-handshake
```
の行を思い切って削除してしまってください。これでうまくいくかもしれません。それでも起動しない場合は…

面倒ですが、[XAMPP]フォルダを削除してしまうか、フォルダ名を[xampp2]とかに変更してから、XAMPPを再度セットアップして最初からやり直してみてください。これでうまくいくケースがあります。いわゆる相性のような原因があるため、心苦しいのですが、スッキリとした解決策をなかなかご提示できないのが現状です。面倒ですがやってみてください。

TeraPadをUTF-8化しよう！

MacのmiはMacのmiは最初からUTF-8になっていますので、対策は不要です。

Windowsの方は、まずTeraPadを起動してください。「表示（V）」を開いて、「オプション（O）」をクリックしてください。オプション画面が開いたら「文字コード」タブをクリックし、次のような設定をしてください。

● 1-5-8

設定をこう変える！

❶ チェックを入れます。 → ☑ 文字/改行コードを自動認識する(J)
❷ チェックを入れます。 → ☑ 再読込は現在の文字コードで行う(R)
❸ UTF-8Nにします。 → 初期文字コード(C): UTF-8N　初期改行コード(E): LF ← ❺ LFにします。
❹ UTF-8Nにします。 → 保存文字コード(D): UTF-8N　保存改行コード(L): LF ← ❻ LFにします。

❼ 最後に[OK]ボタンをクリック → OK　キャンセル　一時反映(N)

「初期文字コード（C）」と「保存文字コード（D）」の選択肢には、それぞれ「UTF-8」と「UTF-8N」の2種類があると思います。「UTF-8N」の方にしてください。「N」のない方を選ぶと、識別用の3バイトデータ（BOMコードといいます）がファイル内に埋め込まれます。これがサーバーで嫌われて、プログラムが動かないことがあるのです。

これでテキストエディタTeraPadのUTF-8化も完了しました！

雛形ファイルをつくろう！

Webサーバー、データベースサーバー、テキストエディタのUTF-8化が完了したところで、今後、楽にプログラミングをしていく準備をしましょう。

プログラムはただ書けばいいというものではなく、お作法があります。プログラムの前後にお決まりの文が入らなければいけない場合が多いのです。それを毎回書いていては大変ですね。ですので、コピーして使い回しができるお作法入りの雛形（ひながた）ファイルを作っちゃいましょう！

まずはテキストエディタを起動してください。そして、以下の文章を慎重に打ってください。画面に表示する文字以外は半角ですよ！

●1-5-9

```html
 1 <!DOCTYPE html>
 2 <html>
 3 <head>
 4 <meta charset="UTF-8">
 5 <title>ろくまる農園</title>
 6 </head>
 7 <body>
 8 
 9 </body>
10 </html>
```

これが何だか分からないって？ いいんです。今は分からなくて問題ありません。興味のある方は、あとで調べてみてください。それより、ミスのないように打ってくださいね。

大丈夫ですか？ ミスはないですか？ それではTeraPadまたはmiの「名前を付けて保存」でデスクトップに、

   hina.html

というファイル名で保存してください。さあ、雛形ファイルができました。今後はこれをコピーして使い回します。とっても楽ができますよ！

設定ごくろうさまでした！

さあ、いよいよショッピングカート実現に向けて
大きな一歩を踏み出しましょう！

準備作業、お疲れさまでした。
これから夢のショッピングカートシステムに向けて
大きな一歩を踏み出しますよ。
楽勝〜！　という場面もあれば、
ん〜これは難関！　という場面もあるでしょう。
人によっても違うと思います。
何度も言いますが、
じっくり、焦らず、楽しみながら。
夢のまた夢と思っていた
ショッピングカートが作れちゃうんです。
さあ、次のページが
その入り口です！

Chapter 2

お店のスタッフは誰？

本章ではこれを作りますよ！

[staff] スタッフ管理

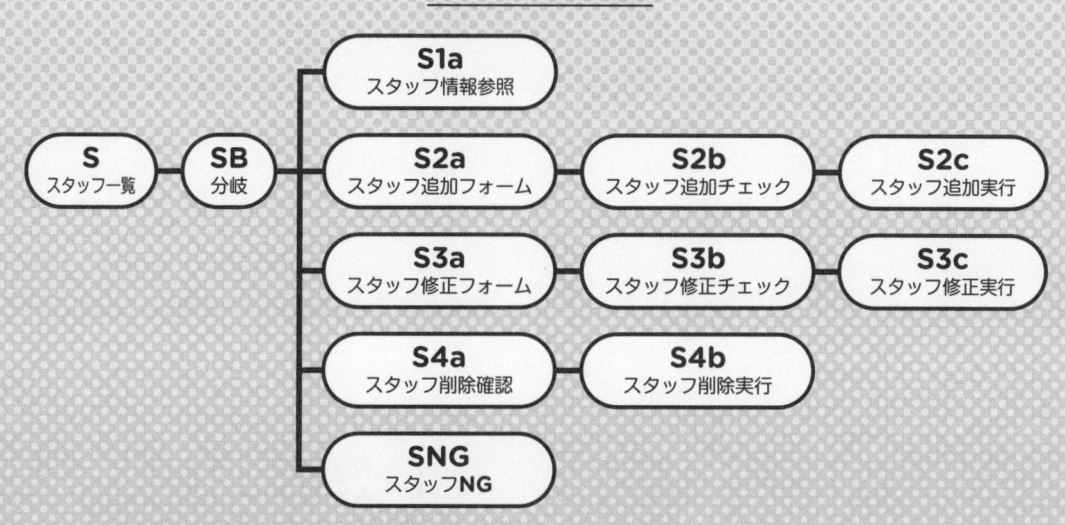

- S スタッフ一覧
- SB 分岐
  - S1a スタッフ情報参照
  - S2a スタッフ追加フォーム → S2b スタッフ追加チェック → S2c スタッフ追加実行
  - S3a スタッフ修正フォーム → S3b スタッフ修正チェック → S3c スタッフ修正実行
  - S4a スタッフ削除確認 → S4b スタッフ削除実行
  - SNG スタッフNG

こんなキーワードが出てきますよ！

データベース作成	フォーム	PHPの書き方	exit
テーブル設定	テキストボックスと初期化	変数	データベースへアクセス
SQL文	ラジオボタン	$_POST	任意ページへのジャンプ
SELECT	hidden	サニタイジング	URLパラメータ
UPDATE	[OK]ボタン	if	GET
INSERT INTO	[戻る]ボタン	エラートラップ	MD5暗号化

ショッピングカートの前に！

お店がなければショッピングはできませんね。

多くの人が「いつかはショッピングカートを作りたい」と
切望してるのに、できる人が少ないのは、
その前にやることがたくさんある、
ということを知らないからです。
まず最初にやるのは、「お店」を作ることです。
本書では、無農薬野菜のオンラインショップ
「ろくまる農園」を題材にして、作っていきます。
そしてお店にはスタッフがいますね。
あなただけのお店だとしても、
あなたがその1人目です。
ですので、まずはスタッフを
登録したり管理したりするための
画面を作りましょう！

2-1 データベースを作成しよう!

いきなりデータベースを作成します。
「え〜!いきなりですか!?」
はい。だってスタッフのデータを格納する場所が必要です
よね。まずはその場所を確保しないとプログラムは作れ
ません。ではいってみましょう!

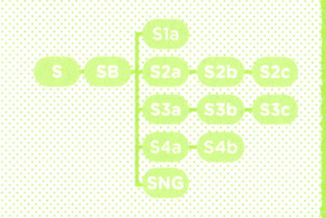

❖ データベース管理画面を出そう!

ブラウザで、http://localhost/ にアクセスしてください。
XAMPPのタイトル画面が出ましたか?

● 2-1-1

❶ もしこんな画面だったとしたら、右端の「日本語」をクリックしてください。

❷ メニューの左下の方に「phpMyAdmin」とありますね。それをクリックしてください。
※もしディスプレイが小さくて見えない場合は、ブラウザの表示倍率を縮小表示にすると見えてきます。

するとこんな画面になると思います。

これがデータベースの管理画面です。

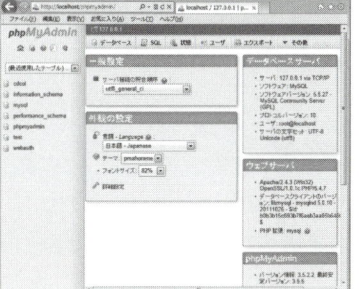

※ここでエラーになってphpMyAdminが使えない場合があります。パソコンにインストールされているソフトとの相性など、いろいろ調べながらphpMyAdminを使えるようにしてください。「phpmyadminエラー」などで検索するといろいろ情報が出てきますよ。

※もしうまくいかない場合は、ブラウザで次のURLにアクセスしてください。
http://localhost/phpmyadmin/

これがデータベースを管理する「phpMyAdmin」という画面です。サーバーにXAMPPを使っている間は簡単に開きますが、後々本番サーバーに移行するとログインパスワードが必要となります。管理者しか入れないとても重要なページです。

データベースを作成しよう！

まずは今回のショップのためのデータベースを作成します。データベースとは、データの塊が入る箱のようなもので、1つのシステムに1つあるのが普通です。
ではお店のデータベースを作ります。データベースの名前はズバリ「shop」にしましょう。

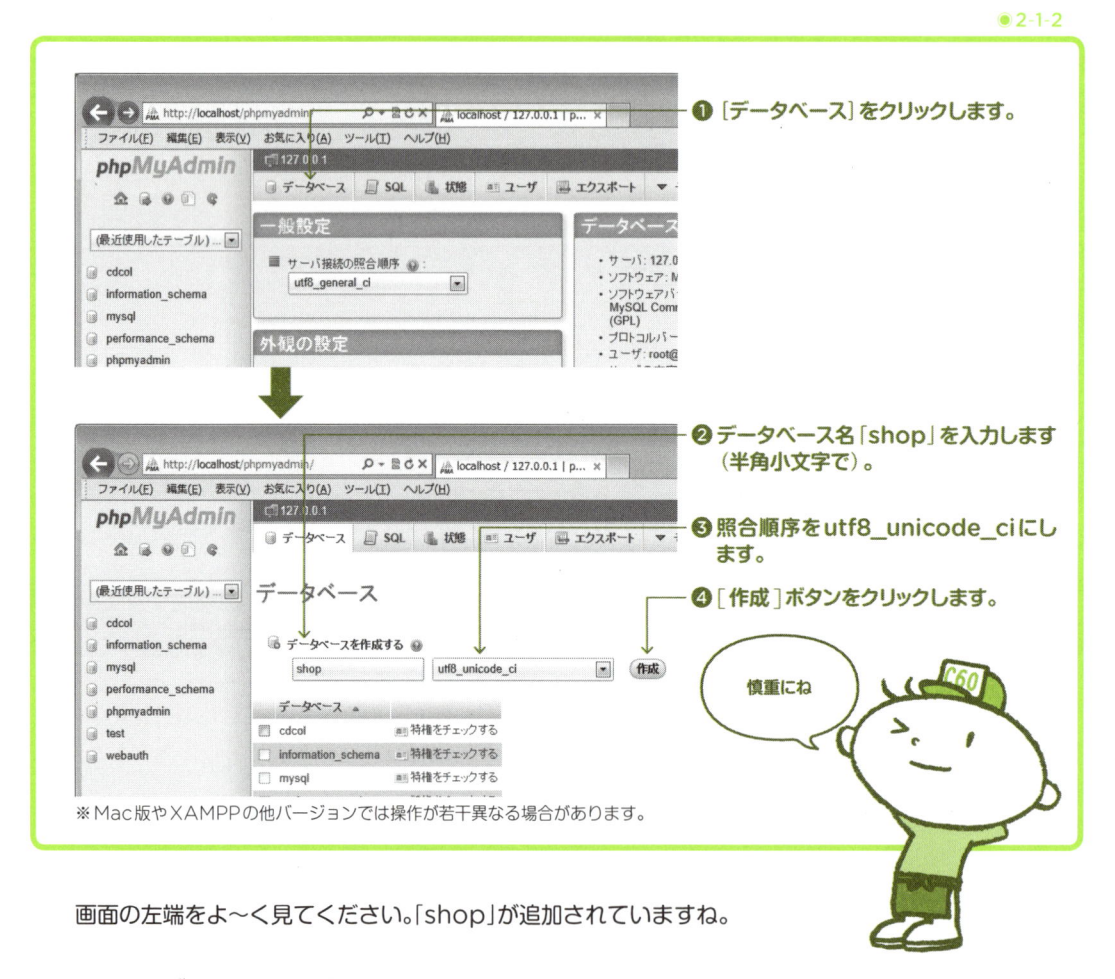

● 2-1-2

❶ [データベース] をクリックします。

❷ データベース名「shop」を入力します（半角小文字で）。

❸ 照合順序をutf8_unicode_ciにします。

❹ [作成] ボタンをクリックします。

慎重にね

※Mac版やXAMPPの他バージョンでは操作が若干異なる場合があります。

画面の左端をよ〜く見てください。「shop」が追加されていますね。

テーブルを作成しよう！

データベースは「テーブル」と呼ばれる表の集まりです。1枚1枚のテーブルはExcelのシートに似ています。ただしExcelと違って、テーブルにはセルという考え方がなく、縦の列ごとに書式の設定をします。列のことをフィールドやカラムと呼び、横方向の行のことはレコードと呼びます。そしてデータは、行ごとに追加されていきます。つまり1件のデータが1行となって、データベースに

登録されるのです。
それでは、スタッフの名前やパスワードを格納するテーブルを、データベース「shop」の中に作りましょう。スタッフ情報や商品情報のように、各行の中味（値）がいったん決まってしまうと滅多には変わらないデータのことを「マスタ」ということが多いので、ここでは「スタッフマスタのテーブル」とでも呼びましょうか。

次の表はテーブルの設計書の具体例で、「データベース仕様書」等と呼ばれます。自分で作るときも、後からブレたりしないように、しっかりと書き留めておきましょう。この例ではフィールドの書式を縦に並べて書いていますので、混乱しないでくださいね。つまり「スタッフコード」がテーブルの1列目、「スタッフ名」が2列目、「パスワード」が3列目のフィールドです。今から見慣れておいてくださいね。

テーブル名：mst_staff

フィールドの意味	フィールド名	データ型	文字数	インデックス	A_I
スタッフコード	code	INT		PRIMARY	✓
スタッフ名	name	VARCHAR	15	---	
パスワード	password	VARCHAR	32	---	

説明は後まわしです！　このデータベース仕様書を見ながら、テーブルを作っていきましょう。Excelと違って、後から気軽にホイホイ直すのはよろしくない、というのがデータベースのセオリーです。慎重に操作してくださいね。

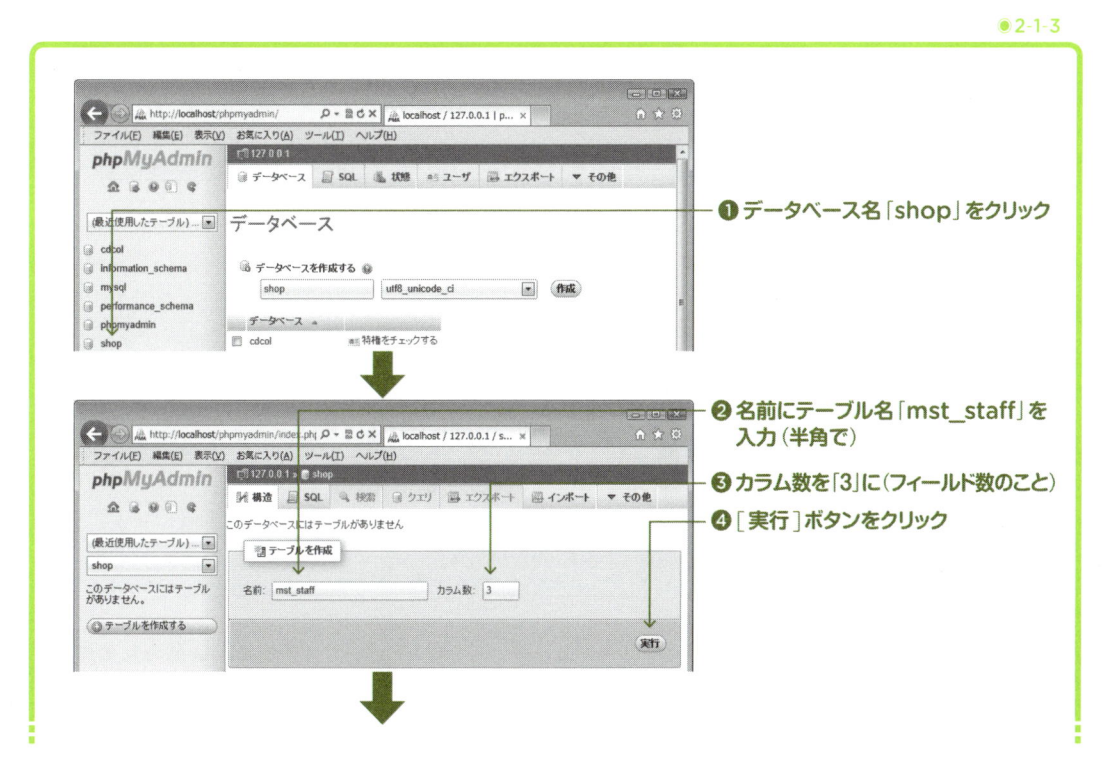

● 2-1-3

❶ データベース名「shop」をクリック
❷ 名前にテーブル名「mst_staff」を入力（半角で）
❸ カラム数を「3」に（フィールド数のこと）
❹ ［実行］ボタンをクリック

こんなふうになりましたか

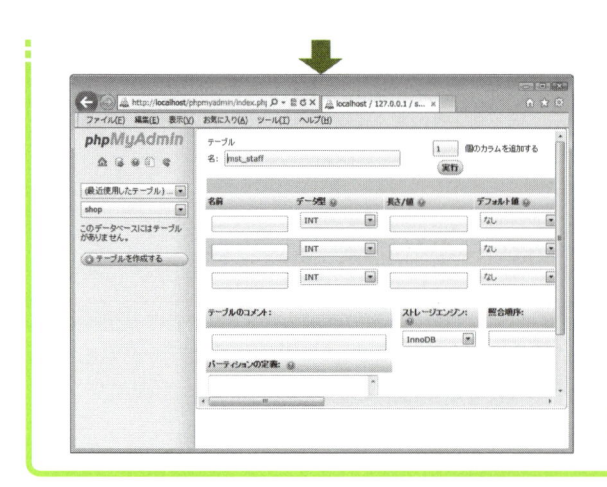

こんな画面になりましたね。次は、この画面でフィールドを設定していきますよ。

❖ フィールド（カラム）を設定しましょう！

データベース仕様書を見ながら、フィールド設定画面に入力してみてください。

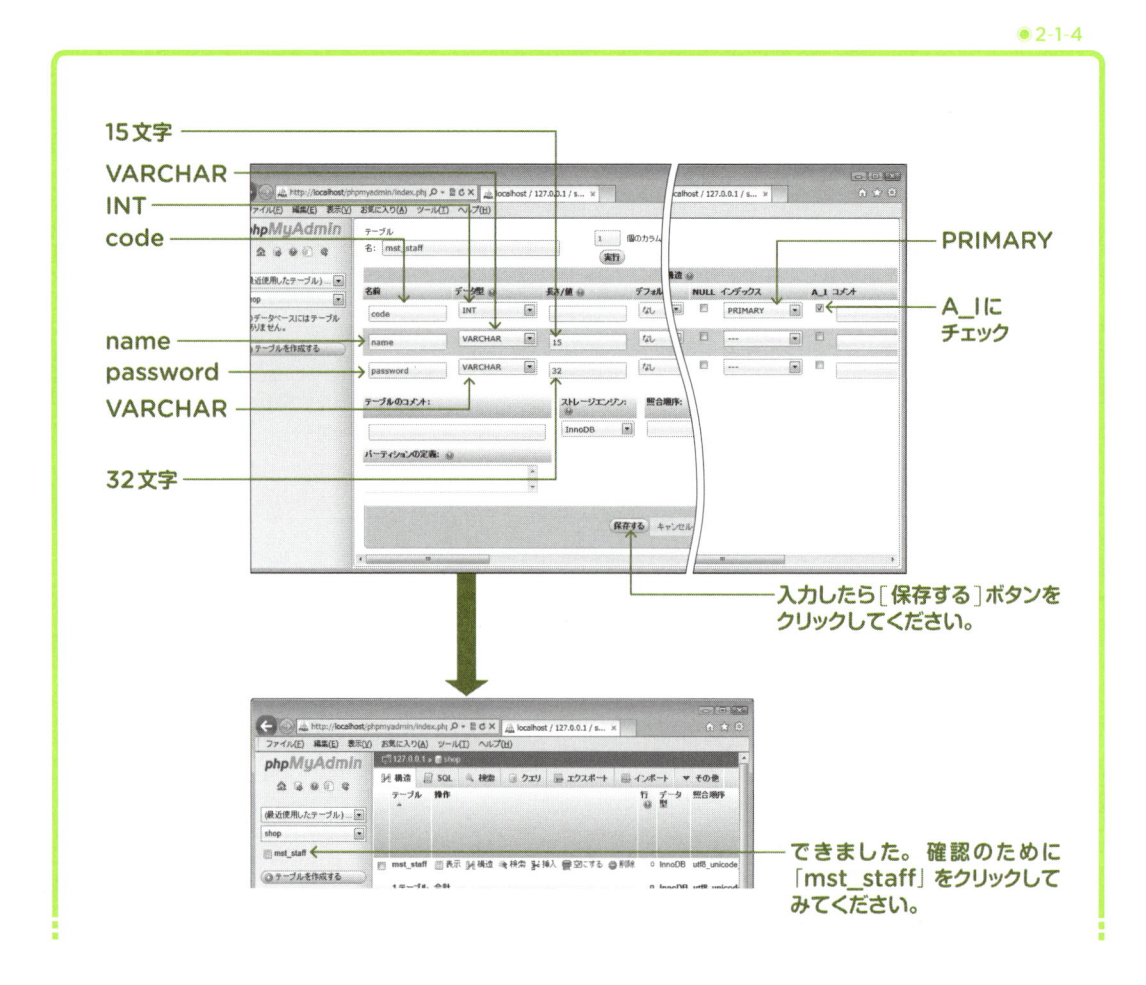

● 2-1-4

15文字
VARCHAR
INT
code
name
password
VARCHAR
32文字

PRIMARY
A_Iにチェック

入力したら[保存する]ボタンをクリックしてください。

できました。確認のために「mst_staff」をクリックしてみてください。

042　Chapter2　お店のスタッフは誰？

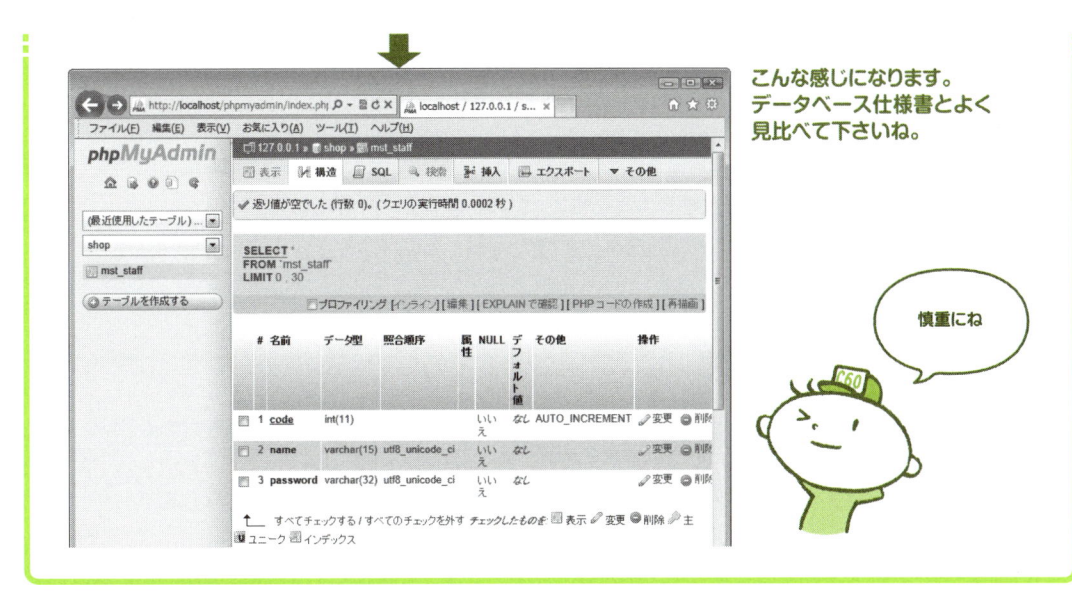

こんな感じになります。
データベース仕様書とよく
見比べて下さいね。

慎重にね

無事、データベースとテーブルができました。では、いったい何の設定をしたのかを一つ一つ簡単に解説していきますね。

スタッフコード「code」とは何者？

お店のスタッフ一人一人を表わす情報としては、「スタッフ名」と「パスワード」くらいがあればよさそうですが、なぜ「スタッフコード」などというものが必要なのでしょう？
これは通し番号です。スタッフコードが振ってあれば、たとえ同姓同名の人が何人いようと、必ず目的の人を一意に特定できますね。これがコードという考え方です。どんなテーブルでも、必ずコードを1フィールド目に設けるクセをつけておきましょう。

フィールド名はどうやって名付ける？

Excelであればフィールド（列）には「A」「B」「C」……と、最初から名前が付いています。データベースでは設計者であるあなたが、名付け親になるのです。
フィールド名は必須です。スタッフコードは「code」としました。スタッフ名は「name」、パスワードは「password」としました。半角文字で分かりやすい名前を付けるのが鉄則です。長すぎず、短かすぎずです。

データ型ってナニ？

INTやらVARCHARやら、これらはいったいナニ者なのでしょう？　これはExcelで言うところの「セルの書式設定」のようなものです。セルに「日付」とか「文字列」とか設定したことありますよね。あれです。データベースではフィールドごとに設定します。そのフィールドに入るのは数字なのか文字例なのか、それ以外の何なのかを設定します。

● 2-1-5

これがデータ型の例です！

データ型	意味	文字数	範囲
INT	整数	文字ではないから指定しない	-2147483648 ～ 2147483647
VARCHAR	文字列	最大何文字なのかを指定する	0 ～ 65,535 文字

❖ インデックスをPRIMARYにするってナニ？

インデックスは「索引」という意味です。これを設定したフィールドでは検索が早くなります。インデックスの設定とは、各フィールドを索引欄として使うかどうかを決めることです。

中でもPRIMARYは優先的といった意味で、そのテーブルを代表する1つのフィールドだけに設定できるインデックスです。日本語で「主キー」と言います。これはデータにダブリが生じない（ユニークである）フィールドにしか設定できません。例えば氏名には同姓同名があり得ますので、氏名欄を主キーとすることはできません。決して重複が発生しないスタッフコードや商品コードなどのフィールドにPRIMARYを設定するのが普通です。

❖ A_I（AUTO_INCREMENT）ってナニ？

A_Iにチェック「レ」を入れると、レコードを追加するたびに1、2、3…と、自動で通し番号をセットしてくれます。これがとても重要なのです。この機能がないと、スタッフコードをどうやって決めたらいいのか困ります。例えばこんなことをするハメになります。

1. テーブルの最終レコードのスタッフコードを取得する。
2. その値に1をプラスする。
3. その値を、新しいレコードのスタッフコードフィールドにセットする。

面倒ですね。また、複数のユーザーが同時にアクセスすると、同じスタッフコードが複数セットされてしまうという大変危険なことも起こってしまいます。だから、通し番号はA_Iに設定して、データベースエンジンにお任せするのが、簡単かつ安全な方法なのです。

これでお店のスタッフを登録する準備ができました。この先も商品のデータや注文のデータなど、いくつかのテーブルを作っていきます。しかし、もうこのような詳しい説明は繰り返しません。今後はデータベース仕様書だけを示しますので、自力でテーブルを作成してくださいね。もし分からなくなったら、いつでもこのページに戻ってきてください。

＜これ大事です＞

SQLは1行の文！

いきなり登場「SQL文」です。怖がっていませんか？　大丈夫です。本格的にやるとSQL文はとても奥の深い世界ですが、ショッピングカートくらいのWebシステムなら、そんなに難しいことはしません。安心してください。

ところで、SQL文ってプログラミング言語なのでしょうか？　いいえ違います。PHPのようなプログラミング言語ではありません。HTMLのような書式を設定するものでもありません。SQL文はその名の通り「文」です。たった1行で表す文なのです（あまり長くなると表現上行を分けたりしますが、それでも1行です）。その「文」の形で、あなたがデータベースエンジンに指令を出すのです。するとデータベースエンジンは、その文に書いてあるとおりのことを忠実にやってくれるのです。

SQL文を使ってみよう！

さっそくSQL文を使ってみましょう。せっかくスタッフマスタのテーブルを作ったのですから、レコード（行）を追加してみましょう（データベースの世界ではデータを入れることを「レコードを追加する」とか「レコードを挿入する」と言い表わすことが多いです）。

phpMyAdminの画面には、SQL文を入力するためのページがあります。ここにSQL文を打ち込んで、データベースエンジンに指令を実行させることができます！

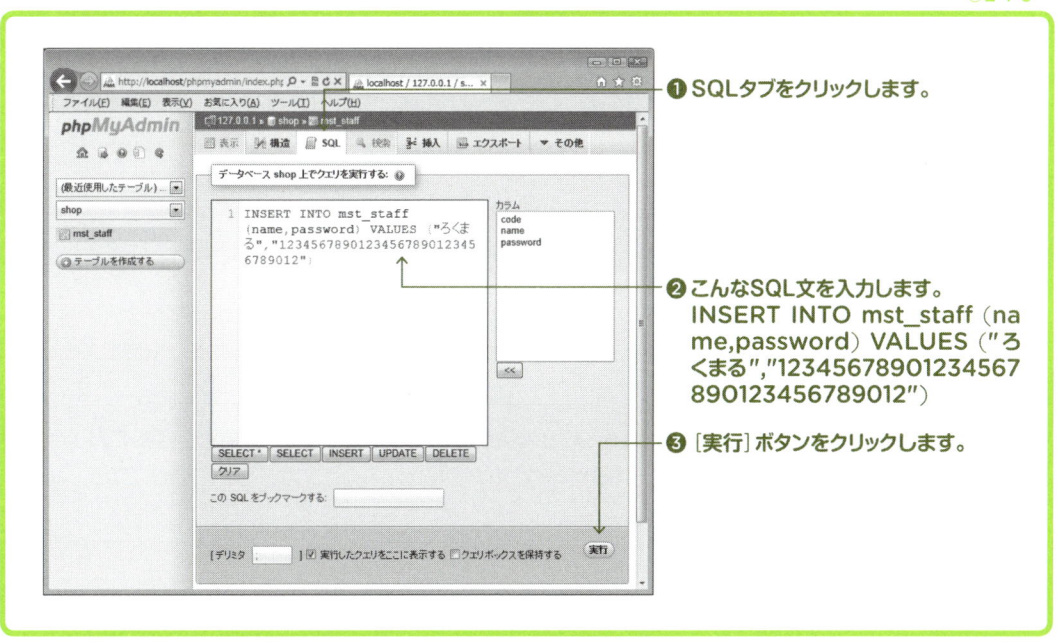

● 2-1-6

❶ SQLタブをクリックします。

❷ こんなSQL文を入力します。
INSERT INTO mst_staff (name,password) VALUES ("ろくまる","12345678901234567890123456789012")

❸ ［実行］ボタンをクリックします。

もし画面にエラーの表示が出たら、もう一度よ～くスペルを確かめながらチャレンジしてください。エラーが出なければ、見事にレコードが追加されたはずです。次にそれを確認してみましょう。

レコードが追加されたか確認してみよう！

確認すると言ったって、どうするのでしょう？
ご安心を。これもphpMyAdminの画面で簡単にできるのです。

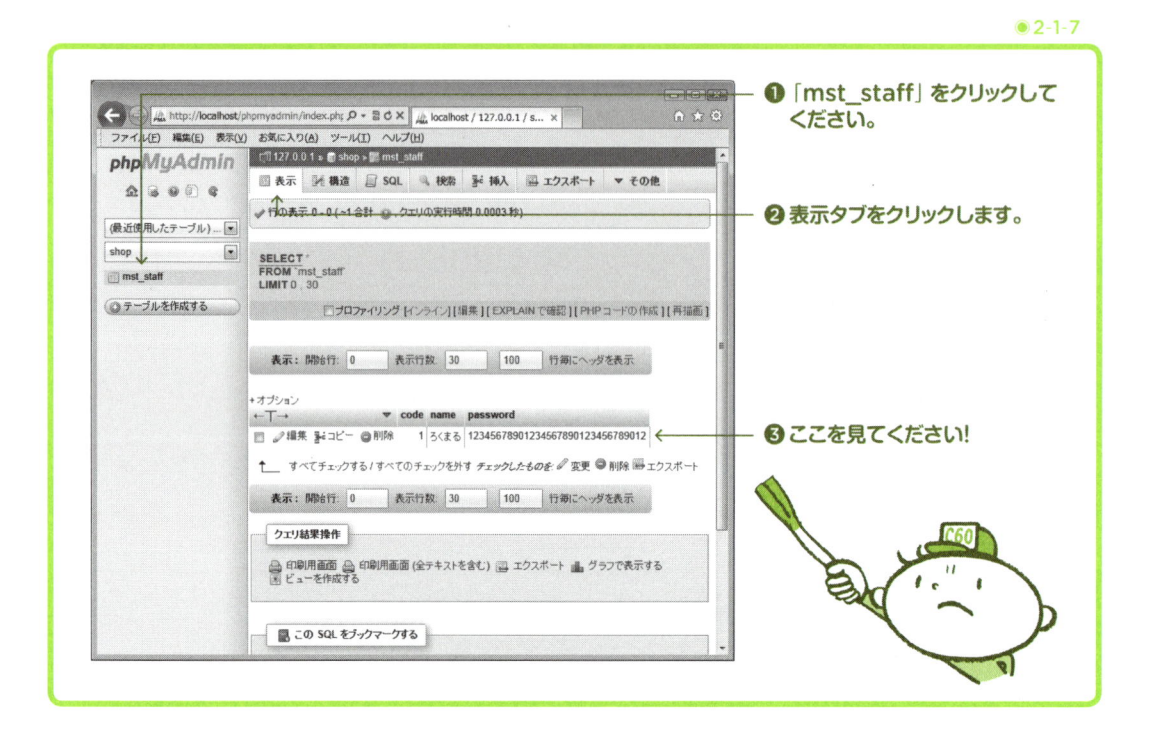

● 2-1-7

❶ 「mst_staff」をクリックしてください。

❷ 表示タブをクリックします。

❸ ここを見てください！

どうですか？分かりますか？ 「code」に最初の連番である「1」が振られて、「name」に「ろくまる」が、「password」に「123456789012345678901234567890012」がセットされていますね。
さて、一体ナニをしたのでしょうか？

これがSQL文だ！

SQL文は1行の文だとお伝えしました。SQL文は英語文化圏で生まれたため、英語っぽくてちょっと違和感があります。でも、よく見ると単純なんです。今打ったSQL文はこういう意味です。

● 2-1-8

SQL文は指令なのです!

INSERT INTO mst_staff (name,password) VALUES ("ろくまる","123456789012345678901234567890")

指令:「mst_staffテーブルにレコードを追加しなさい。」

どうやって?:「VALUESの左のフィールドに右の値をセットしなさい。」

こういう「文」でデータベースエンジンに指令を出すのです。

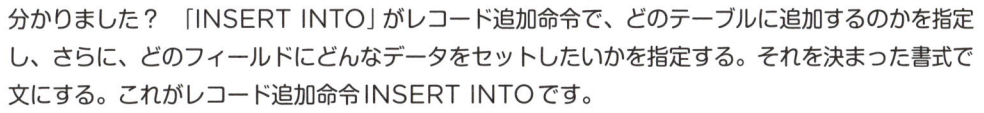

分かりました? 「INSERT INTO」がレコード追加命令で、どのテーブルに追加するのかを指定し、さらに、どのフィールドにどんなデータをセットしたいかを指定する。それを決まった書式で文にする。これがレコード追加命令INSERT INTOです。

スタッフコード「code」はなぜセットしないかって? 先ほど解説したとおり、A_Iにチェックを入れたフィールドには自動で通し番号が振られるので、わざわざセットしなくてもいいんです。

さて、SQL文に触れたところで、いよいよプログラムからSQL文を使ってみましょうか。

2-2
スタッフを追加する画面を作ろう！

SQL文がなんとなくわかったら、さっそくPHPとMySQLを使って、お店のスタッフを追加登録する画面を作っていきましょう。これができると、売上データを見たり商品を追加したり、値段を変更する画面等に応用できるのです。また、何かを「追加」するための画面を作ると、「修正」や「削除」の仕組みも後から作れるようになります。

✦ スタッフ追加フォームを作ろう ▶▶ S2a

　パソコンの事前設定でちょっとだけ触れた[xampp]フォルダの中の[htdocs]フォルダの中に、[staff]というフォルダを新しく作ってください。ここにスタッフ管理画面を作っていきます。まず、文字化け対策として、.htaccessを[staff]フォルダにコピーしてください。次にhina.htmlをコピーして、ファイル名をstaff_add.phpに変えてください。hina.htmlは今後も使いますので、移動ではなくコピーをしてくださいね。また、入力フォームなのですから、ファイル名はstaff_add.htmlでもよさそうですが、この先でPHPを組み込むことになるのでstaff_add.phpとしてください。さあ、これをいじっていきますよ！

● 2-2-1

❶ .htaccessをここにコピーしてください。

❷ hina.htmlをこのフォルダにコピーしてください（移動はダメ！）。

❸ ファイル名を「staff_add.php」に変更してください。

名前を変える

hina.html → staff_add.php

※アイコンの絵柄は異なる場合があります。

今後は、画面を使った詳しい説明を省きます。どのファイルをどこへコピーし、どう名前を変えるかは、文章で示しますのでご了承ください。

こんな画面をこれから作っていきますよ!

staff_add.phpをエディタ（Windowsの方はTeraPad、Macの方はmi）で開いてみてください。こんな画面になりますね？

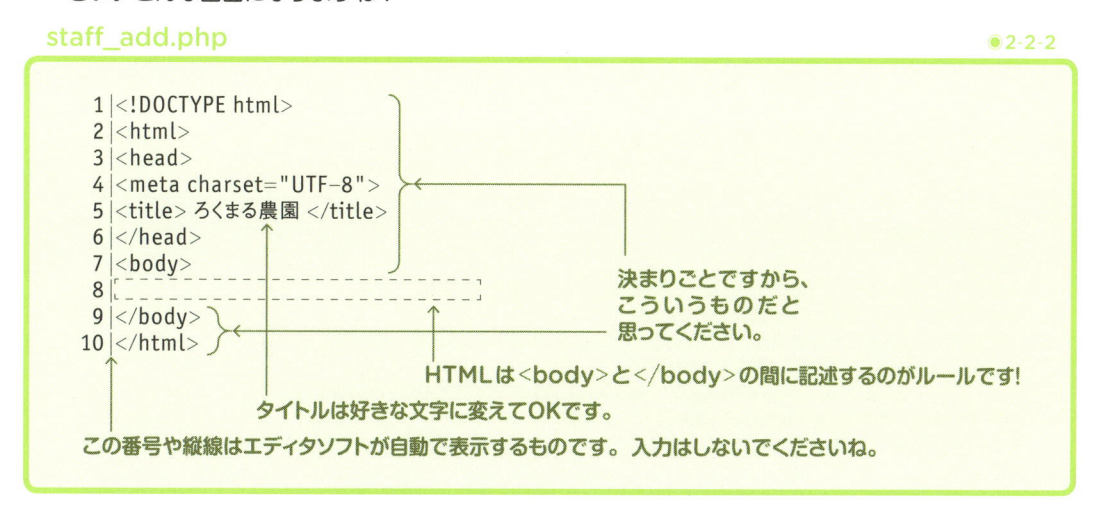

staff_add.php　　　　●2-2-2

```
 1 |<!DOCTYPE html>
 2 |<html>
 3 |<head>
 4 |<meta charset="UTF-8">
 5 |<title> ろくまる農園 </title>
 6 |</head>
 7 |<body>
 8 |
 9 |</body>
10 |</html>
```

決まりごとですから、こういうものだと思ってください。

HTMLは<body>と</body>の間に記述するのがルールです!

タイトルは好きな文字に変えてOKです。

この番号や縦線はエディタソフトが自動で表示するものです。入力はしないでくださいね。

スタッフ登録フォーム（画面）はどうやって作るのでしょう？
<form>と</form>の間に<input>～</input>タグを挟み込むことで、フォーム画面が完成していきます。

● 2-2-3

これが<form>タグだ!

あとで重要になってきますが、今は"お
まじない"だと思っていてください。

submitボタンをクリックされたと
きの飛び先です。

`<form method="post" action="staff_add_check.php">`

ここに<input>タグが並びます。

`</form>`

● 2-2-4

これが<input>タグだ! ※必ず<form>〜</form>タグの間に書きます。

例えば「フリガナ」入力の場合

`<input name="furigana" type="text" style="width:100px">`

この入力項目に名前を付けま
す。これが後々、大切になっ
てきますよ。半角小文字で自
由に付けます。ここではフリ
ガナを例にしているので"fur
igana"としてみました。

枠の種類です。"text"はテキスト
ボックスにせよという指示です。
"text":テキストボックス
"checkbox":チェックボックス
"radio":ラジオボタン
"password":パスワード

枠の横幅は100
ピクセルにせよ
という指示です。
大きさが変えら
れるのです。

inputタグはいろんな入力枠を画面に出します。

ではこんなHTML文を作ってみましょう。

staff_add.php

● 2-2-5

```
 7 |<body>
 8 |
 9 |スタッフ追加 <br />
10 |<br />
11 |<form method="post" action="staff_add_check.php">
12 |スタッフ名を入力してください。 <br />
13 |<input type="text" name="name" style="width:200px"><br />
14 |パスワードを入力してください。 <br />
15 |<input type="password" name="pass" style="width:100px"><br />
16 |パスワードをもう1度入力してください。 <br />
17 |<input type="password" name="pass2" style="width:100px"><br />
18 |<br />
19 |<input type="button" onclick="history.back()" value=" 戻る ">
20 |<input type="submit" value=" OK ">
21 |</form>
22 |
23 |</body>
```

上書き保存したら、ブラウザで閲覧してみましょう。今後は閲覧することを「動かしてみましょう」と言うことにしますね。その方がプログラミングっぽい言い方ですから。

さあ、ブラウザのURL欄に、このURLを手で打ち込んで[Enter]キーを押してください。
http://localhost/staff/staff_add.php

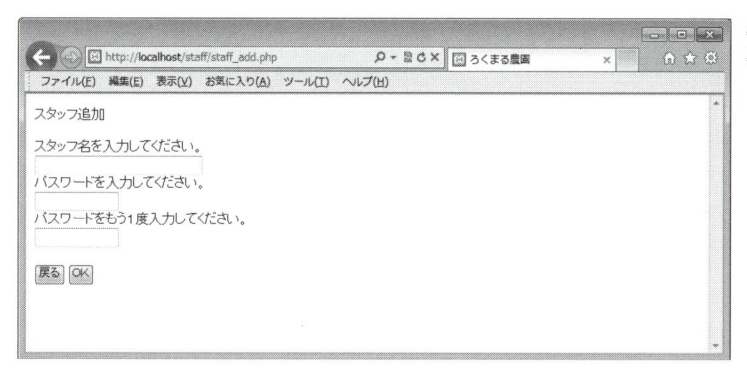

**どうですか？
こんな画面が出ましたか？**

では[OK]ボタンをクリックしてみましょう。

**このエラー画面が出たら
OKです。**

こんなふうに
なりましたか

「なんでエラー画面なのにOKなの？」
さっきのHTML文の下の方を見てください。type="submit" とありますね。Inputタグですから入力枠 "text" 等と同じ仲間です。submitは、入力されたデータを引き連れて、<form>タグに指定したページへ飛ぶためのボタンです。でも飛び先であるstaff_add_check.phpをまだ作っていないから「そんなページありませんよ！」という意味のエラーが出たのです。だからこのエラーが出ることで、そこへ飛ぼうとしていることを確認できたのです！
では次に、飛び先であるstaff_add_check.phpを作っていきましょう。

2-3 スタッフ情報の入力チェック画面を作ろう！

スタッフを追加する作業を行うのは人です。だから入力ミスをするかもしれません。お名前の入力を忘れているとか。「そんなミスする人はいない」という考え方はプログラミングの世界ではNGです。人はナニをするか分からない、という前提が大切です。だから入力のチェック画面が必要なのです。

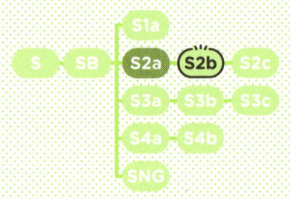

❖ 入力チェック画面を作ろう！ ▶▶ S2b

きちんと入力されたかどうかを確認する画面をこれから作ります。入力チェックをしないと、名前が空っぽのスタッフが登録されてしまうなどの不都合が起こってしまいます。この画面でそれを防ぎます。

hina.htmlを[staff]にコピーし（移動はダメですよ）、ファイル名をstaff_add_check.phpに変えてください。これが先ほど作ったstaff_add.phpからの飛び先ページになります。

このページで入力チェックをするわけですが、さっそくPHPの登場です。今はよく分からなくてもいいですから、まずはいきなりこのプログラムを作ってみましょう。解説は後でしっかりとやりますよ。

staff_add_check.php ● 2-3-1

```
 7 |<body>
 8 |
 9 |<?php                                          ← ここから先がPHPの領域です。
10 |
11 |$staff_name=$_POST['name'];
12 |$staff_pass=$_POST['pass'];                   前の画面から入力データを受け取って、
13 |$staff_pass2=$_POST['pass2'];                 変数にコピーしています。
14 |
15 |$staff_name= htmlspecialchars($staff_name);
16 |$staff_pass= htmlspecialchars($staff_pass);   サニタイジングというセキュリティ対
17 |$staff_pass2= htmlspecialchars($staff_pass2); 策を入力データに施しています。
18 |
19 |if($staff_name=='')   ここはシングルクォーテーション
20 |{                     を2つです。                もしスタッフ名が入力されていなかっ
21 |    print 'スタッフ名が入力されていません。<br />';  たら、「スタッフ名が入力されていませ
22 |}                                                ん」と表示します。
```

```php
23 |else
24 |{
25 |    print 'スタッフ名:';
26 |    print $staff_name;
27 |    print '<br />';
28 |}
29 |
30 |If($staff_pass=='')
31 |{
32 |    print 'パスワードが入力されていません。<br />';
33 |}
34 |
35 |if($staff_pass!=$staff_pass2)
36 |{
37 |    print 'パスワードが一致しません。<br />';
38 |}
39 |
40 |if($staff_name=='' || $staff_pass=='' || $staff_pass!=$staff_pass2)
41 |{
42 |    print '<form>';
43 |    print '<input type="button" onclick="history.back()" value=" 戻る ">';
44 |    print '</form>';
45 |}
46 |else
47 |{
48 |    $staff_pass=md5($staff_pass);
49 |    print '<form method="post" action="staff_add_done.php">';
50 |    print '<input type="hidden" name="name" value="'.$staff_name.'">';
51 |    print '<input type="hidden" name="pass" value="'.$staff_pass.'">';
52 |    print '<br />';
53 |    print '<input type="button" onclick="history.back()" value=" 戻る ">';
54 |    print '<input type="submit" value=" OK ">';
55 |    print '</form>';
56 |}
57 |
58 |?>
59 |
60 |</body>
```

- 23〜28行: もしスタッフ名が入力されていたら、スタッフ名を表示します。
- 30〜33行: もしパスワードが入力されていなかったら、「パスワードが入力されていません」と表示します。
- 35〜38行: もし、パスワードと、確認のためにもう一度入力してもらったパスワードが同じでなかったら、「パスワードが一致しません」と表示します。
- 40〜45行: もし、入力に問題があったら[戻る]ボタンだけを表示します。
- 46〜56行: もし、入力に問題がなかったら、[戻る]ボタンと[OK]ボタンの両方を表示しています。[OK]ボタンがクリックされたら、データを連れて次の画面staff_add_done.phpへ飛びます。
- 58行: ここまでがPHPの領域です。

※シングルクォーテーション2つと、ダブルクォーテーションを間違えないでくださいね。

いや〜、いきなりスゴイですね。でも驚かないでください。実は単純なんですよ。それを解説する前に、まずは動かしてみましょう！　ブラウザでhttp://localhost/staff/staff_add.phpにアクセスすれば動きますよ。

●2-3-2

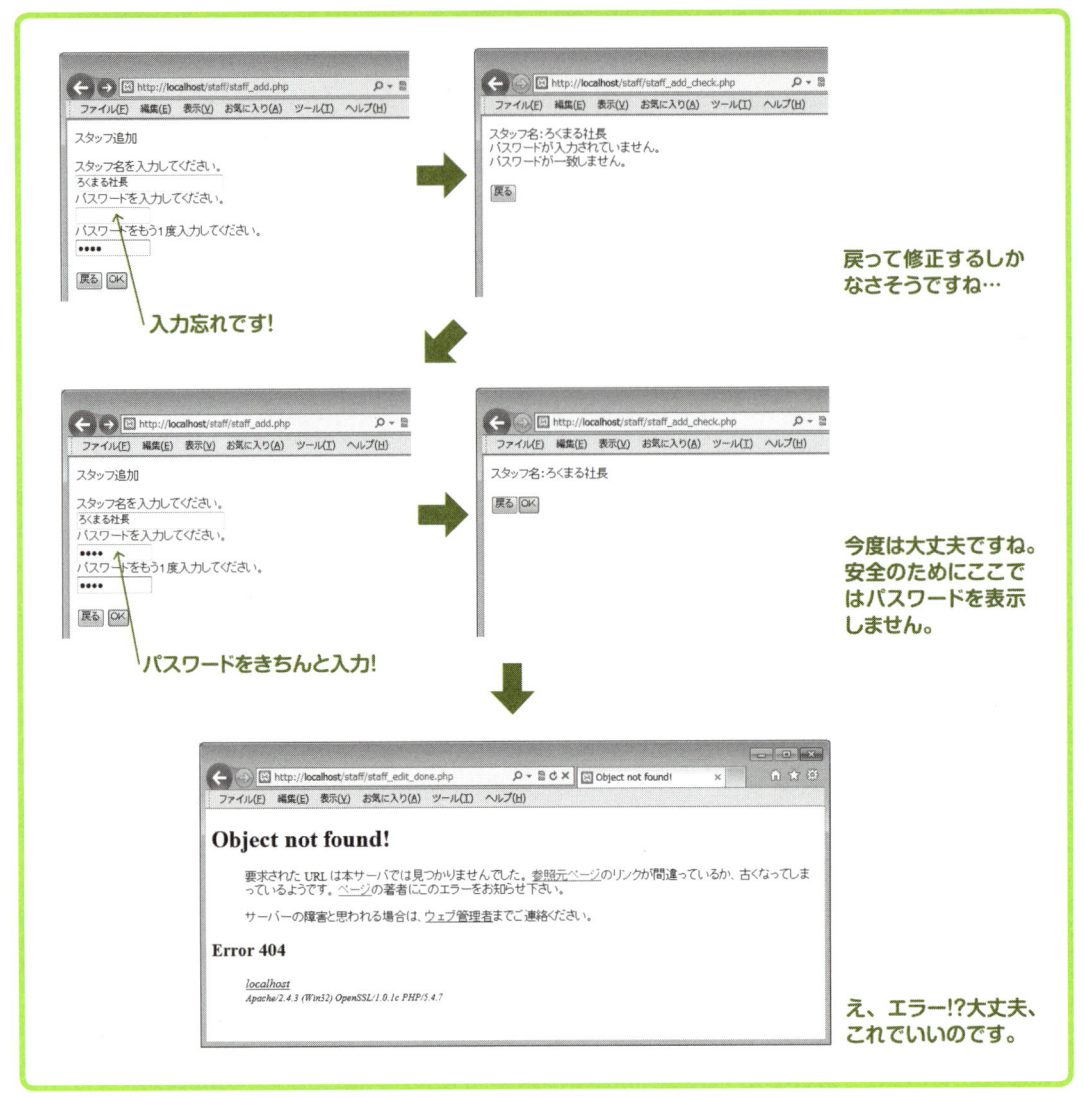

ちゃんと入力チェックはされていますか？　[戻る]ボタンで戻れますか？　「Object not found!」のエラーが出ていますか？　エラーは出て正解ですよ。[OK]で飛ぼうとして飛び先がないからです。これが出なかったら、staff_add_done.phpに飛んでいないということです。

さあ、いったい何をしたのか説明しますね。もう一度プログラムを見直してみましょう。解説がゾロゾロ出てきますが、決してガチガチに構えないでくださいね。

これがＰＨＰだ！

PHPのプログラムはどんなふうに書かれているでしょうか？
簡単です。<body>と</body>の間に、こう記述します。

これがPHPを書く場所だ！

```
<?php

?>
```

ここにPHPのプログラムを書いていきます。

「変数」は便利な箱！

数学で変数って習いましたよね。XとかYとか。あれとは異なります。プログラミングの世界での変数とは、数字や文字を保管しておける便利な箱のようなものです。

これが変数だ！

変数とは、数字や文字を保管しておける箱のようなものです。この例は「$staff_name」ですが、名前は自由に付けられます。今はまだメリットが分からなくても、やがて便利この上ない必需品になってきますので、今から知っておきましょう。

$staff_name

変数名は半角小文字で自由に付けられます。$staff_nameがイヤなら、$onamaeでも、$simeiでも構いません。ただし、混乱してくるので、<input>タグの「name="～"」で付けた項目名と関連付けておいた方が無難です。

変数は必ず「$」で始まります！

変数にはこうやって数値や言葉を保管する！

イコール「=」を使います。算数で習ったイコールとは意味が違います。プログラミングの世界では「右から左にコピーしなさい」という意味なのです。

● 2-3-5

変数にデータをコピーして保管する！

$staff_name='ろくまる社長';

プログラミングの世界でイコール「=」は、「右から左へコピーせよ！」という意味です。
コピーした後で、print $staff_name; を実行すると、「ろくまる社長」が表示されます。

以下のような書き方はダメです。
×　print '$staff_name';
これを実行したら「$staff_name」と画面に出てしまいます。
「'」と「'」でくくってしまったら、くくった文字そのものが出るのです。
変数の内容を画面に出したいときはくくってはいけないのです。

❖ 前の画面の入力データは $_POST に入っていた！

前の画面で入力されたデータは、実は $_POST の中に全部入っているんです。

● 2-3-6

これが $_POST['～'] だ！

$_POST には、前のページの <form> ～ </form> から送られてきた入力データが詰まっています。
中を見るには、カッコ [ ] の中に項目名を入れます。入力項目に名前を付けましたね。覚えてますか？

☆ staff_add.php
13|<input type="text" name="name" style="width:200px">

ここです！ここを同じ項目名に合わせることで、
入力されたデータを取り出せるのです。

☆ staff_add_check.php
$staff_name=$_POST['name'];

こうすることで、前の画面で入力されたデータを使うことができるわけです。

❖ 悪者からシステムを守っていた！

あることを前の画面で行うと、システムに対するイタズラ（専門用語でクロスサイトスクリプティング、略してXSSといいます）が簡単にできてしまいます。それをさせないのが「サニタイジング」という処理です。翻訳すると「消毒する」「無毒化する」という意味です。インターネットでWebサイトを公開するからには、必ず必要な処理です。

● 2-3-7

これがサニタイジングの代表、htmlspecialchars命令だ！
$staff_name = htmlspecialchars($staff_name);

この変数の内容を無毒化して、同じ変数自身にコピーしています。

◆「もし〜だったら」はif命令を使っていた！

サニタイジングの後に、「if」で始まる文章が何回か出てきます。if命令は、「もし〜だったらこうする、そうじゃなかったら代わりにこうする」という動作を表わします。プログラムに自動で判断させるわけです。

● 2-3-8

これがifだ！

もし○○○と□□□が同じならAを実行、そうでなければBを実行する、という動きをします。

```
if(○○○ == □□□)
{
    Aのプログラム
}
else
{
    Bのプログラム
}
```

もし○○○と□□□が同じなら、という意味です。
イコールを2つ並べて「==」とするのが「同じなら」です。
「!=」とするのが「違ったら」です。

このカッコと、
このカッコの間に、
実行させたいプログラムを書きます。

もしそうでなかったら、という意味です。そうでなかったら、だから条件の式は不要です。ちなみに「もしそうでなかったら」のプログラムが不要の場合、else以下は省略可能です。

このカッコと、
このカッコの間に、
実行させたいプログラムを書きます。

これはいろいろと使えます！ さらに…

「もし○○○と□□□が同じ、もしくは△△△と×××が同じだったら」はこう書きます。
if (○○○ == □□□ || △△△ == ×××)
「もしくは」なのでOR条件と呼んだりします。

「もし○○○と□□□が同じ、かつ△△△と×××が同じだったら」はこう書きます。
if (○○○ == □□□ && △△△ == ×××)
「かつ」なのでAND条件と呼んだりします。

「もし入力が空っぽだったら」というのは、「もしそれが空っぽと同じだったら」という形で判断を下します。空っぽはシングルクォーテーションを2個並べて「''」と書きます（ダブルクォーテーションが1つ「"」ではありませんよ！）。つまり、変数の内容と「''」が同じだったら、それは入力データが空っぽということなのです。だから「お名前が入力されていません。」とかを表示してあげます。

❖ [戻る]ボタンはこうやって出した！

<a>～</a>タグで戻ることもできますが、せっかく入力したデータが画面から全部消えてしまいます。入力したデータを消さずに前の画面に戻る、しかもボタンで出す方法がこれです。

● 2-3-9

これがhistory.back()を使った[戻る]ボタンだ！

<form>～</form>タグで挟まれるおなじみの<input>タグで実現します。typeは"button"です。"submit"と見た目がそっくりなボタンが出ますが別物です。そしてonclickに「戻れ」の動作を意味するhistory.backを指定すると、戻る機能のボタンが表示されます。厳密にはPHPではないのですが、よく使われる便利な方法です。

```
<form>
    <input type="button" onclick="history.back()" value="戻る">
</form>
```

submitとは違う！　　これが大事！　　ボタン表面に出す文字

❖ データを画面に出さずにこっそり渡していた！

さあstaff_add_check.phpで入力データに問題がなければ、[ＯＫ]ボタンをクリックすることで、次に作るstaff_add_done.phpに飛びます。staff_add_check.phpに入力枠はありません。ただ変数、$staff_name、$staff_passには入力されたデータが入っています。これを画面に出すことなく、次に作るstaff_add_done.phpに渡してあげる必要があります。それが「hidden」です！

● 2-3-10

これがhiddenだ！

```
<input name="name" type="hidden" value="ろくまる社長">
```

書き方のルールはテキストボックスなどと同じです。半角小文字で自由に名前を付けます。混乱を避けるために関連した名前にしておいた方がいいでしょう。abcとかzzzとかは避けた方がよいです。

hiddenにすることで画面に表示することなく、飛び先のページの$_POSTで受け取ることができます。

渡したいデータです。

プログラムをよく見てください。パスワード確認用の$staff_pass2はhiddenで渡していませんね。なぜでしょう？　簡単です。入力の確認用だったので、もう用はないからです。

パスワードは特別扱いだった！

パスワードと聞くと何か、ただならならぬ重要さを感じませんか？　そうです。とてもデリケートなものなのです。だから、staff_add.php では…
1. type="password" として入力中も「＊＊＊＊＊」となって見えないようにした。
2. 入力中も見えないため、パスワードをもう1度入力してもらうことにした。

staff_add_check.phpでは…
1. 画面に表示しなかった。
2. 暗号化した。

暗号化した!?いったいどうやって？　それがMD5です。パスワードをMD5という暗号規格に則って、暗号化したのです。PHPなら暗号化が簡単にできてしまうのです。暗号化すると、32桁の一見意味不明な英数字になってしまいます。一度MD5方式で暗号化されてしまうと、スーパーコンピュータでも簡単には解読できません。

●2-3-11

これがMD5暗号化だ!

$staff_pass=md5($staff_pass);

この変数の内容を暗号化し、同じ変数自身にコピーしています。

ショッピングサイトや会員制Webサイトのパスワードを忘れて、困ったことはありませんか？　そんなときは、サポート窓口にメールしますね。でも、パスワードを教えてくれることはありませんね。どうしてでしょう？　そうです。暗号化されてしまっているので、誰も「あなたのパスワードはこれです」と教えることができないのです。だから「パスワードを再度設定してください」と指示されたり、仮のパスワードが発行されたりするのです。決して不親切なワケではないんですよ。むしろ、親切にパスワードを教えてくれるサイトがあったら、そこは暗号化をしていないということかもしれませんね。

staff_add_check.phpはこんな流れだった！

1. 前の画面で入力されたデータを$_POSTから取り出して変数にコピーします。
2. その変数をサニタイジングします。
3. もしスタッフ名が空っぽだったら「スタッフ名が入力されていません。」と表示します。
   もしスタッフ名が入力されていたら、その名前を表示します。
4. もしパスワードが空っぽだったら「パスワードが入力されていません。」と表示します。

もしパスワードが入力されていたら何もしません。パスワードを画面に表示するのは危険だからです。
5．もし、確認用に入力した２回目のパスワードと、最初のパスワードが違っていたら、「パスワードが一致しません。」と表示します。
違っていなかったら何もしません。
6．もし、上記の１つでも入力ミスがあれば、画面には［戻る］ボタンを表示し、スタッフ入力画面に戻ってもらいます。
7．もし、１つもミスがなければ、［戻る］ボタンと［ＯＫ］ボタンの両方を表示します。［ＯＫ］ボタンだけにしないのは、修正したいかもしれないからです。
8．［OK］ボタンをクリックされたらstaff_add_done.phpへ飛ぶようにします。飛ぶときは、入力されたデータもhiddenで引き渡します。ただしパスワードは暗号化します。

どうですか？　パスワードひとつの扱いも、けっこう深いと思いませんか？　ここにプログラミングの楽しさがあります。そんな感覚を味わいながら、では先へと進みましょう！　なんだかさっぱり分からない方は、もう少しじっくり見直してくださいね。さあ、次の飛び先であるstaff_add_done.phpを作っていきますよ。

2-4 情報の追加を完了させる画面を作ろう!

入力データのチェックが問題なければ、スタッフ情報をデータベースに登録します。これができると「スタッフ追加」という機能が完成します。

● データベース追加画面を作ろう! ▶▶ S2c

hina.htmlを[staff]フォルダにコピーして、ファイル名をstaff_add_done.phpに変えてください。
これが入力したスタッフをデータベースに登録するプログラムになっていきます。この画面に飛んできたということは、データはもうチェック済み。あとはスタッフをデータベースに登録するだけですね。さっそく作ってみましょう。

staff_add_done.php　　　●2-4-1

```php
 7 |<body>
 8 |
 9 |<?php                                           ← ここから先がPHPの領域になります。
10 |
11 |try                                             ← データベースサーバーの障害対策で
12 |{                                                  す。エラートラップといいます。
13 |
14 |$staff_name = $_POST['name'];                   ← 前の画面から受け取った入力データを、
15 |$staff_pass = $_POST['pass'];                      変数にコピーしています。
16 |
17 |$staff_name = htmlspecialchars($staff_name);    ← 入力データにサニタイジングをしてい
18 |$staf_pass = htmlspecialchars($staff_pass);        ます。
19 |
20 |$dsn = 'mysql:dbname=shop;host=localhost';
21 |$user = 'root';
22 |$password = '';                                 ← データベースに接続しています。
23 |$dbh = new PDO($dsn, $user, $password);
24 |$dbh->query('SET NAMES utf8');
25 |
```

```
26 $sql = 'INSERT INTO mst_staff (name,password) VALUES (?,?)';
27 $stmt = $dbh->prepare($sql);
28 $data[] = $staff_name;
29 $data[] = $staff_pass;
30 $stmt->execute($data);
31
32 $dbh = null;
33
34 print $staff_name;
35 print ' さんを追加しました。<br />';
36
37 }
38 catch (Exception $e)
39 {
40     print 'ただいま障害により大変ご迷惑をお掛けしております。';
41     exit();
42 }
43
44 ?>
45
46 <a href="staff_list.php"> 戻る </a>
47
48 </body>
```

26〜30: SQL文を使ってレコードを追加しています。

32: データベースから切断します。

34〜35:「○○さんを追加しました。」と画面に表示しています。

40: データベースサーバーに障害が発生したらこちらのプログラムが動きます。

41: 強制終了の命令です。

44: ここまでがPHPの領域です。

46: スタッフ一覧画面へ戻るリンクです。実際に作るのはまだ先ですが、今から仕込んでおきます。

できましたか？　もう怖くないですよね。ではstaff_add.phpから動かしてみましょう。

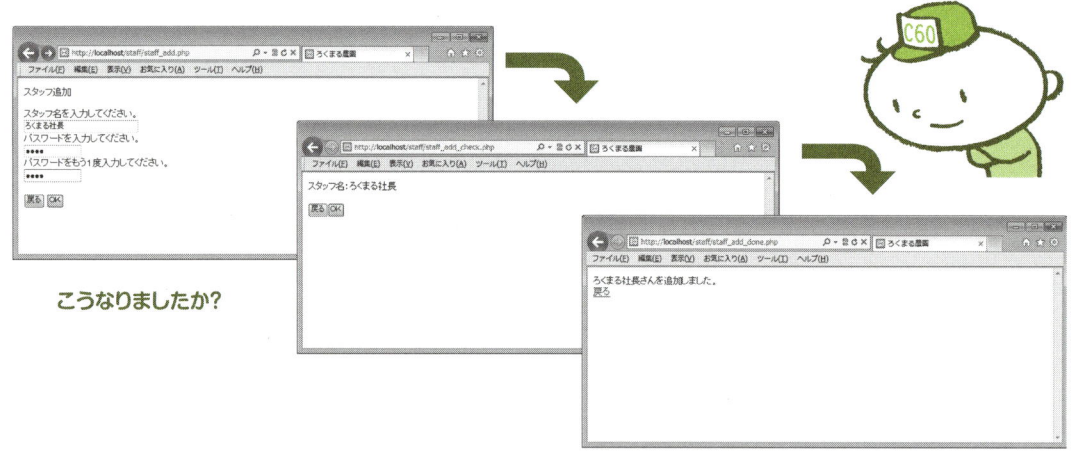

こうなりましたか？

どうですか？　無事「○○さんを追加しました。」という画面が出ましたか？　エラーは出てないですか？　出ていたら直しましょう。Noticeは出てないですか？　出てたとしたら、前の画面からデータがやってきていません。よ〜く見直して修正しましょう。きっとつまらないミスをしているはずです。

さて、本当にデータベースに追加されたのでしょうか？　phpMyAdminで確認してみましょう。この方法は今後は詳しく解説しませんが、よく使うので操作を覚えてくださいね。

●2-4-2

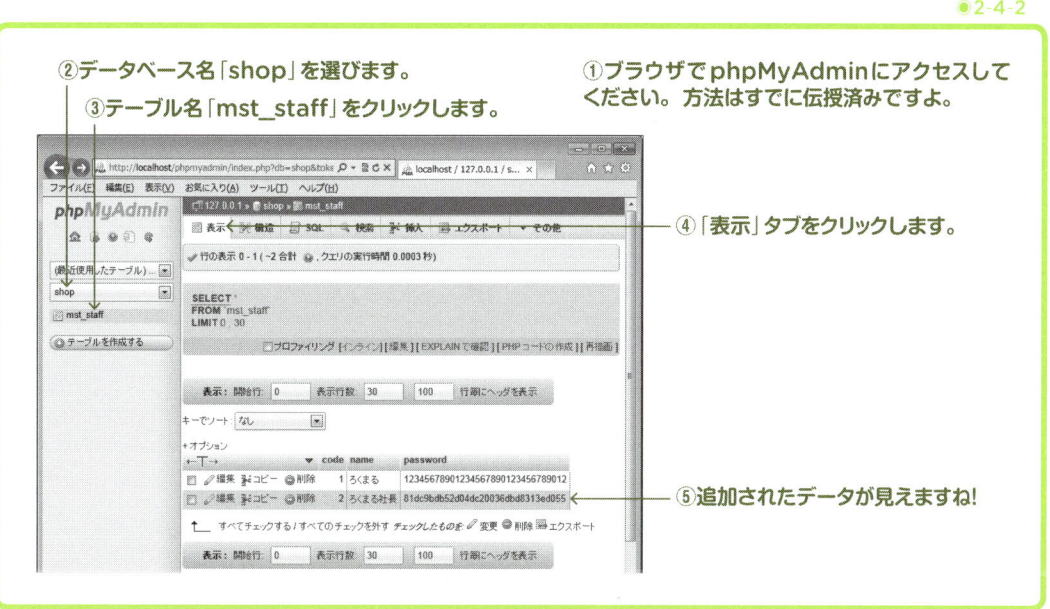

②データベース名「shop」を選びます。
③テーブル名「mst_staff」をクリックします。
①ブラウザでphpMyAdminにアクセスしてください。方法はすでに伝授済みですよ。
④「表示」タブをクリックします。
⑤追加されたデータが見えますね！

スタッフコードが自動で振られて、スタッフ名があり、MD5方式で32桁の暗号に姿を変えたパスワードがちゃんと保存されていますね。すごいです！
いったい何をしたのか説明しますね。「へ～」と納得しながら、プログラムを眺めてください。

データベースサーバーの障害対策をしていた！

XAMPPのコントロールパネルを起動して、Apacheの[Start]ボタンとMySQLの[Start]ボタンをそれぞれクリックしましたね。覚えてますか？ そもそも何のボタンだったのでしょう？ 答えは「各サーバーの起動ボタン」です。
ApacheはWebサーバーです。ブラウザでWebサイトが閲覧できるのはWebサーバーのおかげです。一方、MySQLはデータベースサーバーです。つまり、ApacheとMySQLは別のサーバーなのです。XAMPPはそうしたいくつものサーバーを、一発で全部入れてしまうとても便利なものなので、逆に分かりにくかったのです。XAMPPが普及する前は、各サーバーごとにインストールや設定をしていました。とても大変でした。
ということは…
例えばWebサーバーが正常に動いているのに、データベースサーバーに障害が発生することがあり得ます。これは怖いですよ。Webサイトの閲覧はできるのに、ショッピングなどをした途端に画面にエラーが！なんてことが起こります。もしデータベースサーバーが止まっていたら、「ただいま障害により大変ご迷惑をお掛けしております。」のような表示を出したいですね。それを実現するのがtry～catchです。これは「エラートラップ」と呼ばれます。

● 2-4-3

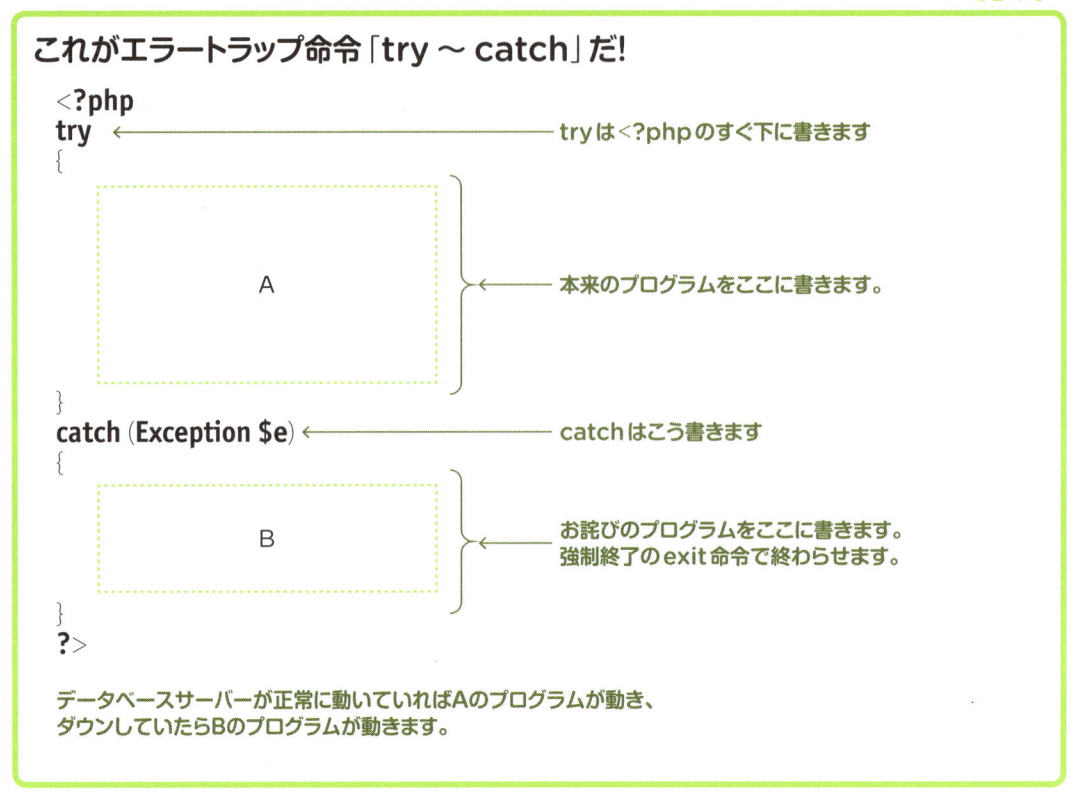

これがエラートラップ命令「try ～ catch」だ!

```
<?php
try
{

        A


}
catch (Exception $e)
{

        B


}
?>
```

- try は <?php のすぐ下に書きます
- 本来のプログラムをここに書きます。
- catch はこう書きます
- お詫びのプログラムをここに書きます。
  強制終了のexit命令で終わらせます。

データベースサーバーが正常に動いていればAのプログラムが動き、
ダウンしていたらBのプログラムが動きます。

試しに、XAMPPのコントロールパネルでMySQLの[Stop]ボタンをクリックしてみてください。これでデータベースサーバーが停止しました。

スタッフの登録をしてみてください。
登録されずにこんな画面になるはずです。

データベースを扱うプログラムには、必ずエラートラップを入れてくださいね。

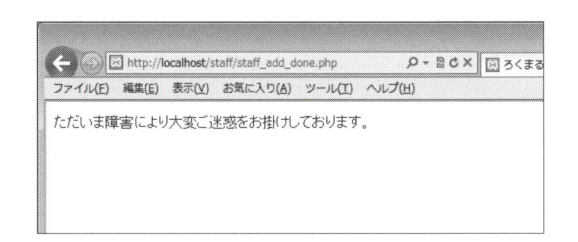

> http://localhost/staff/staff_add_done.php
> ファイル(F) 編集(E) 表示(V) お気に入り(A) ツール(T) ヘルプ(H)
>
> ただいま障害により大変ご迷惑をお掛けしております。

064 Chapter2 お店のスタッフは誰？

こうやってSQL文を扱っていた！

ここでちょっと、大切なポイントをまとめておきます。
プログラムの中でデータベースを扱うときにはルールがあります。これは今も昔も変わりません。

● 2-4-4

これがデータベースにアクセスするときの基本ルールだ！

必ずこの3ステップを踏みます。

① データベースに「接続」する。
② データベースエンジンにSQL文で指令を出す。
③ データベースから「切断」する。

接続しなければ指令は出せません。最後の切断を忘れると、データベースにデータが正しく反映されない危険が生じます。だから必ずこの3ステップなのです。

＞基本です

ステップ①　データベースに「接続する」には？

こうやって書きます。

● 2-4-5

これがデータベースに接続するプログラムだ！

```
$dsn = 'mysql:dbname=shop;host=localhost';
$user = 'root';
$password = '';
$dbh = new PDO($dsn, $user, $password);
$dbh->query('SET NAMES utf8');
```

― データベース名
― ユーザー名　本書では「root」
― パスワード　本書では、なし

データベースに接続するための秘密の5行です。本書ではユーザー名「root」、パスワードなしですが、実際のサーバーでは必ず設定してください。設定する方法は本書では触れません。

＞これ大事です

❖ ステップ②　SQL文で指令を出すには？

こうやって書きます。

●2-4-6

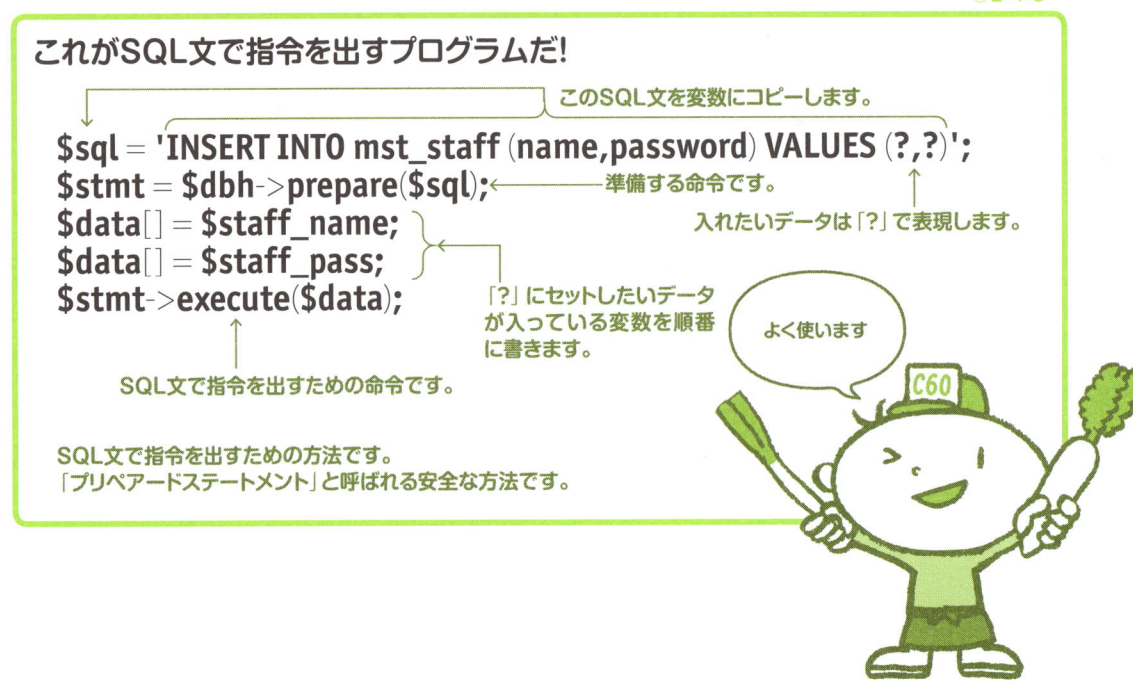

これがSQL文で指令を出すプログラムだ！

```
$sql = 'INSERT INTO mst_staff (name,password) VALUES (?,?)';
$stmt = $dbh->prepare($sql);
$data[] = $staff_name;
$data[] = $staff_pass;
$stmt->execute($data);
```

このSQL文を変数にコピーします。
準備する命令です。
入れたいデータは「?」で表現します。
「?」にセットしたいデータが入っている変数を順番に書きます。
SQL文で指令を出すための命令です。

SQL文で指令を出すための方法です。
「プリペアードステートメント」と呼ばれる安全な方法です。

よく使います

❖ ステップ③　データベースから「切断」するには？

こうやって書きます。

●2-4-7

これがデータベースから切断するプログラムだ！

```
$dbh = null;
```

接続したら必ず切断しなければなりません。うっかり忘れると、データベースが更新されない場合もあります。「データベースをいじったら、最後の処理は必ず必要」と覚えてください。接続→指令→切断、この手順は鉄則です。

staff_add_done.phpはこんな流れのプログラムだった！

1. スタッフ名とパスワードを受け取ってサニタイジングします。
2. データベースに接続します。
3. SQL文を使って、データベースにデータを追加します。
4. データベースから切断します。
5. このままだと画面が真っ白なので、「○○さんを追加しました。」と表示します。
6. これでも動きますが、データベースサーバーがダウンしてしまったときの安全策として、try～catchで全体を包みます。
7. この先に作るスタッフ一覧画面staff_list.phpへリンクを張ります。

これでスタッフデータの追加ができるようになりましたね。
データに対して行えることは、追加のほかに、もう3つあるのをご存知ですか？　今作ったスタッフの追加機能は、4つある機能（データの操作の仕方）のうちの2番目だったのです。4つの機能とはこれです！

1. データの参照　←1件のデータの詳細を画面に表示させるのが「参照」です。
2. データの追加　←今作ったのはこれです。
3. データの修正
4. データの削除

これは昔から変わらないセオリーです。
ですので、あと3つを順に作っていきましょう。

と、その前に…
残り3つの機能を呼び出すには、あらかじめ「どのスタッフが対象か」を選んでおかなければなりません。分かりますか？　今作った「追加」だけが、どのスタッフかを事前に選んでおく必要がないので、先に作ったのです。データの参照も修正も削除も、どのスタッフに対してそれを行うのかが決まっていないと、「○○を××せよ」という指令として成り立ちませんね。つまり、対象となるデータ（レコード）を先に選ぶための画面が必要です。それがスタッフ一覧画面です！

2-5 スタッフ一覧画面を作ろう!

まず、登録されているスタッフ全員のリストを画面に表示します。そして任意のスタッフを選んで何か処理をする、という仕組みを作っていきましょう。

何をするにも、まずは一覧を出そう！

hina.htmlを[staff]フォルダにコピーし、ファイル名をstaff_list.phpに変えてください。これをスタッフ一覧画面に仕上げていきます。さあ、まずはこんなプログラムを打ってみてください。もう<?php ～ ?>、try ～ catch、データベース接続、切断などの説明は省きますね。

staff_list.php ● 2-5-1

```php
 7 |<body>
 8 |
 9 |<?php
10 |
11 |try
12 |{
13 |
14 |$dsn = 'mysql:dbname=shop;host=localhost';
15 |$user = 'root';
16 |$password = '';
17 |$dbh = new PDO($dsn, $user, $password);
18 |$dbh->query('SET NAMES utf8');
19 |
20 |$sql = 'SELECT name FROM mst_staff WHERE 1';
21 |$stmt = $dbh->prepare($sql);
22 |$stmt->execute();
23 |
24 |$dbh = null;
25 |
26 |print 'スタッフ一覧 <br /><br />';
27 |
28 |while(true)
29 |{
30 |    $rec = $stmt->fetch(PDO::FETCH_ASSOC);
```

データベースへの接続は毎回同じなのでstaff_add_done.phpからコピーしてもOKですよ。

「スタッフのお名前を全部ちょうだい」というSQL文です。

この命令が終わった時点で、$stmtの中には、すべてのデータが入っています。

$stmtから1レコード取り出してます。

```
31|    if($rec==false)
32|    {
33|        break;
34|    }
35|    print $rec['name'];
36|    print '</br>';
37|}
38|
39|}
40|catch (Exception $e)
41|{
42|    print 'ただいま障害により大変ご迷惑をお掛けしております。';
43|    exit();
44|}
45|
46|?>
47|
48|</body>
```

- もし、もうデータがなければループから脱出。
- スタッフのお名前を$stmtから1レコードずつ取り出しながら表示。データがなくなったらループから脱出します。
- お名前を表示しています。

動かしてみましょう。

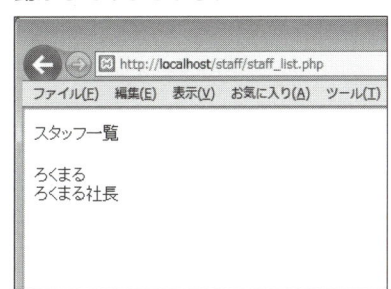

スタッフのお名前の一覧が出ましたね。
新しいSQL文が出てきました。「データをください！」という動作をするSELECT文です。

● 2-5-2

これがSELECT文だ！

SELECT name FROM mst_staff WHERE 1

- データをください、「name」フィールドの。
- どのテーブルから？「mst_staff」テーブルから。
- どういうふうに？「1」は「全部」という意味です。

日本語で言うと「mst_staffテーブルからnameフィールドのデータ（つまりスタッフ名）を全部ください」という指令です。

2-5 スタッフ一覧画面を作ろう！   069

でも、これじゃ表示しただけですね。その中から一人を選べる画面にしたいです。そのためにプログラムを修正しましょう。

staff_list.php　　　●2-5-3

```
19|
20|$sql = 'SELECT code,name FROM mst_staff WHERE 1';  ← スタッフコードももらうようにしました。
21|$stmt = $dbh->prepare($sql);
22|$stmt->execute();
23|
24|$dbh = null;
25|
26|print 'スタッフ一覧<br /><br />';
27|
28|print '<form method="post" action="staff_edit.php">';  ← 修正画面に飛べるようにしました。
29|while(true)
30|{
31|    $rec = $stmt->fetch(PDO::FETCH_ASSOC);
32|    if($rec==false)
33|    {
34|        break;
35|    }
36|    print'<input type="radio" name="staffcode" value="'. $rec['code']. '">';   ← ラジオボタンでスタッフを選べるようにしました。
37|    print $rec['name'];                                                            どのスタッフを選んだかを、飛び先で分かるようにするために、スタッフコードを渡しています。
38|    print '</br>';
39|}
40|print '<input type="submit" value="修正">';  ← ［修正］ボタンを表示しています。
41|print '</form>';
42|
```

では動かしてみましょう。ラジオボタンをクリックしてみてください。どうですか？　選べますね。この画面で［修正］ボタンをクリックすると、「Object not found!」のエラー画面になるはずです。飛び先のスタッフ修正画面staff_edit.phpをまだ作ってないからです。

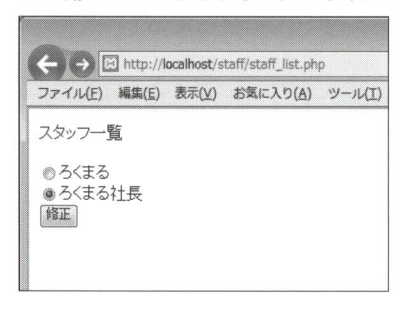

こんなふうになりましたか

ところで、スタッフを選ぶラジオボタンは、どうやって出したのでしょう？

●2-5-4

これがラジオボタンの出し方だ!

```
<form method="post" action=" 飛び先 ">
<input type="radio" name="staffcode" value="1">
<input type="radio" name="staffcode" value="2">
<input type="radio" name="staffcode" value="3">
</form>
```
↑ typeはradioです。　　↑ nameはみんな同じにします。　　↑ この値を飛び先で受け取れるので、どれが選択されたかを知ることができるのです。

飛び先のページでは、
$staff_code=$_POST['staffcode'];
とすることで値を受け取ることができます。
$staff_codeには1、2、3のどれかが入っています。

これで、スタッフ一覧の中で一人を選ぶことができるようになりました。

次は、選ばれたスタッフの情報を修正する画面を作りましょう！

行ってみましょう

2-5　スタッフ一覧画面を作ろう!　　071

2-6 スタッフ情報の修正画面を作ろう!

登録されているスタッフのデータを修正するための画面を作ります。お名前を間違えてしまった、パスワードを変更したい、など、データの修正は必ず発生しますね。

❖ まずは仕様を決めよう!

どんなプログラムでも、最初に仕様を決める必要があります。どんな画面にするのか、どんな機能にするのかなどです。スタッフ修正画面はこんな仕様にしてみましょうか。

- ・staff_list.phpで、スタッフをラジオボタンで選ぶ。
- ・[修正]ボタンをクリックすると修正画面staff_edit.phpへ飛ぶ。
- ・staff_edit.phpに飛んできたら、選んだスタッフのデータをデータベースから取得する。
- ・スタッフ追加画面と似てるけど、取得したデータがすでに入力済みの画面にする。
- ・「お名前」を修正できるけど、「パスワード」も変更しなければならないようにする。(パスワード欄を空にしておけばパスワードは変更しない、としたいところですけど、複雑になるのでここではこの仕様とします。"それでは納得できない" という方は本書卒業後に改造してみて下さい。)
- ・データを修正して[OK]ボタンをクリックしたら、staff_edit_check.phpへ飛ぶ。
- ・staff_edit_check.phpでデータのチェックをする。
- ・[戻る]ボタンでstaff_edit.phpへ戻り、[OK]ボタンでstaff_edit_done.phpへ飛ぶ。
- ・staff_edit_done.phpでデータベースを更新し、「修正しました。」と表示する。
- ・「戻る」リンクをクリックするとスタッフ一覧画面へ戻る。

どうですか? ついて来れていますか? 一見複雑そうですが、流れはスタッフ追加と同じです。つまりデータを入力して、チェックして、データ処理を完了させる、という流れです。

❖ スタッフ修正画面を作ろう! ▶▶ S3a

hina.phpを[staff]フォルダにコピーし、ファイル名をstaff_edit.phpに変えてください。そしてこのプログラムを打ってみましょう。

よく見ると、try ～ catchやデータベース接続など、すでにスタッフ追加で作ったのと全く同じだと分かります。今まで作ったプログラムからコピーしてきてもOKですよ。プログラムの世界では「コピペ（コピー＆ペースト）はよくない」というセオリーがありますが、それは中身を理解しないまま、他人様の作ったプログラムをただ拝借した場合です。自分が作ったものなら、いいんです。だからおおいにコピペして、楽をしましょう！

では、このプログラムを作ってください。ただ打つのではなく、どう楽をするか工夫しながらやってみましょう。

staff_edit.php

```php
 7 <body>
 8
 9 <?php
10
11 try
12 {
13
14 $staff_code=$_POST['staffcode'];
15
16 $dsn = 'mysql:dbname=shop;host=localhost';
17 $user = 'root';
18 $password = '';
19 $dbh = new PDO($dsn, $user, $password);
20 $dbh->query('SET NAMES utf8');
21
22 $sql = 'SELECT name FROM mst_staff WHERE code=?';
23 $stmt = $dbh->prepare($sql);
24 $data[]=$staff_code;
25 $stmt->execute($data);
26
27 $rec = $stmt->fetch(PDO::FETCH_ASSOC);
28 $staff_name=$rec['name'];
29
30 $dbh = null;
31
32 }
33 catch (Exception $e)
34 {
35     print 'ただいま障害により大変ご迷惑をお掛けしております。';
36     exit();
37 }
38
39 ?>
40
41 スタッフ修正 <br />
42 <br />
43 スタッフコード <br />
44 <?php print $staff_code; ?>
45 <br />
46 <br />
47 <form method="post" action="staff_edit_check.php">
48 <input type="hidden" name="code" value="<?php print $staff_code; ?>">
49 スタッフ名 <br />
```

14行目注: 選択された「スタッフコード」を受け取っています。入力枠からではないのでサニタイジングはあえてしていません。

22行目注: スタッフコードで絞り込んでいます。1件のレコードに絞り込まれるので、この後、whileループで回すようなことはしません。

28行目注: スタッフ名を変数にコピー。この後、使います。

```
50 <input type="text" name="name" style="width:200px" value="<?php print $staff_
   name; ?>"><br />
51 パスワードを入力してください。<br />
52 <input type="password" name="pass" style="width:100px"><br />
53 パスワードをもう1度入力してください。<br />
54 <input type="password" name="pass2" style="width:100px"><br />
55 <br />
56 <input type="button" onclick="history.back()" value=" 戻る ">
57 <input type="submit" value="OK">
58 </form>
59
60 </body>
```

50行目の value=" 以降の部分について：お名前をすでに入力済みにしています。

どうですか？ このまま打ってもいいですけど、すでに作ったところはコピーして、楽ができましたか？
それではstaff_list.phpから動かしてみましょう。

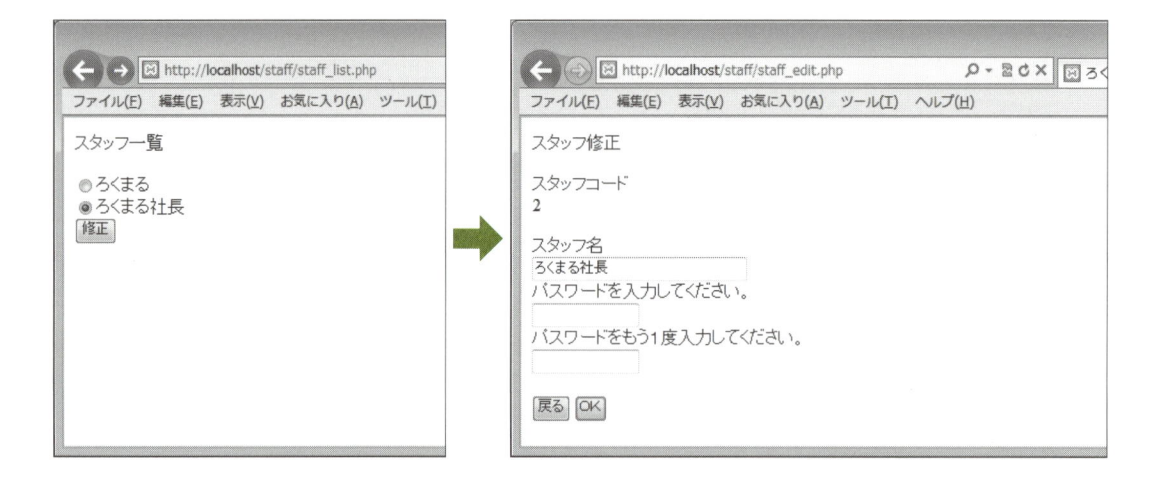

スタッフコードがちゃんと表示されていますか？ スタッフ名はまるで誰かが入力したかのように入力枠に表示されていますか？ ［OK］ボタンを押したらObject not fouond!のエラー画面になりますか？ エラー画面でいいんですよ。次に作るstaff_edit_check.phpへ飛ぼうとしている証拠ですから。もし何かおかしければ、よくプログラムを眺め、直してください。そっくり同じ記述か、確認するのも方法ですが、動作の仕方を想像しながら調べる癖もつけていってくださいね。

さて、staff_edit.phpはどんなテクニックを使ったのでしょう？
テキストボックスに最初からお名前が入力された状態になっていますね。これを「初期値」といいます。どうやったのでしょうか？

● 2-6-2

テキストボックスの初期値はこうやってセットしていた！

`<input type="text" name="name">`
これだとテキストボックスは空欄になります。

`<input type="text" name="name" value="ろくまる社長">`
valueにセットしたデータが初期値になります。
そして、初期値をセットすることを「初期化する」といいます。

ろくまる社長

なるほど、たったこれだけなのですね。しかし…
肝心のお名前は変数の中に入っています。どうやってこれをHTMLの中に入れ込むのでしょうか？　実はPHPの領域を決める<?php ～ ?>は、分断してたくさん書けるのです。同じページ内であれば、変数の中身もそのままです。

● 2-6-3

PHPの変数の中身はこうやってHTMLに出す！
<?php ～ ?>はいくつも書ける！

これがHTMLでの書き方ですね。お名前を直接書いています。
`<input type="text" name="name" value="ろくまる社長">`

ろくまる社長

この変数にお名前が入っていますね。
↓

PHPの変数に入っているお名前を出すにはこうします。
`<input type="text" name="name" value="<?php print $staff_name; ?>">`

ろくまる社長

<?php ～ ?>は今までド～ンと全体を囲むように使っていましたが、実はこうして細かくいくつでも書くことができるのです。これでHTMLがメインの文の中に、PHPの変数の内容を入れ込めるのです。

❖ staff_edit.phpはこんな流れのプログラムだった！

1. 最初にスタッフコードを受け取ります。そのコードのスタッフデータを修正するためです。テキストボックスからの入力ではないので、あえてサニタイジングはしませんでした。
2. データベースに接続します。
3. SQL文を使って、そのスタッフコードのデータをデータベースから取得します。
4. スタッフコードを指定したので、1人分のデータしか返ってこないはずです。だからwhileループでグルグル回したりしません。
5. データベースから切断します。
6. ?>から下はPHP領域ではありません。HTMLの領域です。ここで修正画面を表示します。しかしスタッフコードとスタッフ名はPHPの変数の中に入っているので、<?php ～ ?>

2-6　スタッフ情報の修正画面を作ろう！

　　　　でPHPの世界を細かく作って表示します。
　　7. パスワードはもう暗号化されているので訂正はできません。できるのは新規の入力のみです。

次は修正データのチェックです。スタッフ追加でもやりましたね。お名前を修正したつもりが削除して空っぽのまま[OK]ボタンをクリックしてしまったとか、ありそうです。
だから必ず入力チェックは必要なのです。では、いってみましょう！

◆ スタッフ修正チェック画面を作ろう！ ▶▶ S3b

これから作る画面は、スタッフ追加のときのチェック画面にとてもよく似ています。入力をチェックしてNGなら戻ってもらう。OKなら次へ飛ぶ。確かに似てますね。ですので、staff_add_check.phpをコピーして、ファイル名をstaff_edit_check.phpに変えてください。では改造しましょう。

staff_edit_check.php　　　　　　　　　　　　　　　　　　　　　●2-6-4

```
10|
11|$staff_code=$_POST['code'];     ←── 追加します。
12|$staff_name=$_POST['name'];
13|$staff_pass=$_POST['pass'];
14|$staff_pass2=$_POST['pass2'];
15|

50|    print '<form method="post" action="staff_edit_done.php">';
51|    print '<input type="hidden" name="code" value="'.$staff_code.'">';
```
　　　　　　　　　　　　　　　　　　↑ 飛び先を変更します。　　　　← 追加します。

はい、改造する所はたったこれだけです。

◆ スタッフ修正実行画面を作ろう！ ▶▶ S3c

では続けてstaff_edit_done.phpを作りましょう。staff_add_done.phpをコピーして、ファイル名をstaff_edit_done.phpに変えてください。さあ、改造です！

staff_edit_done.php

```
11 |try
12 |{
13 |
14 |$staff_code = $_POST['code'];          ← 追加します。
15 |$staff_name = $_POST['name'];
16 |$staff_pass = $_POST['pass'];
17 |
      ⋮
26 |
27 |$sql = 'UPDATE mst_staff SET name=?,password=? WHERE code=?';  ← SQL文を変更します。
28 |$stmt = $dbh->prepare($sql);
29 |$data[] = $staff_name;
30 |$data[] = $staff_pass;
31 |$data[] = $staff_code;                 ← 追加します。
32 |$stmt->execute($data);
33 |
34 |$dbh = null;
35 |
削除 print $staff_name;
削除 print 'さんを追加しました。<br />';    ← 削除します。
削除
36 |}
37 |catch (Exception $e)
      ⋮
43 |?>
44 |
45 |修正しました。<br />                    ← 追加します。
46 |<br />
47 |<a href="staff_list.php">戻る</a>
48 |
49 |</body>
```

こちらも、たったこれだけの改造で、できてしまいます。

「○○さんを追加しました。」と表示する部分を削除して、代わりに?>から下のHTML部分に「修正しました。」と表示します。実は、print命令で「○○さんを追加しました。」と出していた部分を、「print '修正しました。
';」としても結果は同じです。つまり、PHPのprint命令で表示するのか、それともHTMLとして表示するのか、どちらがいいかをあなたがケースバイケースで決める余地がありますよ、ということです。

SQL文も変更しました。これが「修正せよ」というSQL文、UPDATEです。

● 2-6-6

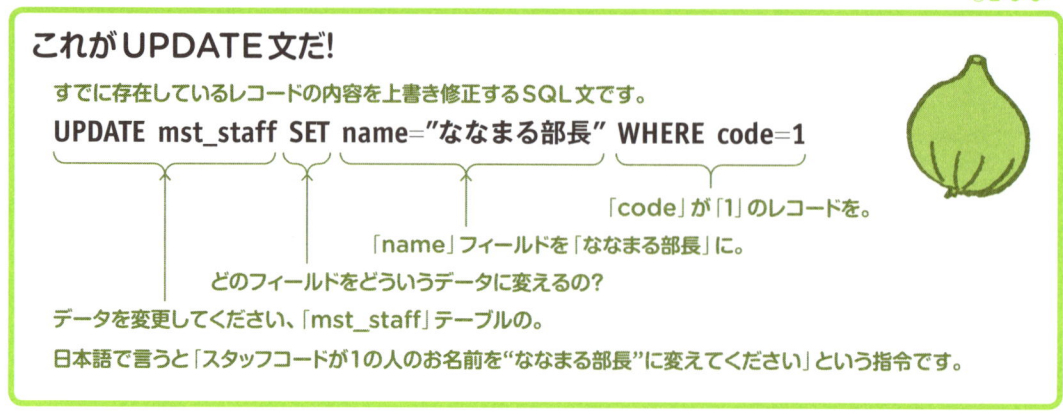

これがUPDATE文だ!

すでに存在しているレコードの内容を上書き修正するSQL文です。

UPDATE mst_staff SET name="ななまる部長" WHERE code=1

- 「code」が「1」のレコードを。
- 「name」フィールドを「ななまる部長」に。
- どのフィールドをどういうデータに変えるの?
- データを変更してください、「mst_staff」テーブルの。

日本語で言うと「スタッフコードが1の人のお名前を"ななまる部長"に変えてください」という指令です。

さあ、スタッフ一覧から動かしてみましょう。実際にお名前とパスワードを変更してみましょう。

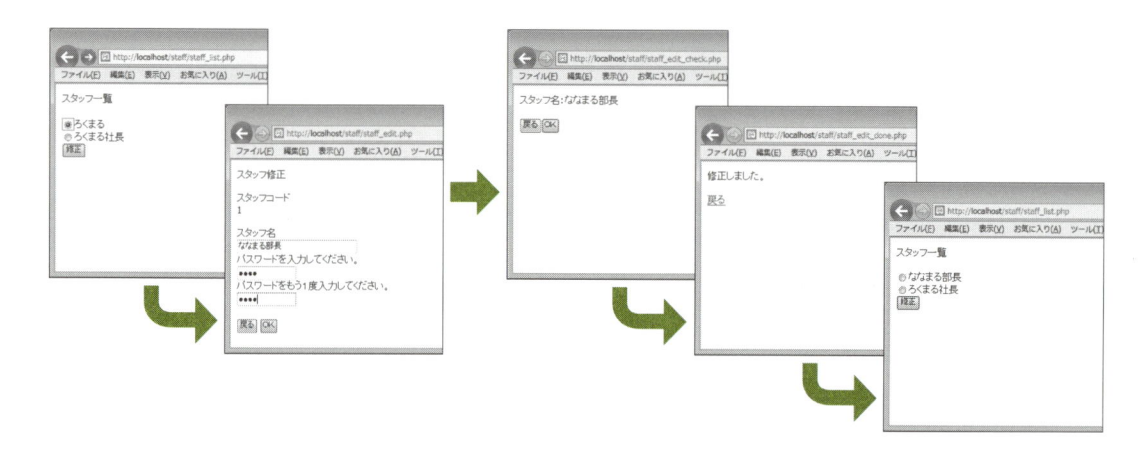

どうですか? 一覧に戻ると、お名前が変わっているのが分かりますか? もし変わっていない、エラーが出た、Noticeが出たなど、おかしな動きをしていたら、プログラムをよく見て修正してください。こうやっておかしな動きの原因を突き止めてプログラムを修正していくことを「デバッグ(DeBug)」といいます。

これでデータ(レコード)の追加と修正ができましたね。次は削除です。スタッフ一覧で削除したいスタッフを選び、[削除]ボタンをクリックすればよさそうですね。 では、その機能を追加するには、どうしたらいいのでしょう?
そうです。submitボタンを複数にすればいいのですね。でも<form>〜</form>タグからの飛び先は1箇所です。submitボタンをいくら複数にしたところで、みんなその1箇所に飛んでしまいます…。これは困りました!! いったいどうしたらいいのでしょう?

> うーん
> これは
> 困りましたね

2-7 好きな画面に分岐ジャンプさせよう!

さあ、困りました。どうやってボタンによって飛び先を変えるのでしょう?

分岐のためだけの見えない画面があればいい!

残念なことに、スタッフ一覧から修正画面や削除画面に、分けて飛ばすことはできません。そこで画面と画面の間に、見えない画面を1枚挟み込むのです。その見えない画面(ページ)から、それぞれの画面に分岐させればいいのです!

●2-7-1

スタッフ一覧 → 分岐画面 → 画面／画面／画面
↑
見えないページ

そんな分岐画面のプログラムをこれから作りますが、表示もないまま次の画面へ飛びますので、作った本人以外はこのページがあることを、知ることもできないでしょう。
まずはstaff_list.phpを改造します。

テクニックです

staff_list.php　　　●2-7-2

```
26 |print 'スタッフ一覧 <br />';
27 |
28 |print '<form method="post" action="staff_branch.php">';
29 |while(true)
30 |{
　　　…
39 |}
40 |print '<input type="submit" name="edit" value=" 修正 ">';
41 |print '<input type="submit" name="delete" value=" 削除 ">';
42 |print '</form>';
43 |
```

- 28行目：飛び先を変更。
- 40行目：nameを追加します。
- 41行目：追加します。

　これで飛び先が、これから作るstaff_branch.phpに変わりました。そしてボタンは[修正]と[削除]の2つが出ます。
　2つのボタンにnameを追加しました。それぞれ「edit」、「delete」と名付けました。これが後でとっても重要になってきます！　飛び先のstaff_branch.phpで、どのボタンが押されたか、区別できるようになるのです。その実験をしながら、分岐のためだけの見えない画面を作っていきましょう！

❖ 分岐画面でボタンを区別する実験から始めよう！ ▶▶ (SB)

　hina.htmlをコピーし、ファイル名をstaff_branch.phpに変更します。これが見えない画面になっていきますよ。さあ、エディタで開いて、まずは中身を全部削除してしまいましょう。「え？今までは<body>と</body>の間に<?phpとか書いて…」はい。そうでしたね。でも今回は違います。staff_branch.phpの中身を全部削除してください。そして次のプログラムを打ってください。

staff_branch.php　　　●2-7-3

```
 1 |<?php
 2 |
 3 |if(isset($_POST['edit'])==true)
 4 |{
 5 |    print ' 修正ボタンが押された ';
 6 |}
 7 |
 8 |if(isset($_POST['delete'])==true)
 9 |{
10 |    print ' 削除ボタンが押された ';
11 |}
12 |
13 |?>
```

- もしeditだったら[修正]ボタンだった。
- もしdeleteだったら[削除]ボタンだった。

　ではスタッフ一覧画面で、[修正]ボタンや[削除]ボタンをクリックしてみてください。どうですか？ちゃんと区別されていますか？

[修正] ボタンを
クリック。

[削除] ボタンを
クリック。

こんなふうに
なりましたか

ボタンの区別さえつけば、ここからそれぞれの画面に飛ばせば何とかなりそうです。さて、どうやって区別をしたのでしょうか？

●4-7-4

空っぽデータと本当の空っぽ？ isset で判断していた！

submitボタンにnameを使うと、$\_POSTでどのボタンがクリックされたのかを知ることができます。もしname="edit"とした［修正］ボタンがクリックされたら、$_POST['edit']が1になります。もし違うボタンだったら？ そのときは$_POST['edit']が空っぽです。

空っぽにも種類があって、本当の空っぽなのです。シングルクオーテーションを2つ並べた「''」よりも空っぽです。そんなことがあるの？ あるのです。「空っぽというデータが入っている」場合と、「本当の空っぽ」とは別なのです。白紙の答案を提出するケースと、初めから試験を受けてないケースの違いです。
試しにこんなプログラムを動かしてみました。

```
 1 |<?php
 2 |
 3 |if($aaa=='')
 4 |{
 5 |    print 'AAA';
 6 |}
 7 |
 8 |if(isset($aaa)==false)
 9 |{
10 |    print 'BBB';
11 |}
12 |
13 |$aaa='';
14 |
```

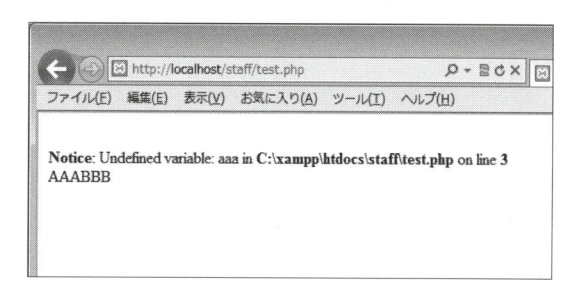

Notice: Undefined variable: aaa in C:\xampp\htdocs\staff\test.php on line 3
AAABBB

```
15 |if(isset($aaa)==false)
16 |{
17 |    print 'CCC';
18 |}
19 |
20 |?>
```

3行目がNoticeで指摘されていますね。本当の空っぽなので注意されてしまうのです。
本当の空っぽか、何かが入っているのかをチェックするのがisset命令です。
8行目がそうです。もし本当の空っぽならfalse、何か入っていればtrueです（falseは「誤り・ウソ・偽」、trueは「正しい・本当・真」といった意味です。13行目で空っぽというデータ「''」を入れています。だから15行目はtrueになります。そのためCCCは表示されないのです。

> isset（判断したい変数）;
> →変数が本当の空っぽならfalse
> →変数に何か入っていればtrue
> →空っぽを意味する「''」が入っていればtrue

$_POSTでどのボタンが押されたのか簡単に分かりそうだったのに、「本当の空っぽ」と「そうでない空っぽ」がある、なんて、ワケの分からない話が出てきてしまいましたね。古いプログラミング言語ではあり得ないのですが、PHPではこういうこともあるのです。isset命令を覚えておきましょう。

❖ 好きな画面へ飛ばそう！

ボタンを区別する実験が成功しました。さっそく、[修正]ボタンが押されたらスタッフ修正画面へ飛ばし、[削除]ボタンが押されたらスタッフ削除画面へ飛ばしたいですね。
このとき、<form>タグを使わずに任意の画面へ飛ばせる命令があります。それがheader('Location: 〜〜〜')命令です。staff_branch.phpをこう改造しましょう。

staff_branch.php ● 2-7-5

```
 1 |<?php
 2 |
 3 |if(isset($_POST['edit'])==true)
 4 |{
 5 |    header('Location: staff_edit.php');      ←── スタッフ修正画面へ飛ぶ
 6 |}
 7 |
 8 |if(isset($_POST['delete'])==true)
 9 |{
10 |    header('Location: staff_delete.php');    ←── スタッフ削除画面へ飛ぶ
11 |}
12 |
13 |?>
```

スタッフ一覧から動かしてみましょう。[修正]ボタンをクリックすると修正画面へ（Noticeが出るかもしれません）、[削除]ボタンをクリックすると、まだ作っていない削除画面へ飛ぼうとしてObject not found!の画面になりますね。そして素晴らしいことに、スタッフ修正画面の[戻る]ボタンを押すと、staff_branch.phpのさらに前のstaff_list.phpにちゃんと戻ってくれるのです。

● 2-7-6

header('Location: 〜〜〜')で任意の画面へ飛ばす！

header('Location: 飛ばしたい画面のURL');

これでどこへでも飛ばせそうですね。ところが…
ちょっとした制限があるのです。それは、飛ばす前に何かを表示してしまうと、途端に飛ばなくなってしまうのです！

★飛ばす前に表示がないのでちゃんと飛びます。

```
1 |<?php
2 |
3 |    header('Location: staff_list.php');
4 |
5 |?>
```

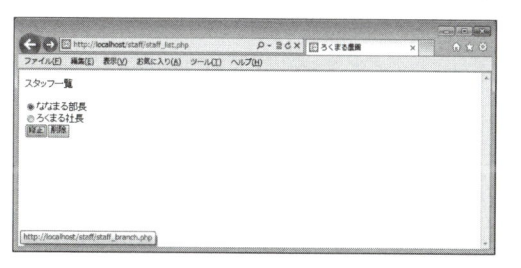

★飛ばす前に「AAA」を表示してみました。すると飛ばないのです！

```
1 |<?php
2 |
3 |    print 'AAA';
4 |    header('Location: staff_list.php');
5 |
6 |?>
```

このルールに注意して使ってください。

これで好きなページへ自由に飛ばせる！と思いきや、またまた変なルールが出てきました。表示をしたら飛ばない？ なんとヘソ曲がりなルールでしょう。これも昔ながらの言語ではあり得ない制限なのですが、PHPはそういうルールなんです。
さあ、これで飛び先を分岐させることに成功しました！
でも…
ちょっとスタッフ修正画面へ行ってみてください。Noticeが出ていませんか？ それに修正したいスタッフのデータが画面に出ていません。これはまずいですね。そうです、飛ばすことはできましたが、肝心のスタッフコードが渡せていないのです。あちらを立てればこちらが立たず。本当に困ったものです。
では、これを解決すべく、また新しい技術を伝授しましょう。この技術を知ると「あのサイトのアレはコレだったのか！」と分かることと思います。お楽しみに♪

> うーん
> これは
> 困りましたね

2-7 好きな画面に分岐ジャンプさせよう！　　083

URLパラメータとGETを使う!

選んだスタッフコードをスタッフ修正画面に渡せないと、どのスタッフのデータを修正するのか分かりませんね。staff_branch.phpでは、スタッフコードを$_POSTで受け取ったらすぐに飛び先に送り出すよう改造したいですね。でもスタッフコードを送り出す方法は？
それはURLパラメータという技術と、GETという技術を使うのです！

●2-7-7

これがURLパラメータとGETだ!

検索サイトなどで［検索］ボタンをクリックした後のURLを見たことありますか？ ちょっとやってみてください。URLの後に「?」マークとそれに続く何やら意味不明な英数字がズラズラと並んでいますね。この「?」マーク以降がURLパラメータと呼ばれるものです。PHPではそのURLパラメータを、GETという方式で読み取ることができます。

飛び元のプログラム
```
header('Location: staff_edit.php?staffcode=3');
```
飛び先のプログラム
```
$staff_code=$_GET['staffcode'];
```
← $_POSTではなく$_GETを使います！

こうして「3」を受け取ることができるのです。<form>で送って$_POSTで受け取るのがPOST方式、URLパラメータで送って$_GETで受け取るのがGET方式です。注意しなければならないのは、POSTと違ってGETでは、ブラウザのURL欄にデータが丸見えになってしまうことです。だからGETでは、見られても構わないデータしか扱ってはいけません。

これ大事です

ではstaff_branch.phpを改造しましょう。

staff_branch.php

●2-7-8

```php
 1 |<?php
 2 |
 3 |if(isset($_POST['edit'])==true)
 4 |{
 5 |    $staff_code=$_POST['staffcode'];
 6 |    header('Location: staff_edit.php?staffcode='.$staff_code);
 7 |}
 8 |
 9 |if(isset($_POST['delete'])==true)
10 |{
11 |    $staff_code=$_POST['staffcode'];
12 |    header('Location: staff_delete.php?staffcode='.$staff_code);
13 |}
14 |
15 |?>
```

これで、URLパラメータでスタッフコードを渡せるようになりました。

次は受け取る方、staff_edit.phpの改造ですね。

staff_edit.php ● 2-7-9

```
14|$staff_code=$_GET['staffcode'];
```

はい、これだけです。これでPOSTではなくGETで、スタッフコードをURLパラメータの形で受け取れます。
さあ、スタッフ一覧から動かしてみましょう。修正したいスタッフを選んで[修正]ボタンをクリックしてください。今度はうまくいきましたね。もしエラーやNoticeなどが出ていたらデバッグしてください。修正したいデータが表示されていない場合もダメです。何かが間違っていますのでデバッグしてください。

もしスタッフを選ばなかったら？

もし、スタッフを選ばずに[修正]ボタンをクリックしたら、どうなるのでしょう？　やってみましょう。一度ブラウザを閉じてからstaff_list.phpにアクセスしてください。ラジオボタンがどれも選択されていませんね。この状態で[修正]ボタンをクリックしてみてください。Noticeが出たり、スタッフデータが出ていなかったり、へんな画面が出ますね。これはいけません。でもユーザーは何をするか分かりません。「そんなことするユーザーが悪い」という考え方は、絶対してはダメです！ staff_branch.phpをこう改造しましょう。isset命令を使います。

・もしスタッフコードが選ばれていたら、$staff_codeにスタッフコードをコピーします。
・もしスタッフコードが選ばれていなかったら、新しく作る画面staff_ng.phpに飛びます。
・staff_ng.phpでは「スタッフが選択されていません。」と表示し、スタッフ一覧へ戻ってもらいましょう。

staff_branch.php ● 2-7-10

```
 1|<?php
 2|
 3|if(isset($_POST['edit'])==true)
 4|{
 5|    if(isset($_POST['staffcode'])==false)
 6|    {
 7|        header('Location: staff_ng.php');
 8|    }
 9|    $staff_code=$_POST['staffcode'];
10|    header('Location: staff_edit.php?staffcode='.$staff_code);
11|}
12|
13|if(isset($_POST['delete'])==true)
14|{
15|    if(isset($_POST['staffcode'])==false)
16|    {
17|        header('Location: staff_ng.php');
18|    }
```

```
19|        $staff_code=$_POST['staffcode'];
20|        header('Location: staff_delete.php?staffcode='.$staff_code);
21|}
22|
23|?>
```

これで、もしスタッフを選択しないまま[修正]ボタンをクリックしたらstaff_ng.phpに飛びます。

❖ NG画面を作ろう！ ▶▶ SNG

ではstaff_ng.phpを作りましょう。hina.htmlをコピーし、ファイル名をstaff_ng.phpに変えてください。こんなHTML文にします。

staff_ng.php　　　　　　　　　　　　　　　　　　　　　　　　　　　● 2-7-11

```
 7|<body>
 8|
 9|スタッフが選択されていません。<br />
10|<a href="staff_list.php">戻る</a>
11|
12|</body>
```

スタッフを選択しない状態で[修正]ボタンをクリックしてみてください。staff_ng.phpに飛んで来ますね。

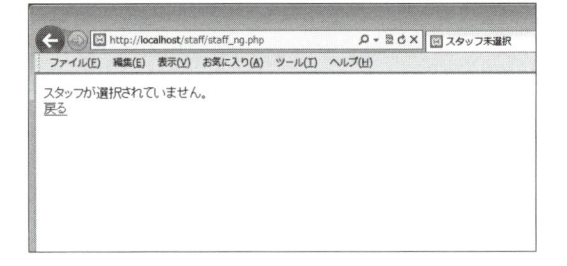

こんなふうになりましたか

2-8 スタッフの削除画面と参照画面を作ろう!

[削除] ボタンをクリックすると「Object not found!」のエラーが出ますね。今はそれで正解です。削除画面staff_delete.phpはこれから作るのですから。削除画面と参照画面が出来たら、スタッフ管理の仕組みは完成ですよ!

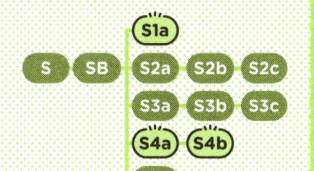

削除の確認画面を作ろう! ▶▶ S4a

削除は恐い機能です。消してはいけないデータをうっかり消してしまう恐れがあるからです。だから消す前に、本当にいいのか、ユーザーにYES／NOを問うのがプログラミングのセオリーです。では安全に作るために、staff_edit.phpを元にして改造しましょう。staff_edit.phpをコピーして、ファイル名をstaff_delete.phpに変えてください。これを改造しましょう。今までのような細かい解説はだんだん減らしていきますので、ただ見て打つのではなく、理解しながら改造してくださいね。

staff_delete.php ●2-8-1

```
41 |スタッフ削除 <br />
42 |<br />
43 |スタッフコード <br />
44 |<?php print $staff_code; ?>
45 |<br />
46 |スタッフ名 <br />
47 |<?php print $staff_name; ?>
48 |<br />
49 |このスタッフを削除してよろしいですか? <br />
50 |<br />
51 |<form method="post" action="staff_delete_done.php">
52 |<input type="hidden" name="code" value="<?php print $staff_code ?>">
削除   スタッフ名 <br />
削除   <input type="text" name="name" style="width:200px" value="<?php print $staff_name ?>"><br />
削除   パスワードを入力してください。 <br />
削除   <input type="password" name="pass" style="width:100px"><br />
削除   パスワードをもう1度入力してください。 <br />
削除   <input type="password" name="pass2" style="width:100px"><br />
削除   <br />
53 |<input type="button" onclick="history.back()" value=" 戻る ">
```

```
54|<input type="submit" value=" OK ">
55|</form>
```

ずいぶんスッキリしましたね。動かしてみましょう。念を押して確認してますから、削除の怖さが緩和されますね。「間違えた！」と思ったら、スタッフ一覧に戻ればいいんです。取り返しのつかないことを避けるために、こういうワンクッションを設けることはとても大切です。

削除を実行する画面を作ろう！ ▶▶ S4b

では、［OK］ボタンがクリックされたときに実際にデータを削除するための画面を作りましょう。staff_edit_done.phpをコピーして改造しましょう。ファイル名はstaff_delete_done.phpに変えます。

staff_delete_done.php ● 2-8-2

```
14|$staff_code = $_POST['code'];
削除 $staff_name = $_POST['name'];
削除 $staff_pass = $_POST['pass'];
削除
削除 $staff_name = htmlspecialchars($staff_name);
削除 $staff_pass = htmlspecialchars($staff_pass);
15|
       ：
21|
22|$sql = 'DELETE FROM mst_staff WHERE code=?';
23|$stmt = $dbh->prepare($sql);
削除 $data[] = $staff_name;
削除 $data[] = $staff_pass;
24|$data[]=$staff_code;
       ：
37|
38  削除しました。<br />
39|<br />
```

焦らないでね

● 2-8-3

これがDELETE文だ!

すでに存在するレコードを削除するSQL文です。

DELETE FROM mst_staff WHERE code=1

- レコードを削除してください、「mst_staff」テーブルの。
- 「code」が1のレコードを。

日本語で言うと「mst_staffテーブルの中の、スタッフコードが1のレコードを削除してください」という指令です。

では、一人分のデータを削除してみましょう。削除したらスタッフ一覧画面に戻ってよく見てください。いま削除したスタッフは、もう登場しませんね。

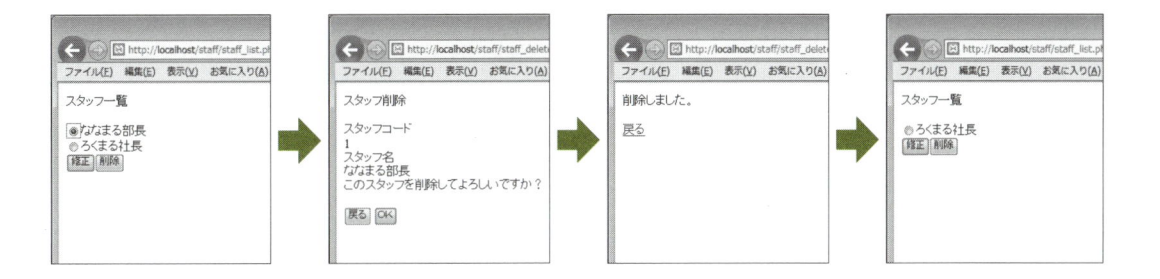

これで削除機能が組み込まれました。

❖ スタッフ追加画面を仲間に入れよう！

スタッフ一覧画面に、スタッフ追加画面へ飛ぶボタンがないですね。スタッフの追加も仲間に入れてあげましょう。

やり方は簡単です。staff_list.phpとstaff_branch.phpをちょっとだけ改造し、スタッフ追加画面staff_add.phpへもボタンで飛ぶようにすればいいのです。

まずはstaff_list.phpの改造です。

staff_list.php ● 2-8-4

```
40|print '<input type="submit" name="add" value=" 追加 ">';
41|print '<input type="submit" name="edit" value=" 修正 ">';
42|print '<input type="submit" name="delete" value=" 削除 ">';
```

続いてstaff_branch.phpを改造します。スタッフを選んでいなくても追加はできなければいけません。ですのでスタッフが選ばれているかをチェックしているif命令の前に追加します。

2-8 スタッフの削除画面と参照画面を作ろう！

staff_branch.php ● 2-8-5

```
1 |<?php
2 |
3 |if(isset($_POST['add'])==true)
4 |{
5 |    header('Location: staff_add.php');
6 |}
7 |
8 |if(isset($_POST['edit'])==true)
```

「追加」の場合は、スタッフ一覧から誰かを選択する必要がないので、こんなに簡単な改造で完成してしまうのです。
ではスタッフ一覧から動かしてみましょう。どうですか？　追加画面、修正画面、削除画面と、とても自然に行ったり来たりができるようになりましたね。だいぶスタッフ管理画面っぽくなってきました。

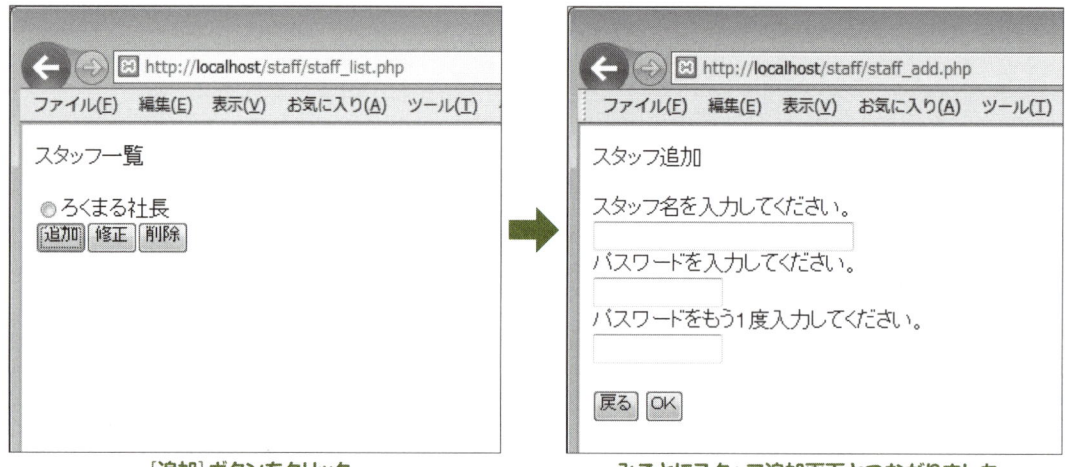

［追加］ボタンをクリック。　　　　　　みごとにスタッフ追加画面とつながりました。

スタッフ情報の参照画面ってナニ？

スタッフ管理の仕組みも完成したように見えますが、実はまだ足りません。ちょっと固いお話になります。今作っているのは、いわば企業の業務アプリケーションの原型となるものです。業務アプリケーションには基本形があるのです。

これが業務アプリケーションの基本形だ！

```
メニュー画面 ─┬─ ○○一覧画面 ─┬─ ○○参照画面
              │                ├─ ○○追加画面
              │                ├─ ○○修正画面
              │                └─ ○○削除画面
              │
              ├─ △△一覧画面 ─┬─ △△参照画面
              │                ├─ △△追加画面
              │                ├─ △△修正画面
              │                └─ △△削除画面
              ⋮
```

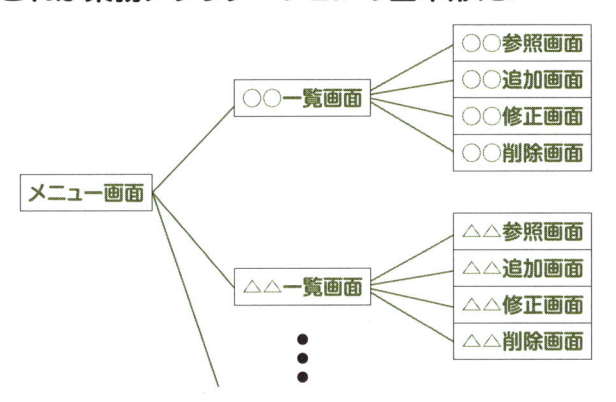

メニューから何のデータを操作するかを選ぶと、そのデータの一覧が出ます。そのデータに対して何をしたいか？ 4つあるのがセオリーです。「参照」「追加」「修正」「削除」の4つです。多くの業務アプリケーションは大体これを基本として成り立っています。検索機能や印刷機能は、この基本形に付随する機能なのです。

分かりますか？　今の時点ではスタッフの「参照」がないんですね。

この本で扱っているスタッフデータは項目がとても少ないので、あまり必要を感じないかもしれません。だって、スタッフ一覧に全部表示できてしまいますから。しかし本格的なシステムになってくると、一気に項目が増えます。郵便番号、住所、電話、性別、生年月日、入社年月日、社員番号、部署、役職、給与等級、年金番号などなど。だから、スタッフコードとお名前だけの一覧画面と、そのうちの一人の詳細情報を見るための参照画面が別途必要になってくるのです。

みなさんの今後のために、ここで参照の仕組みも作っておきたいと思います。後できっと役に立ちますよ。

◆ スタッフ情報参照画面へも飛べるようにしよう！

まずは参照画面へ飛ぶためのボタンを、staff_list.php に追加します。

staff_list.php

```php
40|print '<input type="submit" name="disp" value=" 参照 ">';
41|print '<input type="submit" name="add" value=" 追加 ">';
42|print '<input type="submit" name="edit" value=" 修正 ">';
43|print '<input type="submit" name="delete" value=" 削除 ">';
```

次に staff_branch.php に、スタッフ参照画面へ飛ぶ処理を追加します。

staff_branch.php

```php
1|<?php
2|
3|if(isset($_POST['disp'])==true)
4|{
```

```
 5 |     if(isset($_POST['staffcode'])==false)
 6 |     {
 7 |         header('Location: staff_ng.php');
 8 |     }
 9 |     $staff_code=$_POST['staffcode'];
10 |     header('Location: staff_disp.php?staffcode='.$staff_code);
11 |}
12|
13|if(isset($_POST['add'])==true)
```

これでスタッフ一覧画面からスタッフ情報参照画面へ飛べるようになりました。
では、スタッフ情報参照機能の本体、staff_disp.phpを作りましょう。

✧ スタッフ情報参照画面をつくろう！ ▶▶ S1a

ここでも楽をするために、staff_edit.phpをコピーして改造しちゃいましょう。ファイル名はstaff_disp.phpに変えてください。
<?php ～ ?> は複数書くことができます。このことは以前説明し、やってみましたね。今回もあれを使います。HTML文の合間合間にPHPを挟み込んで表示させます。

staff_disp.php   ●2-8-9

```
41 |スタッフ情報参照 <br />
42 |<br />
43 |スタッフコード <br />
44 |<?php print $staff_code; ?>
45 |<br />
46 |スタッフ名 <br />
47 |<?php print $staff_name; ?>
48 |<br />
49 |<br />
50 |<form>
削除 <form method="POST" action="staff_edit_check.php">
削除 <input type="hidden" name="code" value="<?php print $staff_code ?>">
削除 スタッフ名 <br />
削除 <input type="text" name="name" style="width:200px" value="<?php print $staff_name ?>"><br />
削除 パスワードを入力してください。 <br />
削除 <input type="password" name="pass" style="width:100px"><br />
削除 パスワードをもう1度入力してください。 <br />
削除 <input type="password" name="pass2" style="width:100px"><br />
削除 <br />
51 |<input type="button" onclick="history.back()" value=" 戻る ">
削除 <input type="submit" value=" OK ">
52 |</form>
```

できました！　スタッフ一覧から、スタッフ情報参照画面へ飛べますね。

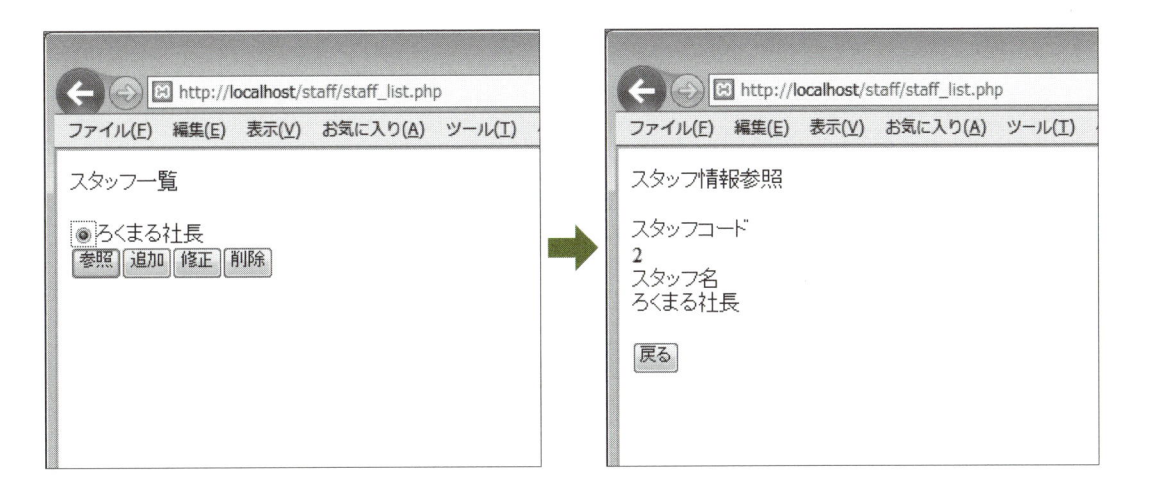

これで参照、追加、修正、削除の4つが揃いました。staff_list.phpからいろいろ操作してみてください。

あなたがスタッフになって追加しましょう！

おめでとうございます！　これでスタッフ管理画面の基本形の完成です！
スタッフ管理ができましたので、次はいよいよ商品管理の画面を作っていきますが、ここでとっても大切なことがあります。あなた自身をスタッフとして追加してください。そして、スタッフコードとパスワードをどこかにメモしておいてください。本書の後半でログイン認証の仕組みを作っていきます。そのときに「あれ？パスワードなんだっけ？」とならないために、必ずメモしておいてくださいね！

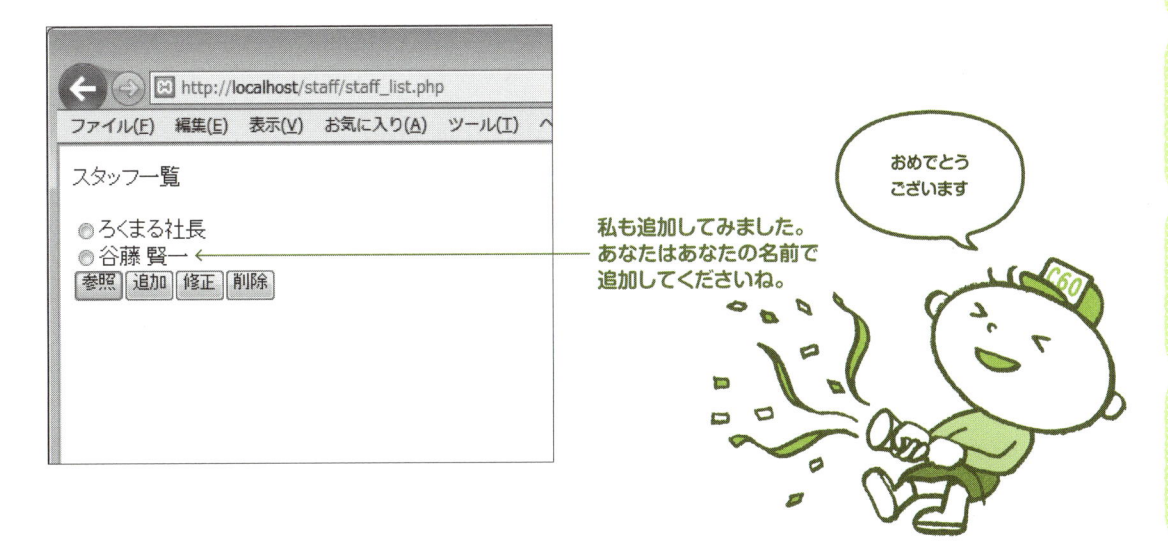

私も追加してみました。
あなたはあなたの名前で
追加してくださいね。

おめでとう
ございます

Chapter 3

お店に商品を
並べよう！

本章ではこれを作りますよ！

[product] 商品管理

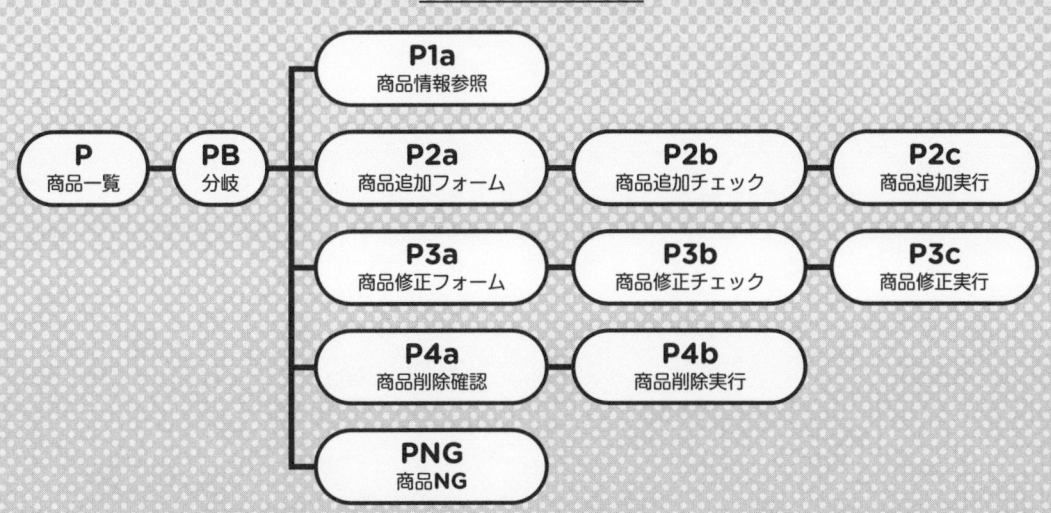

```
P              P1a
商品一覧        商品情報参照

PB
分岐

              P2a              P2b              P2c
              商品追加フォーム    商品追加チェック    商品追加実行

              P3a              P3b              P3c
              商品修正フォーム    商品修正チェック    商品修正実行

              P4a              P4b
              商品削除確認       商品削除実行

              PNG
              商品NG
```

こんなキーワードが出てきますよ！

preg_match（正規表現）	move_upload_file
画像のアップロード	unlink
$_FILES	

商品管理も、考え方は スタッフ管理と同じ!

お店ができたら商品が必要ですね。

商品管理もスタッフ管理も、
やっていることは実は同じなんです。
ですので、まず「一覧」があって、
そこから「参照」「追加」「修正」「削除」を
作っていけばいいのです。
ということは…、
スタッフ管理で作ったプログラムを
どんどん流用して
楽して作れちゃうわけです!

行って
みましょう

3-1 商品を追加する画面を作ろう!

やることはスタッフ管理といっしょです。まずデータベースに商品テーブルを作ってから、プログラムを作っていきます。スタッフ管理のプログラムをコピーして改造すれば、できちゃいます。

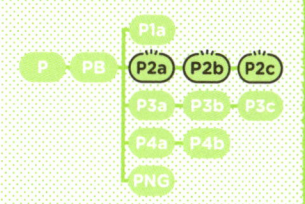

商品のテーブルを作成しよう!

商品マスタのテーブルを作ってください。今後はテーブル仕様だけお見せします。作り方を忘れちゃった? そんなときは、スタッフマスタのテーブルを作ったページを、もう一度見てください。

テーブル名:mst_product

フィールドの意味	フィールド名	型	文字数	インデックス	A_I
商品コード	code	INT		PRIMARY	✓
商品名	name	VARCHAR	30		
価格	price	INT			
画像	gazou	VARCHAR	30		

商品管理のフォルダを作成しよう!

スタッフ管理とは別のフォルダにプログラムを作っていきます。[htdocs]の中に、[product]というフォルダを新たに作ってください。
[product]フォルダをUTF-8対応にするために、.htaccessをコピーしてください。覚えてますか?

商品追加画面を作ろう! ▶▶ P2a

まずは商品追加から作ります。さっそく楽をしちゃいましょう。staff_add.phpを[product]フォルダにコピーして、ファイル名をpro_add.phpに変えます。

pro_add.php

```
 9 |商品追加 <br />
10 |<br />
11 |<form method="post" action="pro_add_check.php">
12 |商品名を入力してください。<br />
13 |<input type="text" name="name" style="width:200px"><br />
14 |価格を入力してください。<br />
15 |<input type="text" name="price" style="width:50px"><br />
削除   パスワードをもう1度入力してください。<br />
削除   <input type="password" name="price" style="width:100px"><br />
16 |<br />
```

「あれ？テーブル仕様書には［画像］というフィールドがあるけど、プログラムには登場しないのですか？」
はい、今は考えないでOKです。後のお楽しみです♪

追加した商品のチェック画面を作ろう！ P2b

次はチェック画面です。商品名と価格の入力チェックをしましょう。
staff_add_check.phpを［product］フォルダにコピーして、ファイル名をpro_add_check.phpに変えます。では、下のようなプログラムに改造してください。今回は何行目をどうするという細かい指示はしませんので、よく画面とにらめっこしながら改造してくださいね。

pro_add_check.php

```
 9 |<?php
10 |
11 |$pro_name=$_POST['name'];
12 |$pro_price=$_POST['price'];
13 |
14 |$pro_name= htmlspecialchars($pro_name);
15 |$pro_price= htmlspecialchars($pro_price);
16 |
17 |if($pro_name=="")
18 |{
19 |    print '商品名が入力されていません。<br />';
20 |}
21 |else
22 |{
23 |    print '商品名：';
24 |    print $pro_name;
25 |    print '<br />';
26 |}
27 |
28 |if(preg_match('/^[0-9]+$/', $pro_price)==0)  ← ナニやら新しい命令が出てきました。「もし半角数字じゃなかったら」というチェックをしています。
29 |{
30 |    print '価格をきちんと入力してください。<br />';
31 |}
32 |else
```

```
33 |{
34 |     print '価格：';
35 |     print $pro_price;
36 |     print '円 <br />';
37 |}
38 |
39 |if($pro_name=='' || preg_match('/^[0-9]+$/', $pro_price)==0)
40 |{
41 |     print '<form>';
42 |     print '<input type="button" onclick="history.back()" value=" 戻る ">';
43 |     print '</form>';
44 |}
45 |else
46 |{
47 |     print '上記の商品を追加します。 <br />';
48 |     print '<form method="post" action="pro_add_done.php">';
49 |     print '<input type="hidden" name="name" value="'.$pro_name.'">';
50 |     print '<input type="hidden" name="price" value="'.$pro_price.'">';
51 |     print '<br />';
52 |     print '<input type="button" onclick="history.back()" value=" 戻る ">';
53 |     print '<input type="submit" value=" OK ">';
54 |     print '</form>';
55 |}
56 |
57 |?>
```

もう、全体が何をしているかの解説は不要ですね。あれ？ 価格のチェックで新しい命令が出てきましたね。これは何でしょう？

● 3-1-3

これが正規表現だ! でも難しいことは置いといて…

「もし空っぽだったら」のような単純なチェックは簡単でした。
でもそれでは済まないチェックには、preg_matchという命令を使います。

もしデータがあるべき形になっていないとpreg_matchは0を返します。
あるべき形になっていれば1を返します。
それをif命令で判断するのが、正規表現と呼ばれる仕組みです。

この正規表現のパターンを変えることで、あらゆるチェックができます。

preg_match('/^[0-9]+$/', $data)

↑ 正規表現。ここでは「半角数字」を表しています。

↑ チェックしたいデータが入っている変数

「正しいか間違っているかを、正規表現でチェックしなさい」という命令です。
使い方はこうです。

これ大事です

```
if(preg_match('/^[0-9]+$/', $data)==0)
{
    print ' 数字じゃありません。';
}
```

正規表現を使うと、いろんなパターンの文字をチェックすることができます。半角のみ、全角のみ、数字の範囲、メールアドレス、電話番号など、アイデア次第で無限です。でも、正規表現だけで1冊本ができてしまうほど奥深いです。本書ではとても解説仕切れませんので、そのままお使いください。興味がある方は調べてみてください。

それでは動作を確認してみてください。どうやって動かすかはもうお分かりですよね。特に価格は半角数字のみとするチェックがされているか、念入りに動作を確認しましょう。

● 商品をデータベースに追加する画面を作ろう！　▶▶ P2c

次はデータベースへの追加を実行する画面です。また楽をして作っちゃいましょう。staff_add_done.phpを[product]フォルダにコピーして、ファイル名をpro_add_done.phpに変えます。

pro_add_done.php　　　　　　　　　　　　　　　　　　　　　● 3-1-4

```
14 |$pro_name = $_POST['name'];
15 |$pro_price = $_POST['price'];
16 |
17 |$pro_name = htmlspecialchars($pro_name);
18 |$pro_price = htmlspecialchars($pro_price);
19 |
        ：
26 |$sql = 'INSERT INTO mst_product (name,price) VALUES (?,?)';
27 |$stmt = $dbh->prepare($sql);
28 |$data[] = $pro_name;
29 |$data[] = $pro_price;
30 |$stmt->execute($data);
31 |
32 |$dbh = null;
33 |
34 |print $pro_name;
35 |print ' を追加しました。<br />';
        ：
46 |<a href="pro_list.php"> 戻る </a>
```

さあ、商品の追加ができました。動作を確認してください。

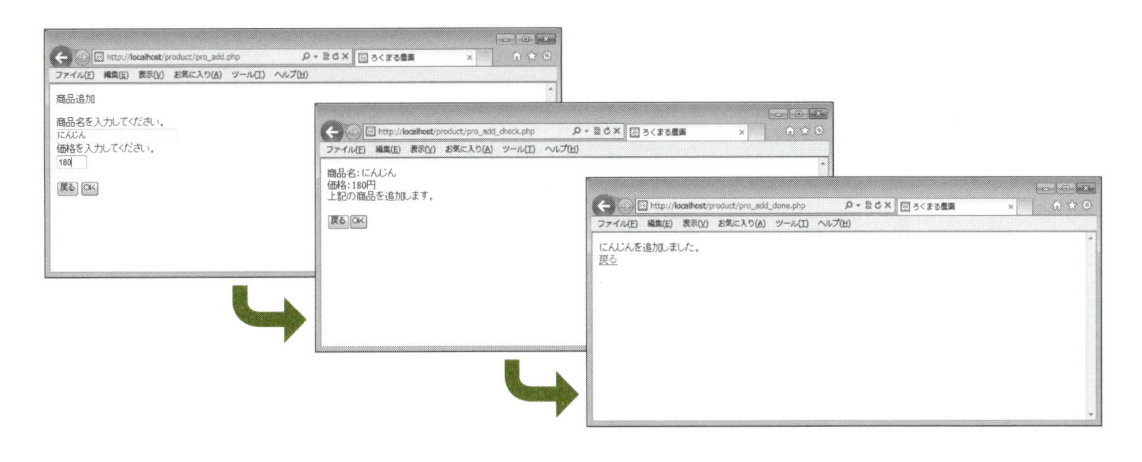

どうですか？　うまくいったようなら、phpMyAdminで、実際に追加されたか確かめてみましょう。phpMyAdminの使い方にも慣れてきましたね。もう詳しくは説明しませんが、必ず確認しておいてください。

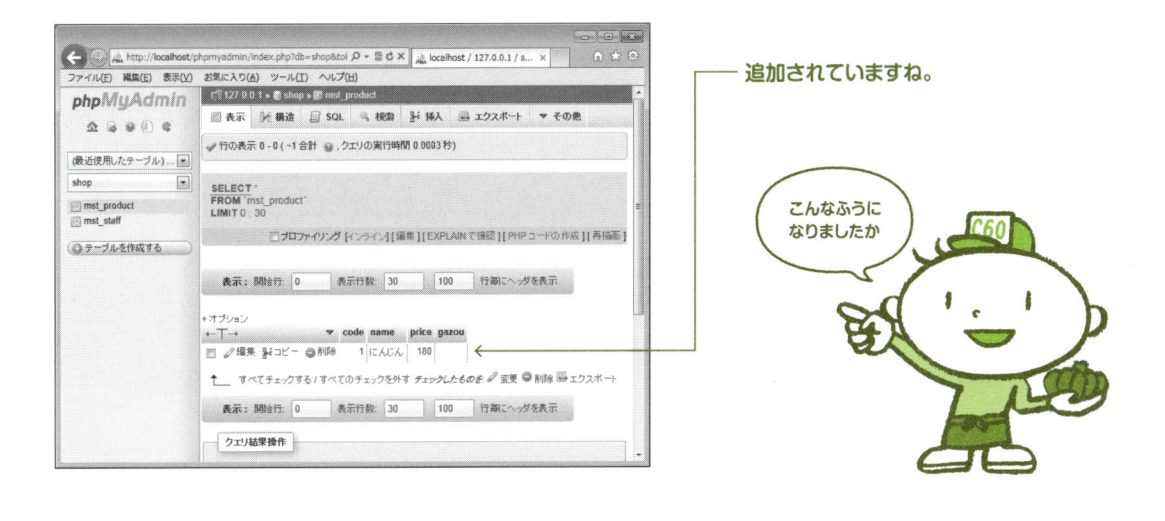

追加されていますね。

こんなふうになりましたか

3-1　商品を追加する画面を作ろう！

3-2 ほかの画面を一気に作っちゃおう!

スタッフ管理のプログラムをコピーしてきて改造するだけで、できちゃうことが分かりましたね。では残りの画面も、一気に作ってしまいましょう!

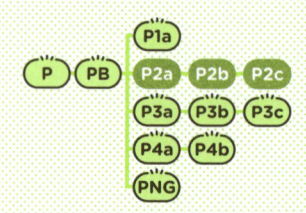

商品の一覧画面を作ろう！ ▶▶ P

もう商品のデータが存在しますので、一覧画面が作れますね。

staff_list.php を [product] フォルダにコピーして、ファイル名を pro_list.php に変えます。

pro_list.php ● 3-2-1

```
20 |$sql = 'SELECT code,name,price FROM mst_product WHERE 1';
      ⋮
26 |print '商品一覧<br /><br />';
27 |
28 |print '<form method="post" action="pro_branch.php">';
      ⋮
36 |    print '<input type="radio" name="procode" value="' .$rec['code']. '">';
37 |    print $rec['name'].'---';
38 |    print $rec['price'].' 円 ';
39 |    print '</br>';
```

では動かしてみましょう。スタッフ一覧と似たような画面ですが、今度は商品の一覧になりましたね。

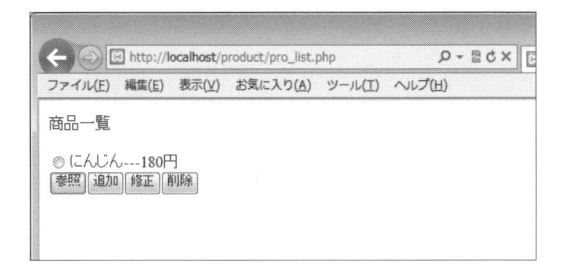

分岐画面を作ろう！

今度は分岐画面を一気に作ってしまいましょう。これもコピーして改造すれば、簡単にできちゃいますよ。

staff_branch.phpを［product］フォルダにコピーして、ファイル名をpro_branch.phpに変えます。こう改造しましょう。

pro_branch.php

```php
 3 if(isset($_POST['disp'])==true)
 4 {
 5     if(isset($_POST['procode'])==false)
 6     {
 7         header('Location: pro_ng.php');
 8     }
 9     $pro_code=$_POST['procode'];
10     header('Location: pro_disp.php?procode='.$pro_code);
11 }
12 
13 if(isset($_POST['add'])==true)
14 {
15     header('Location: pro_add.php');
16 }
17 
18 if(isset($_POST['edit'])==true)
19 {
20     if(isset($_POST['procode'])==false)
21     {
22         header('Location: pro_ng.php');
23     }
24     $pro_code=$_POST['procode'];
25     header('Location: pro_edit.php?procode='.$pro_code);
26 }
27 
28 if(isset($_POST['delete'])==true)
29 {
30     if(isset($_POST['procode'])==false)
31     {
32         header('Location: pro_ng.php');
33     }
34     $pro_code=$_POST['procode'];
35     header('Location: pro_delete.php?procode='.$pro_code);
36 }
```

商品追加の画面はもう存在しますので、商品一覧画面の［追加］ボタンをクリックすればちゃんと飛ぶはずですね。他のボタンは、飛び先をまだ作ってないのでObject not found!エラーになるはずですよ。やってみてください！

未選択のときのエラー画面を作ろう！ ▶▶ PNG

商品を選択しないで［表示］や［修正］や［削除］をクリックしてしまったときのエラー画面を、先に作りましょう。staff_ng.phpを［product］フォルダにコピーして、ファイル名をpro_ng.phpに変えてから改造します。

pro_ng.php ●3-2-3

```
 9|商品が選択されていません。<br />
10|<a href="pro_list.php">戻る</a>
```

pro_list.phpにアクセスし直して、商品を未選択のまま［表示］などをクリックしてみてください。ちゃんと動作していますか？

商品の詳細参照画面を作ろう！ ▶▶ P1a

商品の詳細参照画面も作っちゃいます。staff_disp.phpを［product］フォルダにコピーし、ファイル名をpro_disp.phpに変えて改造します。

pro_disp.php ●3-2-4

```
14|$pro_code=$_GET['procode'];
    ：
22|$sql = 'SELECT name,price FROM mst_product WHERE code=?';
23|$stmt = $dbh->prepare($sql);
24|$data[]=$pro_code;
25|$stmt->execute($data);
    ：
27|$rec=$stmt->fetch(PDO::FETCH_ASSOC);
28|$pro_name=$rec['name'];
29|$pro_price=$rec['price'];
    ：
42|商品情報参照<br />
43|<br />
44|商品コード<br />
45|<?php print $pro_code; ?>
46|<br />
47|商品名<br />
```

```
48|<?php print $pro_name; ?>
49|<br />
50|価格 <br />
51|<?php print $pro_price; ?> 円
52|<br />
53|<br />
54|<form>
```

では商品一覧画面で商品を選択し、[参照]ボタンをクリックして動かしてみましょう。
どうですか？　ちゃんと表示されていますか？　そして商品一覧画面に戻れますか？　うまくいかない場合は何度でも見直してくださいね。

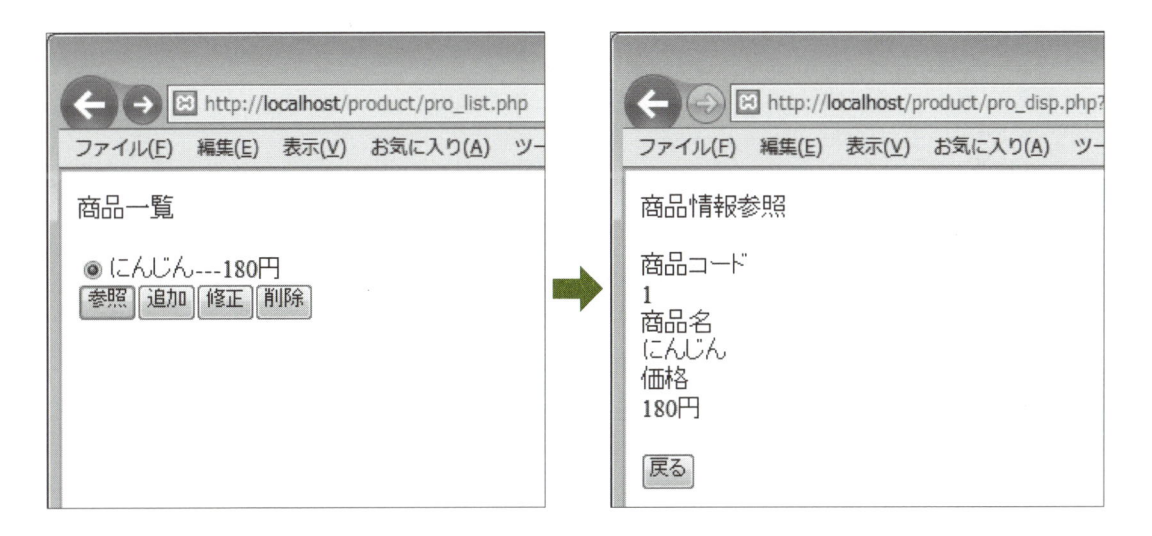

商品の修正画面を作ろう！ ▶▶ P3a

どんどん行きましょう。次は商品の修正画面です。staff_edit.phpを[product]フォルダにコピーし、ファイル名をpro_edit.phpに変えて改造です！

pro_edit.php　　　　　　　　　　　　　　　　　　　　● 3-2-5

```
14|$pro_code=$_GET['procode'];
    ⋮
22|$sql = 'SELECT name,price FROM mst_product WHERE code=?';
23|$stmt = $dbh->prepare($sql);
24|$data[]=$pro_code;
    ⋮
27|$rec=$stmt->fetch(PDO::FETCH_ASSOC);
```

```
28 |$pro_name=$rec['name'];
29 |$pro_price=$rec['price'];
         ：
42 |商品修正<br />
43 |<br />
44 |商品コード<br />
45 |<?php print $pro_code; ?>
46 |<br />
47 |<br />
48 |<form method="post" action="pro_edit_check.php">
49 |<input type="hidden" name="code" value="<?php print $pro_code; ?>">
50 |商品名<br />
51 |<input type="text" name="name" style="width:200px" value="<?php print $pro_name; ?>"><br />
52 |価格<br />
53 |<input type="text" name="price" style="width:50px" value="<?php print $pro_price; ?>"> 円<br />
削除  パスワードをもう1度入力してください。<br />
削除  <input type="password" name="pass2" style="width:100px"><br />
54 |<br />
```

商品一覧から商品を選んで[修正]ボタンをクリックしてみてください。どうですか？　商品名や価格はちゃんと表示されていますか？

商品のチェック画面を作ろう！ ▶▶ P3b

商品修正のチェック画面を作りましょう。チェック画面は商品追加とほとんど変わらないので、staff_editcheck.phpではなく、pro_add_check.phpを元に作ります。どんどん楽をしましょう！　pro_add_check.phpをコピーして、ファイル名をpro_edit_check.phpに変えて改造してください。

pro_edit_check.php　　　　　　　　　　　　　　　　　　　　　　　　　　　　●3-2-6

```
11 |$pro_code=$_POST['code'];
12 |$pro_name=$_POST['name'];
13 |$pro_price=$_POST['price'];
14 |
15 |$pro_code= htmlspecialchars($pro_code);
16 |$pro_name=htmlspecialchars($pro_name);
17 |$pro_price=htmlspecialchars($pro_price);
         ：
49 |    print '上記のように変更します。<br />';
50 |    print '<form method="post" action="pro_edit_done.php">';
51 |    print '<input type="hidden" name="code" value="'.$pro_code.'">';
52 |    print '<input type="hidden" name="name" value="'.$pro_name.'">';
```

ここまでの動作を確認してください。価格に全角を入れてみたり、数字以外を入れてみたり、いろいろ試してみてくださいね。

商品の修正を実行する画面を作ろう！ ▶▶ P3c

次は商品修正を実行する画面ですね。これも追加の実行とよく似ています。
pro_add_done.phpをコピーして、ファイル名をpro_edit_done.phpに変えて改造します。

pro_edit_done.php

●3-2-7

```
14 $pro_code=$_POST['code'];
15 $pro_name = $_POST['name'];
16 $pro_price = $_POST['price'];
17
18 $pro_code = htmlspecialchars($pro_code);
19 $pro_name=htmlspecialchars($pro_name);
20 $pro_price=htmlspecialchars($pro_price);
        :
28 $sql = 'UPDATE mst_product SET name=?,price=? WHERE code=?';
29 $stmt = $dbh->prepare($sql);
30 $data[]=$pro_name;
31 $data[]=$pro_price;
32 $data[] = $pro_code;
33 $stmt->execute($data);
        :
削除  print $pro_name;
37 print '修正しました。<br />';
```

さあ、商品修正の動作確認をしてみましょう。一覧に戻ったとき、ちゃんと修正は反映されていますか？ うまくいかない場合は何度でも見直してくださいね。

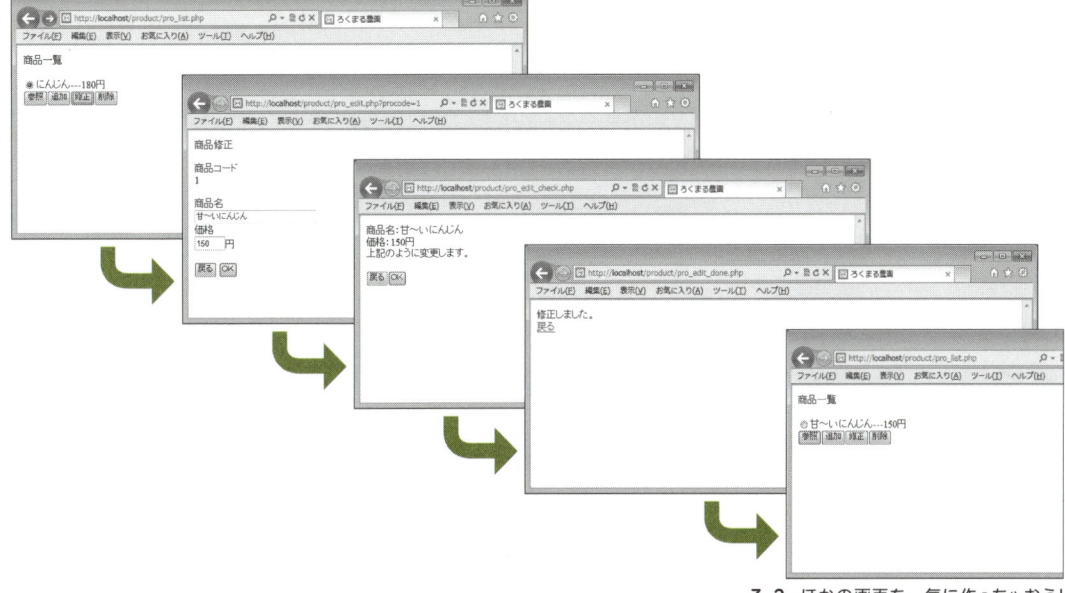

3-2 ほかの画面を一気に作っちゃおう！

商品を削除する画面を作ろう！ ▶▶ P4a

次は商品を削除する画面です。やることはスタッフの削除とそっくりです。
staff_delete.php を［product］フォルダにコピーして、ファイル名をpro_delete.phpに変えて改造しましょう。

pro_delete.php ● 3-2-8

```
14 |$pro_code=$_GET['procode'];
        ：
22 |$sql = 'SELECT name FROM mst_product WHERE code=?';
23 |$stmt = $dbh->prepare($sql);
24 |$data[]=$pro_code;
25 |$stmt->execute($data);
        ：
28 |$pro_name=$rec['name'];
        ：
41 |商品削除<br />
42 |<br />
43 |商品コード<br />
44 |<?php print $pro_code; ?>
45 |<br />
46 |商品名<br />
47 |<?php print $pro_name; ?>
48 |<br />
49 |この商品を削除してよろしいですか? <br />
50 |<br />
51 |<form method="post" action="pro_delete_done.php">
52 |<input type="hidden" name="code" value="<?php print $pro_code; ?>">
53 |<input type="button" onclick="history.back()" value=" 戻る ">
```

動作を確認しましょう。商品一覧で商品を選び、［削除］ボタンをクリックします。ちゃんと対象の商品が画面に表示されていますか？

＜焦らないでね＞

商品の削除を実行する画面を作ろう！ ▶▶ P4b

次は商品の削除を実行する画面ですね。これもスタッフ削除とそっくりです。
staff_delete_done.phpを［product］フォルダにコピーして、ファイル名をpro_delete_done.phpに変えます。

pro_delete_done.php

● 3-2-9

```
14 |$pro_code = $_POST['code'];
       ⋮
22 |$sql = 'DELETE FROM mst_product WHERE code=?';
23 |$stmt = $dbh->prepare($sql);
24 |$data[]=$pro_code;
25 |$stmt->execute($data);
       ⋮
40 |<a href="pro_list.php"> 戻る </a>
```

動作を確認してみましょう。いくつか商品を追加してから、どれかを削除してみてください。ちゃんと削除されましたでしょうか？ うまくいかない場合は何度でも見直してくださいね。

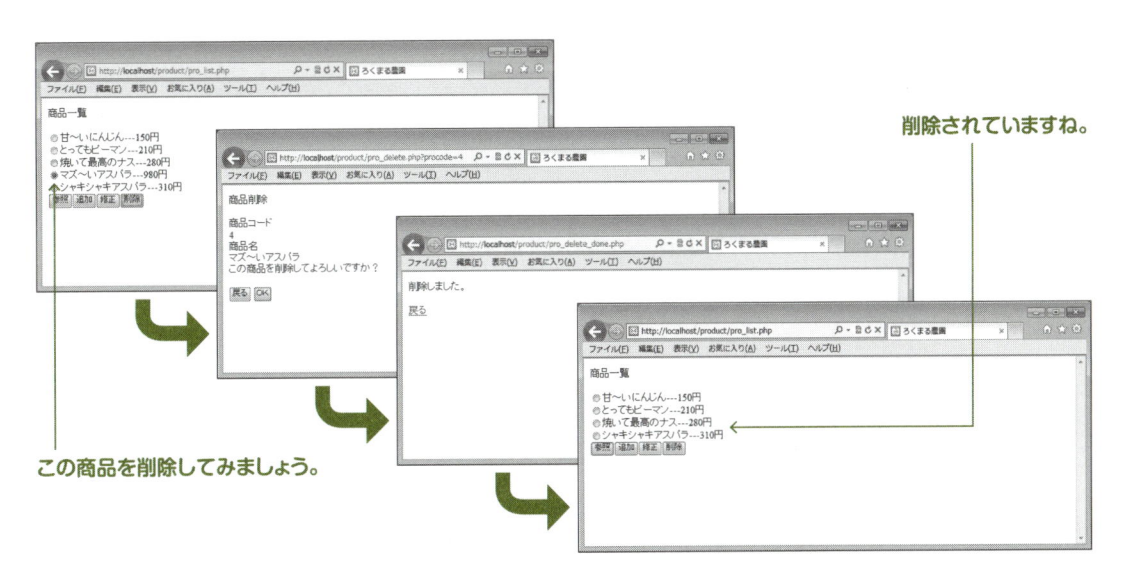

この商品を削除してみましょう。

削除されていますね。

さあ、これで商品の管理まで出来ました。でも、なんか淋しい画面ですね。そうです。商品の画像がないんですよ。次は商品画像をくっつける改造をしていきますよ！ けっこう大変な改造なのですが、「商品画像が出たら…」と考えるとワクワクしてきますね♪

3-3 ワクワク♪ 商品の画像を追加しましょう!

商品管理のプログラムができましたけど、やっぱり商品の画像が欲しいですね。写真やイラストを出せたらワクワクですよね。ここからちょっと高度になってきます。でも大丈夫です。焦らず慎重に、そして理解しながら取り組んでくださいね。

どうやって画像を追加するの？

商品マスタのテーブル仕様に「画像」というフィールドがありましたよね。「後のお楽しみです♪」と言ったのがこれです。これを使うときが来たのです。
さて、「画像」フィールドはVARCHAR型になっています。あれ？画像なのに文字列？ いったい画像はどう扱うのでしょう。答えは意外に単純なんです。
画像ファイルそのものは画像用のフォルダに格納します。商品テーブルの「画像」フィールドには、その画像のファイル名を格納するのです。
そしてそれぞれの画面にはこんな機能を追加していきます。

・商品追加画面……画像をアップロードできるようにする。
・商品参照画面……画像も表示できるようにする。
・商品修正画面……画像の入れ替えができるようにする。
・商品削除画面……画像ファイルもいっしょに削除されるようにする。

これから1つ1つ改造をしていきましょう！

これが次のゴールです

まずは画像を用意しましょう！

あまりサイズの大きな画像は適しません。150×150ピクセルくらいのJPEG画像を用意してください。JPEG以外も使えるようにしたいのですが、複雑になるので本書ではJPEGのみとします。用意するのが面倒な方は、こちらからダウンロードできます。
　　　http://www.c60.co.jp/download/phpcart/yasai.zip
ZIPファイルですので解凍してください。解凍方法は分かりますね？ 右クリックして「すべて展開」です（OSによってセリフが違うかもしれません）。とりあえずデスクトップにフォルダを作って、その中に画像ファイルを入れておきましょう。

画像をアップロードするフォルダをつくろう！

［product］フォルダの中に［gazou］フォルダを作成してください。このフォルダに画像がアップロードされます。

画像を選ぶ機能を商品追加画面に追加しよう！ ▶▶ P2a

pro_add.phpをこう改造すると、画像を扱えるようになります！

pro_add.php　●3-3-1

```
11 |<form method="post" action="pro_add_check.php" enctype="multipart/form-data">
    :
15 |<input type="text" name="price" style="width:50px"><br />
16 |画像を選んでください。<br />
17 |<input type="file" name="gazou" style="width:400px"><br />
18 |<br />
```

さあ、見てみましょう。
試しに［参照］ボタンをクリックして、先ほど用意した画像を選んでみてください。

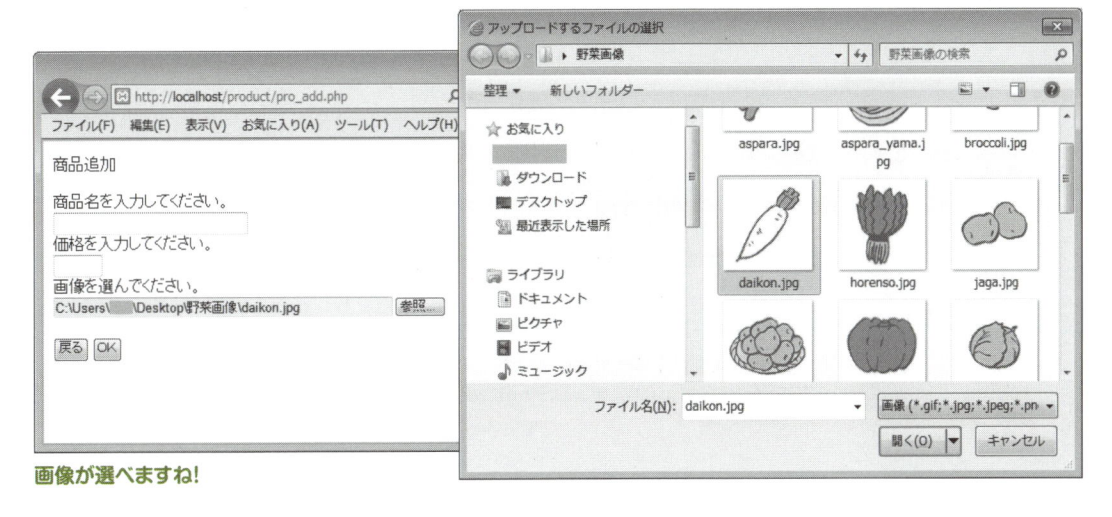

画像が選べますね！

3-3　ワクワク♪　商品の画像を追加しましょう！　111

● 3-3-2

画像はこうして扱う！

おなじみ＜input＞タグでできちゃいます。

`<input type="file" name="gazou" style="width:400px">`
　　　　　　↑
typeを"file"にすると、画像に限らずファイルを取り込めるようになるのです！

大切なのは、＜form＞タグにこの文を追加することです。

`<form method="post" action="pro_add_check.php" enctype="multipart/form-data">`
　　　　　　　　　　　　　　　　　　　　　　　　　　　　　　この文を追加する！

これを忘れると、次の画面で画像の情報を受け取ることができません。
とても大切な追加ですよ。

画像をアップロードする機能を商品追加画面に付けよう！ ▶▶ P2b

次に、選んだ画像ファイルをチェックする機能を追加します。といっても、いったい何をチェックしたらいいのでしょう？

1. 本当に画像が選択されたかどうかをチェックします。選択されていなくてもOKとします。画像なしの商品ということです。
2. 画像のサイズをチェックします。あまり大きすぎる画像はアップロード禁止です。

この２つがOKなら画像を［gazou］フォルダにアップロードします。
それではpro_add_check.phpを改造しましょう。

pro_add_check.php
● 3-3-3

```
12 |$pro_price=$_POST['price'];
13 |$pro_gazou=$_FILES['gazou'];      ←── 受け取ったファイルの情報を取り出します。
14 |
          ：
38 |}
39 |
40 |if( $pro_gazou['size'] > 0 )      ←── もし画像サイズが０より大きければ「画像あり」！
41 |{
42 |    if( $pro_gazou['size'] > 1000000 )   ←── ifの中にまたifが！ これは何だ!?
43 |    {
44 |        print '画像が大き過ぎます';
45 |    }
46 |    else
47 |    {
48 |        move_uploaded_file($pro_gazou['tmp_name'],'./gazou/'.$pro_gazou['name']);
49 |        print '<img src="./gazou/'.$pro_gazou['name'].'">';  ←── アップロードした画像を表示します。
50 |        print '<br />';
```

（48行目コメント）画像を［gazou］フォルダにアップロードします。

```
51        }
52 |}
53 |
54 |if($pro_name=='' || preg_match('/^[0-9]+$/', $pro_price)==false || $pro_gazou['size'] > 1000000)
55 |{
        ：
65 |    print'<input type="hidden" name="price" value="'.$pro_name.'">';
66 |    print'<input type="hidden" name="gazou_name" value="'.$pro_gazou['name'].'">';
67 |    print '<br />';
```

画像名を次の画面に渡します。

商品の画像が出た!

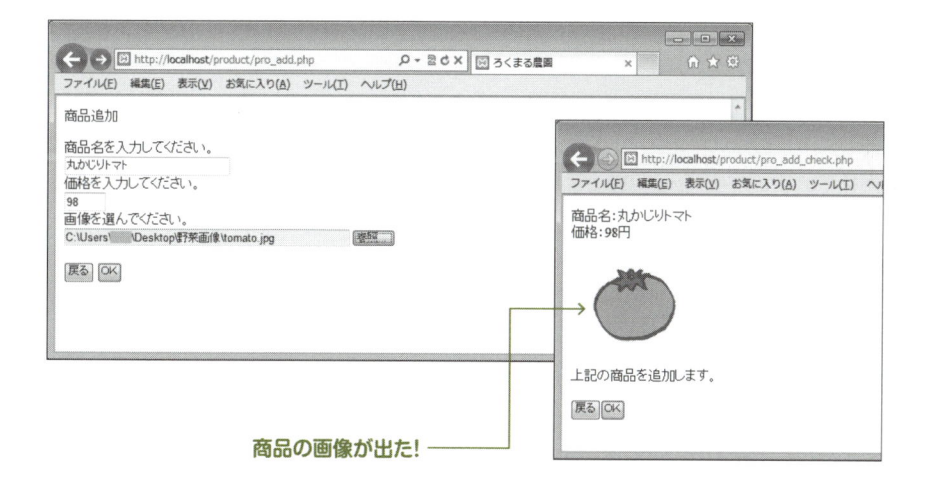

実際に動かしてみましょう。画像を選択しない場合、画像の破れアイコンが表示されることなく、きれいな画面になっていますか？ サイズの大きな画像を選択した場合、「画像が大き過ぎます」と表示されて、次へ進めなくなっていますか？ 問題ない画像を選択した場合、きれいに画像が表示されて［OK］ボタンが出ていますか？ もしうまく出ない場合は先へは進まないで、プログラムをよ〜くチェックして直してくださいね。

●3-3-4

画像はこうして受け止めていた！

$_POSTでなく$_FILESを使います。

$pro_gazou = $_FILES['gazou'];
             ↑
この変数に画像のいろんな情報が入っています。

$pro_gazou['size']………画像のサイズ。単位はByte（バイト）です。
$pro_gazou['tmp_name']…仮にアップロードされている画像本体の場所と名前。
$pro_gazou['name']………画像のファイル名。

画像が選択されていない場合、画像サイズは0バイトになります。最初のif命令でそれをチェックしています。もし0バイトなら何もしません。画像データのない商品があってもいいからです。もし1バイト以上なら当然、表示したいですね。しかし！　画像サイズが大きすぎても問題です。それをチェックしているのが2番目のif命令です。if命令の中に、またif命令を書けるのです。そのような機能のことを「入れ子」という意味の「ネスト」と呼びます。if命令の中にまたif命令を書く、どこまでも深く深く書くことができます。でも実際には、せいぜい3段くらいまでです。4段を超えるような複雑なif命令になったら、根本から考え直した方がよいでしょう。

さて、この2番目のif命令では、もし画像サイズが1,000,000バイトより大きかったら「画像が大き過ぎます。」と表示しますが、これは1MB（メガバイト）の大きさです。最近のデジカメでは、普通に撮っても1枚5MBくらいのサイズがあります。ショッピングサイトの商品画像としては大きすぎますね。だからフリーの画像ソフトを使ったりして、もっと小さくしましょう。本書で使ってる野菜の画像は20,000～40,000バイトくらいです。それでも150×150ピクセルの大きさがあり、十分に野菜だと分かりますよね。

もし画像サイズが1MB以下なら、画像ファイルを[gazou]フォルダにアップロードします。しかし！　実際には$pro_gazou['tmp_name']で指し示されている場所に、もうすでにアップロードされているのです。ここで言うアップロードを実現するには、このファイルを[gazou]フォルダに移動しなければいけないのです。

● 3-3-5

画像はこうして移動していた！

move_uploaded_file(移動元 , 移動先);

① 画像ファイルは、すでに$pro_gazou['tmp_name']が指し示すフォルダにあります。
② そこへアップロードされたとき、サーバーによって勝手にファイル名が変えられています。
③ それを元のファイル名に戻して、[gazou]フォルダへ移動していたのです。

移動元や移動先を表わすには、フォルダ名を / でつないで、最後にファイル名をつなげます。

　　　　「/」…フォルダの区切り
　　　　「.」…プログラムと同じフォルダ
　　　　「..」…1段上のフォルダ

本書では、プログラムのフォルダの中に[gazou]フォルダがあります。
そこにtomato.jpgという画像がある場合、こう表現します。

　　　　./gazou/tomato.jpg

プログラムと同じフォルダの中の、[gazou]フォルダの中の、tomato.jpgという画像を指しています。

次の画面で画像のファイル名をデータベースに登録するために、$pro_gazou['name']に入っている画像のファイル名をhiddenで渡しています。
大切なことがあります。画像のファイル名は半角英数字にしてください。「トマト.jpg」とかはよくありません。パソコンと違ってサーバーは、日本語の扱いが苦手なのです。

> これ大事です

画像をデータベースに格納しよう！ ▶▶ P2c

次に画像のファイル名をデータベースに格納する機能を追加します。pro_add_done.phpを改造しましょう。

pro_add_done.php　　　　　　　　　　　　　　　　　　　　　　●3-3-6

```
15|$pro_price = $_POST['price'];
16|$pro_gazou_name = $_POST['gazou_name'];    ← 画像ファイル名です。
17|
      ⋮
27|$sql = 'INSERT INTO mst_product (name,price,gazou) VALUES (?,?,?)';
28|$stmt = $dbh->prepare($sql);
29|$data[] = $pro_name;
30|$data[] = $pro_price;
31|$data[] = $pro_gazou_name;
32|$stmt->execute($data);
```

画像のファイル名もデータベースに格納するようにします。

動かしてみましょう！　うまく画像が追加されるでしょうか。

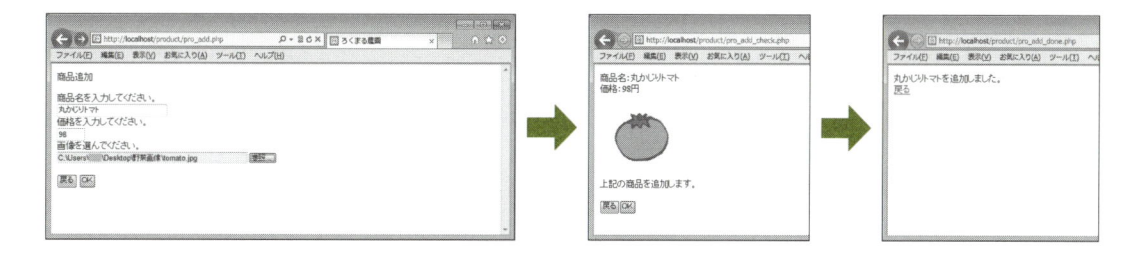

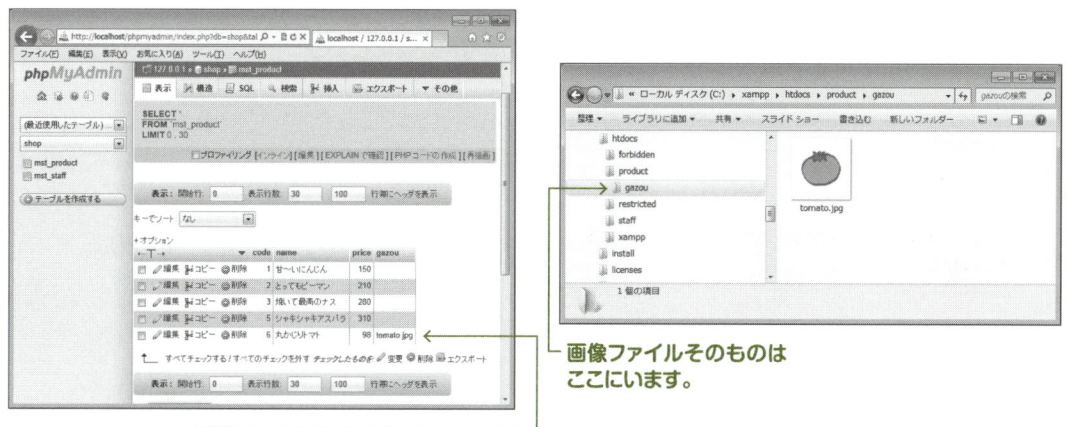

画像ファイル名が追加されましたね！

画像ファイルそのものはここにいます。

こうなりましたか？　もしWarningが出たり、結果がうまくいかない場合は、プログラムをよ～くチェックして直してください。

3-3　ワクワク♪　商品の画像を追加しましょう!　115

いったい、どんな改造をしたのでしょうか？
画像のファイル名を$_POSTで受け取るプログラムを追加しました。
また、データベースのgazouフィールドに、画像のファイル名を格納するプログラムを追加しました。覚えてますか？　最初に商品追加画面を作ったときに「後のお楽しみです♪」としたのがこれです。データベースには画像そのものではなくて、画像のファイル名だけを格納しておくのです。
だって画像ファイル本体は、［gazou］フォルダの中にもういますから。
もし画像のない商品の場合は、gazouフィールドには空っぽがセットされるだけです。

次に商品表示画面を改造しますが、いよいよここでも画像が出るようになりますよ！

商品詳細参照の画面に画像が出るようにしよう！ ▶▶ P1a

せっかく画像が登録できたのですから、商品詳細参照の画面にも画像が出るようにしましょう。
pro_disp.phpを改造します。

pro_disp.php　　●3-3-7

```
22 $sql = 'SELECT name,price,gazou FROM mst_product WHERE code=?';
      :
29 $pro_price=$rec['price'];
30 $pro_gazou_name=$rec['gazou'];
31
32 $dbh = null;
33
34 if($pro_gazou_name=='')
35 {
36     $disp_gazou='';
37 }
38 else
39 {
40     $disp_gazou='<img src="./gazou/'.$pro_gazou_name.'">';
41 }
42
      :
62 <br />
63 <?php print $disp_gazou; ?>
64 <br />
65 <form>
```

}　もし画像ファイルがあれば表示のタグを準備。

}　画像を表示します。もし画像がなければ何も表示されません。

では動かしてみましょう。画像がある商品は、ちゃんと画像が出ていますか？　画像のない商品でWarningやNoticeが出ちゃっていませんか？　もし変な場合はよく見て、納得しながら直してくださいね。

画像のある商品は表示されますね。

画像のない商品は表示されません。

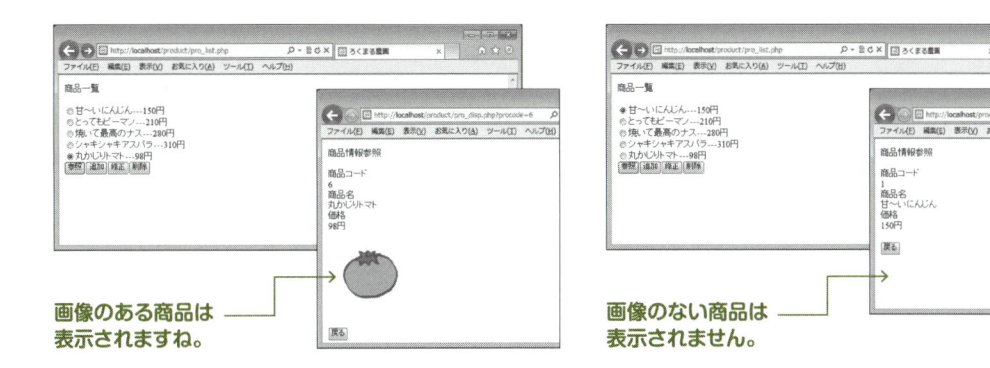

画像があってもなくても表示するようにしてしまうと、画像のない商品のときに赤い×マークが出てしまいます。それを避けるために、if命令で、もし画像がなかったら画像を表示するHTMLタグを作らず、画像があるときだけそれを表示するHTMLタグを$disp_gazouに作るようにしています。

さあ、次は商品修正画面で画像を扱う改造です。これがけっこう泥臭いんですよ。

商品修正の画面で画像を扱えるようにしよう！ ▶▶ P3a

画像はどうやって入れ替えたりするのでしょう？
「え〜、修正だからまず画像のファイル名を変えて、そして…」
いや、そんな難しく考える必要はありません。画像の修正の考え方はこうです。
  1. 新しい画像をアップロード
  2. 古くなった前の画像を削除
以上です。ね、けっこう泥臭いでしょ？
ではpro_edit.phpから順番に改造していきましょう。

pro_edit.php
●3-3-8

```
22 |$sql = 'SELECT name,price,gazou FROM mst_product WHERE code=?';
   :
29 |$pro_price=$rec['price'];
30 |$pro_gazou_name_old=$rec['gazou'];
31 |
32 |$dbh = null;
33 |
34 |if($pro_gazou_name_old=='')
35 |{
36 |    $disp_gazou='';
37 |}
38 |else
39 |{
40 |    $disp_gazou='<img src="./gazou/'.$pro_gazou_name_old.'">';
41 |}
42 |
   :
```

もう解説なしでも、何を追加しているのか分かりますね。分からない場合は、商品追加や商品表示の画面にどうやって画像を追加したか、本書のページを戻って確かめてください。

3-3 ワクワク♪ 商品の画像を追加しましょう！　117

```
58 | <form method="post" action="pro_edit_check.php" enctype="multipart/form-data">
59 | <input type="hidden" name="code" value="<?php print $pro_code; ?>">
60 | <input type="hidden" name="gazou_name_old" value="<?php print $pro_gazou_name_old; ?>">
61 | 商品名 <br />
       ：
65 | <br />
66 | <?php print $disp_gazou; ?>
67 | <br />
68 | 画像を選んでください。<br />
69 | <input type="file" name="gazou" style="width:400px"><br />
70 | <br />
71 | <input type="button" onclick="history.back()" value=" 戻る ">
```

↑ この行の追加が後でとても重要になります。

$pro_gazou_name_oldをhiddenで送っていますね。これ、後でとても重要になってきます。oldとしたのは、画像の入れ替えを行うと、それまでの画像は古くなるからです。そして後に削除されるのです。

商品修正の確認画面で画像をチェックしよう！　▶▶ P3b

次に確認画面であるpro_edit_check.phpを改造しましょう。

pro_edit_check.php

```
13 | $pro_price = $_POST['price'];
14 | $pro_gazou_name_old=$_POST['gazou_name_old'];
15 | $pro_gazou=$_FILES['gazou'];
16 |
       ：
43 | if( $pro_gazou['size'] > 0 )
44 | {
45 |     if( $pro_gazou['size'] > 1000000 )
46 |     {
47 |         print ' 画像が大き過ぎます ';
48 |     }
49 |     else
50 |     {
51 |         move_uploaded_file($pro_gazou['tmp_name'],'./gazou/'.$pro_gazou['name']);
52 |         print '<img src="./gazou/' . $pro_gazou['name'] . '">';
53 |         print '<br />';
54 |     }
55 | }
56 |
57 | if($pro_name=='' || preg_match('/^[0-9]+$/', $pro_price)==0 || $pro_gazou['size'] > 1000000)
58 | {
```

ここでも詳しい解説は省きますね。もし分からなければページを戻って理解してください。

pro_add_check.phpからコピーしてきてもいいですよ。

```
69|    print'<input type="hidden" name="price" value="' .$pro_price. '">';
70|    print'<input type="hidden" name="gazou_name_old" value="'.$pro_gazou_name_old.'">';
71|    print'<input type="hidden" name="gazou_name" value="'.$pro_gazou['name'].'">';
72|    <br />
```

画像を変えたくない場合は、面倒でも同じ画像を選んでください。そうしないと画像は消えてしまいます。これは不便です。何の変更もしないのに、画像を選び直したりはしたくありません。しかしそれを実現するプログラムは難しく、説明にかなりのページを割くことになるので、本書を卒業してから考えてみてください。

画像の入れ替えを実行するプログラムを追加しよう！ ▶▶ P3c

さあ、修正を実行するpro_edit_done.phpを改造しましょう。

pro_edit_done.php　　　　　　　　　　　　　　　　　　　●3-3-10

```
16|$pro_price = $_POST['price'];
17|$pro_gazou_name_old=$_POST['gazou_name_old'];
18|$pro_gazou_name=$_POST['gazou_name'];
19|
        :
30|$sql = 'UPDATE mst_product SET name=?,price=?,gazou=? WHERE code=?';
31|$stmt = $dbh->prepare($sql);
32|$data[]=$pro_name;
33|$data[]=$pro_price;
34|$data[]=$pro_gazou_name;
35|$data[]=$pro_code;
        :
39|
40|if($pro_gazou_name_old != '')
41|{
42|    unlink('./gazou/'.$pro_gazou_name_old);       もし古い画像があれば削除します。
43|}
44|
45|print ' 修正しました。<br />';
```

さっそく画像を入れ替えてみましょう。入れ替えたら[表示]で確認しましょう。もしエラーやWarning、Noticeが出たらプログラムを直してくださいね。

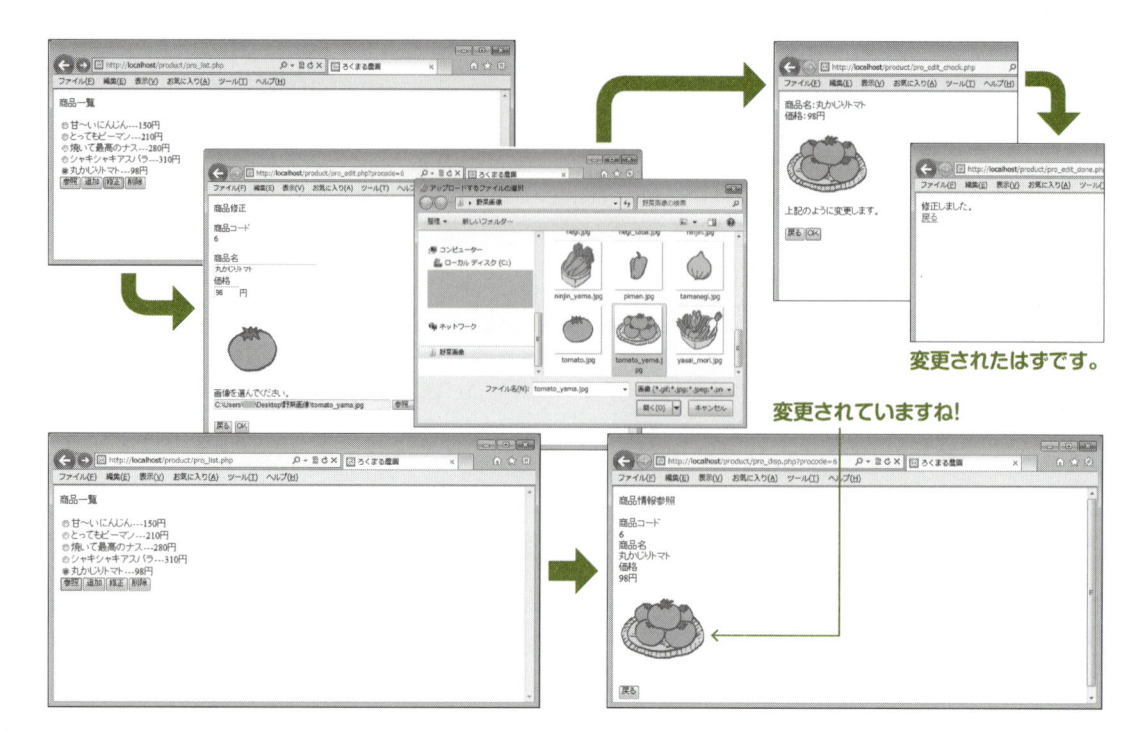

さて、何をしたかと言いますと…、新しい画像はすでにpro_edit_check.phpでアップロードされています。だからpro_edit_done.phpでは古くなった画像を削除しただけなのです。ただし古い画像があった場合だけです。だからif命令で事前にチェックしてから削除したのです。

● 3-3-11

ファイルはこうして削除していた！

これだけでファイルを削除することができます。

unlink('ファイル名');

ファイル名はフォルダ名を/でつないで、どのフォルダのファイルかをきちんと指定してくださいね。

❖ 画像の入れ替えで問題が発生！

いきなり変なことをしていただきます。商品修正画面で、画像を入れ替えてください。ただし、現在と同じ画像を指定して欲しいのです。そして[表示]で表示してみてください。どうですか？
「あれ！？画像が消えちゃった！！」
※もし消えていない方は、ブラウザの再読み込みボタンをクリックしてみてください。

一体何が起きたのでしょう？　頭の中でじっくり動作を追ってみてください。いいですか。まず、同じファイル名の画像ファイルがアップロードされます。でも同じファイル名なので、現在の画像ファイルに上書きされてしまいます。その後、現在の画像ファイルが古い画像として削除されるのですが、それは新しい画像ファイルと同一のものです。だから消えてしまうのです。

これは困りましたね。同じ画像をアップロードしているのだから、そのまま同じ画像のままでいて欲しいものです。

さあ、どうすればいいのでしょう？

そうです。今の画像と新しい画像が異なっていたら削除する、同じだったら何もしない、という改造をすればいいのです。なので、pro_edit_done.phpをこう改造しましょう。

pro_edit_done.php ● 3-3-12

```php
40 if($pro_gazou_name_old != $pro_gazou_name)
41 {
42     if($pro_gazou_name_old != '')
43     {
44         unlink('./gazou/'.$pro_gazou_name_old);
45     }
46 }
47
```

ここはインデント（先頭にタブを1個挿入）をつけてくださいね。

さあ、今度はどうでしょう？　消えていませんね。大丈夫ですね。

商品削除の画面で画像も削除するようにしよう！ ▶▶ P4a

さあ、残るは削除です。もう簡単にできそうですね。そうです、ただ削除すればいいだけです。ではpro_delete.phpから改造していきましょう。

pro_delete.php ● 3-3-13

```php
22 $sql = 'SELECT name,gazou FROM mst_product WHERE code=?';

    ⋮

28 $pro_name=$rec['name'];
29 $pro_gazou_name=$rec['gazou'];
30 ;
31 $dbh=null;
32
33 if($pro_gazou_name=='')
34 {
35     $disp_gazou='';
36 }
37 else
38 {
39     $disp_gazou='<img src="./gazou/'.$pro_gazou_name.'">';
40 }
41

    ⋮
```

```
58 |<br />
59 |<?php print $disp_gazou; ?>
60 |<br />
61 |この商品を削除してよろしいですか？<br />
    :
65 |<input type="hidden" name="gazou_name" value="<?php print $pro_gazou_
   name; ?>">
66 |<input type="button" onclick="history.back()" value=" 戻る ">
```

次の画面で実際に画像ファイルを削除するために、hiddenで画像ファイル名を渡してあげます。

動かしてみましょう。画像は出ましたか？　［OK］ボタンは、まだクリックしないでくださいね。

◆ 画像を実際に削除しよう！ ▶▶ P4b

次に商品を実際に削除する画面pro_delete_done.phpに、画像ファイルを削除する機能を追加しましょう。pro_delete.phpにhiddenで画像ファイル名を送る行を追加したのは、そのためなのです。あと気を付ける点、そうです。画像がない商品もあるので、画像が存在する場合だけ削除するようにします。

ではpro_delete_done.phpを改造しましょう！

pro_delete_done.php　　●3-3-14

```
14 |$pro_code = $_POST['code'];
15 |$pro_gazou_name=$_POST['gazou_name'];
16 |
    :
28 |$dbh = null;
29 |
30 |if($pro_gazou_name != '')
31 |{
32 |    unlink('./gazou/'.$pro_gazou_name);
33 |}
34 |
```

さあ、商品を削除してみましょう。ちゃんと問題なく削除できましたか？

［gazou］フォルダの中も覗いてみてください。画像ファイルは削除されていますか？
念のために画像のない商品も削除してみてください。WarningやNoticeが出ることなく、きちんと削除されますか？　あ！この先がまだあるので、全部は削除しないでくださいね。もし全部の商品を削除してしまった方は、いくつか追加しておいてください。
あと、画像のない商品には修正画面で画像を追加しておきましょう。この先が楽しくなりますよ。

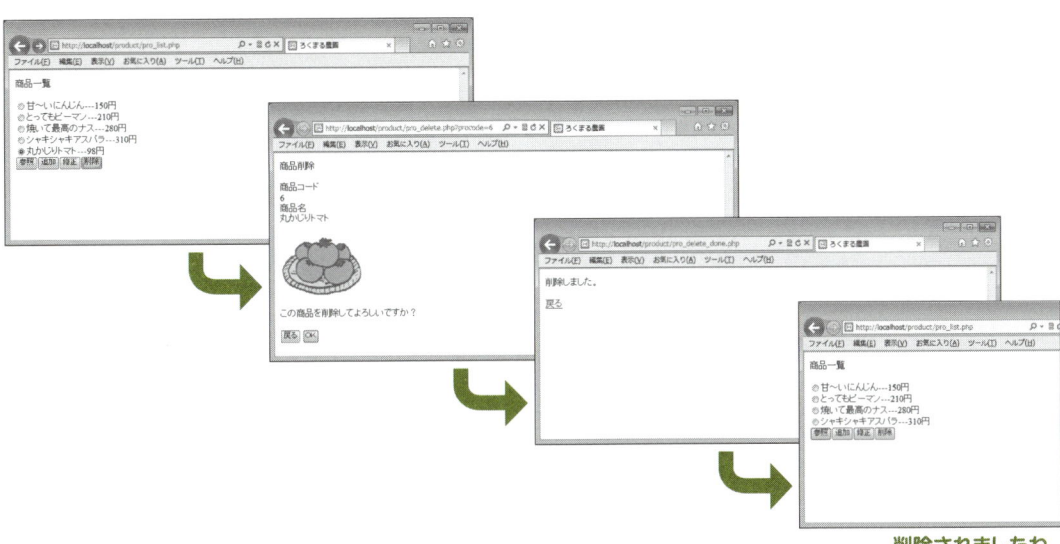

削除されましたね。

おめでとうございます！

おめでとうございます！これでお店に商品を並べるプログラムは完成です。

でもちょっと待ってください。このWebサイトを本番のサーバーにアップしたらどうなるでしょう？　そうです、世界中の誰からでも見られてしまうのです。見ることができるのはお店のスタッフだけでないといけませんね。どうしたらいいのでしょう…
そうです！
ユーザーコード（ID）とパスワードを知っている人しか見られない仕組みにすればいいのです。
次の章では「ログイン」画面を作って、いよいよ本格的なシステムにしていきますよ！

Chapter 4

関係者以外立ち入り禁止！

本章ではこれを作りますよ！

[staff_login] ログイン認証

- **LI** スタッフログイン
- **LC** ログインチェック
- **SP** ショップ管理画面
  - **[staff]** スタッフ管理
  - **[product]** 商品管理
  - **LO** スタッフログアウト

こんなキーワードが出てきますよ！

ログイン	セッションID
session_start命令	セッションハイジャック
クッキー	$_SESSION変数
認証	ログアウト

関係者以外
立ち入り禁止にしよう!

いよいよショッピングカート作り？ いいえ、まだです。

このまま本番サーバーにアップロードしたら、
スタッフ管理画面と商品管理画面が
世界中の人に丸見えです。
秘密が丸見えはよろしくないですね。
そこで必要になるのが、
関係者だけが入れるようにするための
「ログイン」画面です！

行って
みましょう

4-1 ログイン画面を作ろう！

世界中から見られては困る画面は、スタッフだけ見ることができるようにする必要があります。その仕組みがログインです！

ログインの仕組みは意外に簡単！

最初にユーザーコードとパスワードを入力しないと開かない、という門番のような画面を設けましょう。ログオンとかサインインと呼んだりもしますが、意味はほとんど同じです。
どうすればいいのでしょうか？　それには「認証」という動作が必要です。入力されたスタッフコードやパスワードが正しいかどうかチェックすること、それが認証です。難しそうですか？　いいえ、簡単です。スタッフコードとパスワードを画面で入力してもらい、それがデータベースに存在するかどうかを見ればいいだけです。
一番簡単な方法は、SELECT文でデータベースから読み込んでみればいいのです。WHEREを使って絞込む条件として、スタッフコードとパスワードを用います。もしデータベースからデータが返ってくれば認証完了です。あなたが「いた」ことが確認できたので、ログインを許可します。もしデータが返ってこなかったら、「そんなスタッフはいない」ということになって、認証失敗です。ログインできません。
なんとなく分かりましたか？
それではログイン画面を作ってみましょう！

（これが次のゴールです）

ログイン画面を作ろう！ ▶▶ LI

また新しいフォルダを作ります。htdocsの中に、[staff_login]というフォルダを新規に作ってください。このフォルダをUTF-8にするために、.htaccessをコピーしてください。これで準備ができました。
さあ、hina.htmlを[staff_login]フォルダにコピーして、ファイル名をstaff_login.htmlに変えてください。これがログイン画面になります！

staff_login.html　　　　　　　　　　　　　　　　　　　　　●4-1-1

```html
 9 |スタッフログイン <br />
10 |<br />
11 |<form method="post" action="staff_login_check.php">
12 |スタッフコード <br />
13 |<input type="text" name="code" ><br />
14 |パスワード <br />
15 |<input type="password" name="pass"><br />
16 |<br />
17 |<input type="submit" value=" ログイン ">
18 |</form>
```

次に飛び先であるstaff_login_check.phpを作りましょう。

◆ ログインチェック画面を作ろう！ ▶▶ LC

この画面で、そのスタッフが存在するのかどうかをチェックします。もし存在すれば、即、次の画面へ飛びます。もし存在しなければ「スタッフコードかパスワードが間違っています。」と表示し、次の画面へは飛べないようにするのです。

hina.htmlをstaff_loginフォルダにコピーして、ファイル名をstaff_login_check.phpに変えてください。staff_login_check.phpをエディタで開いたら、全部削除してしまってください。

「え！なんで？」

staff_branch.phpでやりましたね。ここではチェックをするだけで、もしスタッフが存在すれば次の画面へ飛び、もしスタッフが存在しなければログイン画面に戻ってもらいます。いろんなHTMLの表示があるとheader('Location: xxxxxxxxxx'); は飛んでくれないルールがありましたね。だから全部削除してからプログラムを作るのです。

staff_login_check.php　　　　　　　　　　　　　　　　　　　●4-1-2

```php
 1 |<?php
 2 |
 3 |try
 4 |{
 5 |
 6 |$staff_code=$_POST['code'];
 7 |$staff_pass=$_POST['pass'];
 8 |
 9 |$staff_code= htmlspecialchars($staff_code);
10 |$staf_pass= htmlspecialchars($staff_pass);
11 |
12 |$staff_pass=md5($staff_pass);
13 |
14 |$dsn = 'mysql:dbname=shop;host=localhost';
15 |$user = 'root';
```

```
16 |$password = '';
17 |$dbh = new PDO($dsn, $user, $password);
18 |$dbh->query('SET NAMES utf8');
19 |
20 |$sql = 'SELECT name FROM mst_staff WHERE code=? AND password=?';
21 |$stmt = $dbh->prepare($sql);
22 |$data[]=$staff_code;
23 |$data[]=$staff_pass;
24 |$stmt->execute($data);
25 |
26 |$dbh = null;
27 |
28 |$rec = $stmt->fetch(PDO::FETCH_ASSOC);
29 |
30 |if($rec==false)
31 |{
32 |    print 'スタッフコードかパスワードが間違っています。<br />';
33 |    print '<a href="staff_login.html">戻る</a>';
34 |}
35 |else
36 |{
37 |    header('Location: staff_top.php');
38 |}
39 |
40 |}
41 |catch (Exception $e)
42 |{
43 |    print 'ただいま障害により大変ご迷惑をお掛けしております。';
44 |    exit();
45 |}
46 |
47 |?>
```

WHEREはANDを使って絞り込む条件を複数書くことができます。

もう何をしているか分かりますね。パスワードは事前に暗号化しています。覚えていますか？ パスワードは暗号化してデータベースに保存しましたね。入力されたスタッフコードと暗号化したパスワードをWHEREで絞り込み条件にして、データベースから読み出しています。1件も返って来なければ、ユーザーコードかパスワード、あるいはその両方が間違っています。もし両方とも正しければ、1人分のレコードが返ってくるはずです。

ショップのトップ画面を作ろう！

スタッフ管理、商品管理、そしてログイン画面が出来ました。いよいよそうした画面にすぐ飛んでいけるトップ画面を作りましょう。システムの世界ではトップメニューやメインメニューと呼ぶことが多いです。
hina.htmlを[staff_login]フォルダにコピーして、ファイル名をstaff_top.phpに変えてください。
そしてこう作り込みましょう。

staff_top.php　　　　　　　　　　　　　　　　　　　　　　　　　●4-1-3

```
 8|
 9|ショップ管理トップメニュー <br />
10|<br />
11|<a href="../staff/staff_list.php"> スタッフ管理 </a><br />
12|<br />
13|<a href="../product/pro_list.php"> 商品管理 </a><br />
14|
```
これは1段上のフォルダという意味です。

簡単ですね。これでスタッフ管理と商品管理に即座に飛ぶことができます。このページこそが、ショップ管理の最もメインとなるトップ画面になるのです！

でもこれでは物足りません。スタッフ一覧画面と商品一覧から、すぐにこのトップメニューに戻れるように改造しましょう。まずはstaff_list.phpです。

staff_list.php　　　　　　　　　　　　　　　　　　　　　　　　　●4-1-4

```
53|?>
54|
55|<br />
56|<a href="../staff_login/staff_top.php">トップメニューへ </a><br />
57|
58|</body>
```

次はpro_list.phpです。

pro_list.php　　　　　　　　　　　　　　　　　　　　　　　　　●4-1-5

```
54|?>
55|
56|<br />
57|<a href="../staff_login/staff_top.php">トップメニューへ </a><br />
58|
59|</body>
```

さあ、ではログインから動かしてみましょう。スタッフ登録の時に、「あなたがスタッフになって追加しましょう！　必ずメモしておいてくださいね！」とお願いしたのを覚えていますか？　ちゃんとパスワード、メモしてありますか？　忘れてしまった方は、あなた自身をもう１度追加してください。今度はパスワードを忘れないようにしてくださいね。ではログインから行ってみましょう！

初のログイン！　　ログイン失敗！

今度はどうだ！　　ログイン成功！　　ショップ管理トップメニューと行ったり来たりできますね。

なんかいきなりショップの管理システムっぽくなってきましたね。

大変な問題が発生！

ユーザーコードと暗号化パスワードによるログインの仕組みができました。さあ、次に行きたいですね。でもダメです。何か問題があるのでしょうか？　実は大ありなのです！！

まず、どのスタッフでもいいですから、ログインしてみてください。今、ブラウザのＵＲＬには何が表示されていますか？　たぶん、
　　　http://localhost/staff_login/staff_top.php
　　　※ブラウザによってはlocalhost/staff_login/staff_top.php
と表示されていることと思います。

では、そのURLをコピーしてください。ブラウザを新規に立ち上げて、URLの欄に貼り付けてみましょう。

URL を貼り付けただけ。

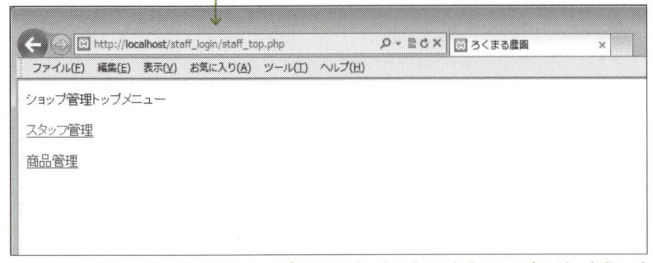

これじゃログインしなくてもアクセスできてしまう〜！

うーん
これは
困りましたね

どうですか？　ショップ管理のトップメニューが表示されてしまったのではないでしょうか？
よろしくないですね。これではいったい、何のためのログインだったのでしょう？

実は、大切なものが足りないのです。ログインしたら「現在私がログイン中だよ」という証拠をプログラムで残してあげる必要があるのです。それがスッポリ抜けてるのです。そしてログアウトしたら、「現在私がログイン中だよ」という証拠を消し去るのです。そして証拠があるときだけ画面の表示を許し、証拠がなければ、どの画面も許さないようにしなければいけません。
これが本当の「ユーザー認証」と呼ばれる仕組みです。多くのプログラミング初心者の方が「やりたいけど、やり方が分からない」と悔しい思いをしている仕組みなのです。あなたもそうではなかったですか？　では夢のユーザー認証を実現しちゃいましょう！

4-2 ユーザー認証の仕組みを作ろう！

ログイン画面をすっ飛ばし、直接アクセスすれば見えてしまう！　これはダメです。
ログインしなければ見ることができないような仕組みを作っていきましょう。

合言葉と秘密文書！？

世界中のパソコンからアクセスされるサーバーは、それが誰からのアクセスか、なんていちいち管理していません。けっこう怖いですね。では特定の人しかアクセスできない「ユーザー認証」を実現するにはどうしたらいいのでしょう？
それはけっこう古典的な方法なんです。ログインに成功したら、パソコンとサーバーの間で合言葉を決めてしまうのです。

　　　　パソコン：「本日は晴天なり」
　　　　サーバー：「よし！それを合言葉にしよう！」

のような感じです。あなたのパソコンとサーバーで合言葉が決まった後は、「秘密文書」をやり取りすることが許されます。秘密文書に「合言葉で信頼関係ができています」という証拠を入れておいて、各ページの最初でチェックするのです。そうすれば、怪しいアクセスの場合は「あなたは違う！」と、はじくことができます。この秘密文書が「セッション」という仕組みです。セッションという秘密文書は信頼関係のできたパソコンとサーバーの間でしか見ることができません。用事が済んだら、合言葉と秘密文書を破棄します。これが「ログアウト」です。次のログインが成功するまで、もう他人同士なのです。

合言葉を決める！

どうやって合言葉を決めるのでしょう？　実はとても簡単なのです。

●4-2-1

これが合言葉を決める命令だ！

```
session_start();
```

たったこの1行で合言葉が決まります。あなたのパソコンはクッキーと呼ばれる領域にセッションIDと呼ばれる合言葉を記憶します。サーバーも同じ合言葉を記憶します。だから人間であるあなた自身は、この合言葉を知る必要はありません。
また、各ページの先頭でも1回この命令を実行する必要があります。合言葉の確認にも使うからです。

たったこの1行を入れるだけで、パソコンとサーバーの間で合言葉が決められて信頼関係ができます。あなたはその合言葉を知らなくていいんです。パソコンとサーバーがしっかりとやりとりしてくれます。各ページの先頭でも合言葉の確認が必要です。そして、いよいよ秘密文書を使うことができるようになります。その秘密文書が$_SESSIONという変数です！

● 4-2-2

これが秘密文書、$_SESSION変数だ!

$_SESSION['～～～']

$_POSTはよく使ってきましたね。それと使い方は似ていますが、もっとデータの出し入れが自由なのが$_SESSIONなのです。

例えば「合言葉が決まった」というログイン成功の証拠はこう書くことができます。

$_SESSION['login'] = 1;

各ページで「○○さんログイン中」と表示したいなら、お名前を入れておくこともできます。

$_SESSION['staff_name'] = $staff_name;

'login'とか、' staff_name'とかは自由に決めてOKです。
ほかにもスタッフコードや、各ページで使いそうなデータを複数入れておいて、後で便利に使うことができるのです。

へ～

実際にやってみましょうか。まずは「スタッフログインに成功したら」の場所に、このプログラムを追加してください。でも、まだ動かさないでくださいね！

staff_login_check.php

● 4-2-3

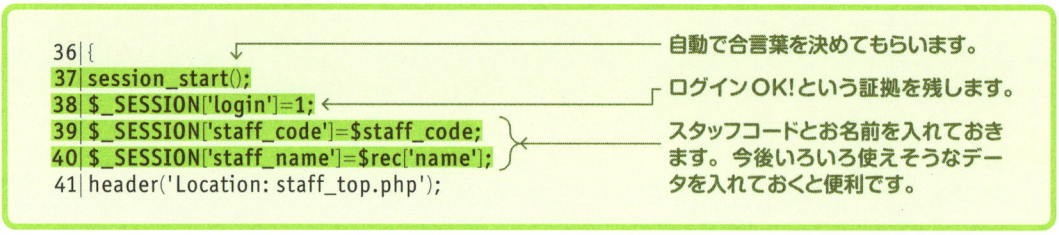

```
36|{
37|session_start();                              ← 自動で合言葉を決めてもらいます。
38|$_SESSION['login']=1;                         ← ログインOK!という証拠を残します。
39|$_SESSION['staff_code']=$staff_code;          ← スタッフコードとお名前を入れておき
40|$_SESSION['staff_name']=$rec['name'];           ます。今後いろいろ使えそうなデー
41|header('Location: staff_top.php');             タを入れておくと便利です。
```

まだですよ。まだ動かさないでくださいね。
次にstaff_top.phpの一番上の行にこれを追加します。HTMLのヘッダーよりも上ですよ！

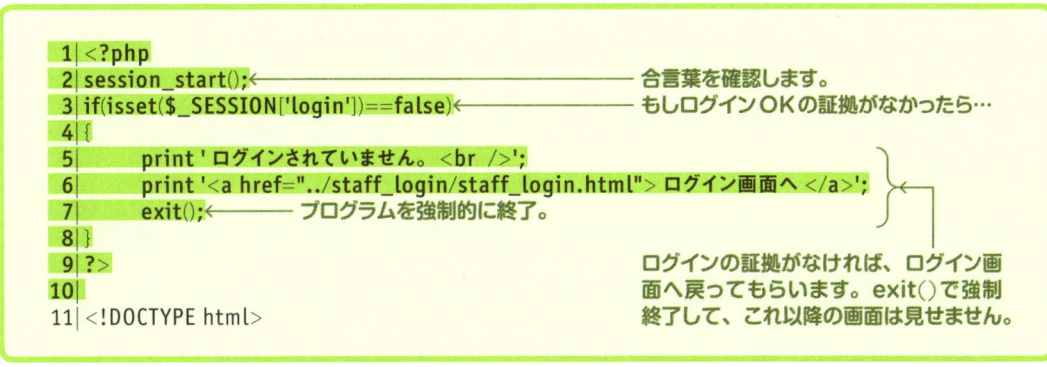

staff_top.php ● 4-2-4

```php
 1| <?php
 2| session_start();          ← 合言葉を確認します。
 3| if(isset($_SESSION['login'])==false)  ← もしログインOKの証拠がなかったら…
 4| {
 5|     print 'ログインされていません。<br />';
 6|     print '<a href="../staff_login/staff_login.html">ログイン画面へ</a>';
 7|     exit();   ← プログラムを強制的に終了。
 8| }
 9| ?>
10|
11| <!DOCTYPE html>
```

ログインの証拠がなければ、ログイン画面へ戻ってもらいます。exit()で強制終了して、これ以降の画面は見せません。

それでは、ログイン画面ではなくて、http://localhost/staff_login/staff_top.phpにいきなりアクセスしてみてください。どうですか？ トップメニューが表示されずに、ログイン画面に戻されますね。

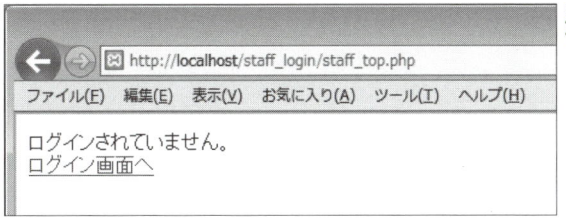

見事、トップ画面にアクセスできなくなりました！

staff_top.phpの最初のsession_start()命令で、サーバーは「初めまして。あなたとの合言葉を覚えます」と言っているわけですが、$_SESSIONには「ログインに成功した」という証拠データがどこにもないのです。$_SESSION['login']が空っぽなのです。だからログインされたとみなすわけにはいきません。

今度はhttp://localhost/staff_login/staff_login.htmlから、スタッフとしてログインしてみましょう。

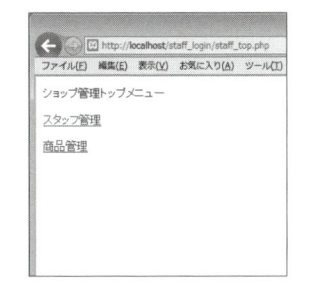

出ました！

今度はショップ管理トップメニューが出ましたね。$_SESSION['login']に、ログインに成功した証拠である1がセットされているからです（※証拠がセットされているかいないかをisset命令で見るだけなので、実は1でなくてもなんでもOKです）。

さあ、ユーザー認証がうまくいったようですね。あとは.phpのプログラムすべての先頭に同じような追加をすればいいだけです。しかし…

「え！？まだ何かあるの？」
そう、まだあるんです。あなたのパソコンとサーバーで決められた合言葉を「セッションID」と呼びます。なんと、このセッションIDが何者かに盗み出される危険性があるのです。世の中にはホント悪い人たちがいるものです。彼らは盗んだ合言葉を使い、スタッフになりすましてログインし、悪さをします。危険ですね。この悪い行為を「セッションハイジャック」と呼びます。このセッションハイジャック対策が必要なのです。

でもご安心ください。実はけっこう簡単にできるのです。あなたのパソコンとサーバーだけの間で、毎回合言葉を変えてしまえばいいのです。staff_top.phpにこんな改造をしましょう。

staff_top.php ●4-2-5

```
2|session_start();
3|session_regenerate_id(true);←――― 合言葉を変える！
4|if(isset($_SESSION['login'])==false)
```

これでOKです！動作確認をしてみてください。先ほどと同じように動きましたね。何も変わらないように見えますが、あなたのパソコンとサーバーの間では、合言葉であるセッションIDを変えながら信頼関係を保っているのです。

●4-2-6

これがこっそり合言葉を変える命令だ！

たったこの1文で、あなたのパソコンとサーバーの間でこっそり合言葉を変えてくれます。

session_regenerate_id(true);

各画面の先頭で、必ずこの命令で合言葉を変えます。悪知恵を働かせても、画面が変わるたびに合言葉を変えられたら、彼らだってたまりません。こうして安全なWebサイトにすることができるのです。

そういえば秘密文書である$_SESSIONには、スタッフの名前も入れてましたね。そのスタッフがログイン中であることを画面の上に表示してみましょう。staff_top.phpをさらに改造します。

行ってみましょう

staff_top.php   ●4-2-7

```php
 1|<?php
 2|session_start();
 3|session_regenerate_id(true);
 4|if(isset($_SESSION['login'])==false)
 5|{
 6|     print 'ログインされていません。<br />';
 7|     print '<a href="../staff_login/staff_login.html">ログイン画面へ</a>';
 8|     exit();
 9|}
10|else
11|{
12|     print $_SESSION['staff_name'];
13|     print 'さんログイン中 <br />';
14|     print '<br />';
15|}
16|?>
17|
```

★1 (lines 1～17)

これでログインしてみてください。

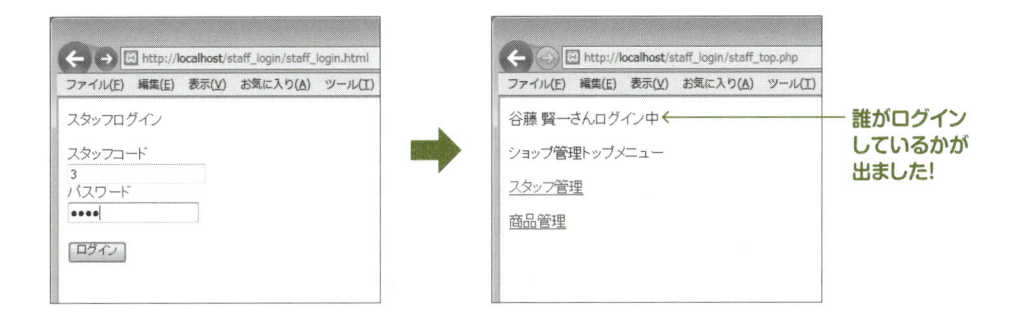

誰がログインしているかが出ました！

どうですか？いかにもログインしている画面になりましたね。

すべての画面にログインチェックを入れよう！

ログインのチェックはまだstaff_top.phpにしか追加していませんね。すべての.php画面の先頭に★1の17行を追加してください。先頭というのは、ＨＴＭＬのヘッダーよりも前ですよ。staff_top.phpを改造したように、本当の１行目に挿入してください。
ただし、
pro_branch.phpとstaff_branch.phpは、ＨＴＭＬのヘッダーがなく、PHPだけのプログラムですので、そのまま追加すると<?php ～ ?>のブロックが２つできてしまい、飛び先に飛んでくれないなどの困ったことが起こってしまいます。
そのため<?phpのすぐ下の行に、次のように追加することで、全体が<?php ～ ?>の１ブロックになるようにしてください。また、一瞬で通り過ぎるページですので、ログイン中のスタッフ名を表示する必要もありません。

4-2 ユーザー認証の仕組みを作ろう！   137

pro_branch.php　　　　　　　　　　　　　　　　　　　　　●4-2-8

```php
 1 |<?php
 2 |
 3 |session_start();
 4 |session_regenerate_id(true);
 5 |if(isset($_SESSION['login'])==false)
 6 |{
 7 |    print 'ログインされていません。<br>';
 8 |    print '<a href="../staff_login/staff_login.html">ログイン画面へ</a>';
 9 |    exit();
10 |}
11 |
12 |if(isset($_POST['disp'])==true)
```
（3〜10行目が ★2）

さあ、やってください。…と言っても、改造すべきファイルはたくさんありますね。下に一覧を書きました。これら全部を改造します。がんばってください！

●4-2-9

★1を追加するプログラム

staff_top.php（済）
staff_add.php
staff_add_check.php
staff_add_done.php
staff_delete.php
staff_delete_done.php
staff_disp.php
staff_edit.php
staff_edit_check.php
staff_edit_done.php
staff_list.php
staff_ng.php

pro_add.php
pro_add_check.php
pro_add_done.php
pro_delete.php
pro_delete_done.php
pro_disp.php
pro_edit.php
pro_edit_check.php
pro_edit_done.php
pro_list.php
pro_ng.php

★2を追加するプログラム

pro_branch.php（済）
staff_branch.php

けっこう量がありますね。それだけあなたはたくさんのプログラムを作ってきたということでもあります。大変ですが、がんばって改造していってください。それが済んだら、ログインして、各画面に行ってみてください。「お〜！」という感動を味わってくださいね。

さて、いつまでもログイン状態にしておくわけにはいきません。用事が済んだらログアウトですね。合言葉であるセッションIDや、秘密文書である$_SESSION変数を破棄する必要があります。それを行うのがログアウト画面です！

4-3 ログアウト画面を作ろう!

ログアウトとはあなたのパソコンとサーバーの関係を断ち切ることです。

ログアウト画面を作ろう！ ▶▶ LO

ログインしたのだから当然ログアウトが要りますね。次はそのための画面を作るのですが、ログアウトとは何をすればいいのでしょうか？　それは合言葉で結ばれた、あなたのパソコンとサーバーの関係を断ち切り、秘密文書を破棄することです。「セッションを破棄する」と言ったりもします。
まずはショップ管理トップメニュー画面 staff_top.php に、ログアウトを追加しましょう。

staff_top.php ● 4-3-1

```
30 |<a href="../product/pro_list.php"> 商品管理 </a><br />
31 |<br />
32 |<a href="staff_logout.php"> ログアウト </a><br />
33 |
```

これでログアウト画面へのリンクができました。次に、hina.html を [staff_login] フォルダにコピーして、ファイル名を staff_logout.php に変えてください。こう追加しましょう。

staff_logout.php ● 4-3-2

```
 1 |<?php
 2 |$_SESSION=array();
 3 |if (isset($_COOKIE[session_name()])==true)
 4 |{
 5 |    setcookie(session_name(), '', time()-42000, '/');
 6 |}
 7 |@session_destroy();
 8 |?>
 9 |
10 |<!DOCTYPE html>
```

```
       ：
16 |<body>
17 |
18 |ログアウトしました。 <br />
19 |<br />
20 |<a href="../staff_login/staff_login.html"> ログイン画面へ </a>
21 |
22 |</body>
```

さっそくログインしてからログアウトしてみましょう。ログアウトしたら、ログインしなければ入れないはずのhttp://localhost/staff_login/staff_top.phpにアクセスしてみてください。どうですか？　もうアクセスできませんね。

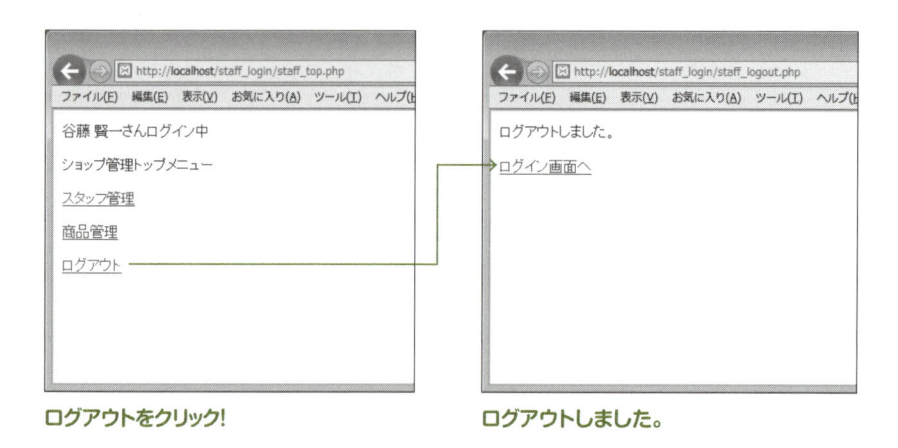

ログアウトをクリック!

ログアウトしました。

http://localhost/staff_login/staff_top.phpに直接アクセス！

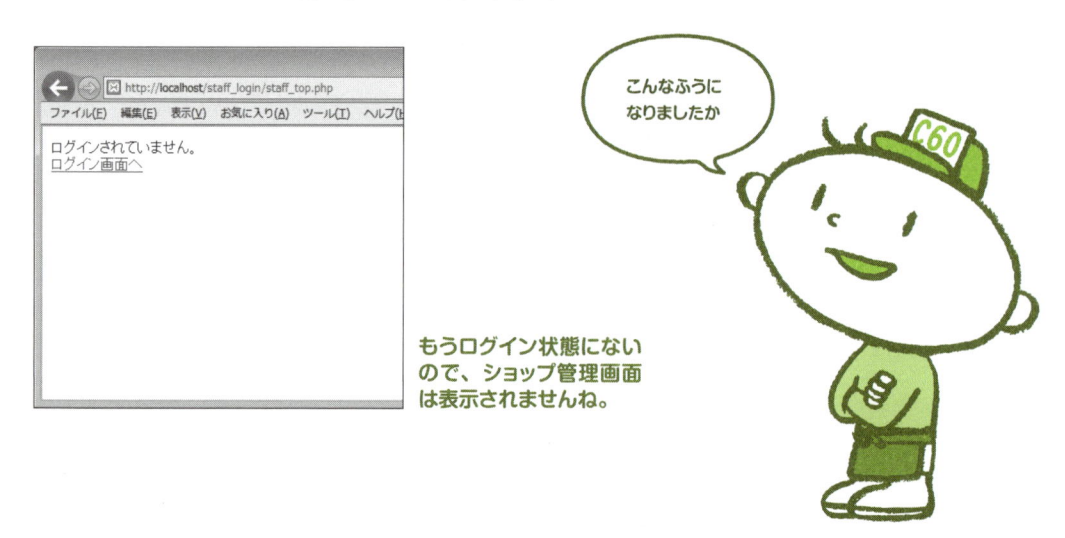

もうログイン状態にないので、ショップ管理画面は表示されませんね。

こんなふうになりましたか

● 4-3-4

これがログアウトだ!

セッション変数を空にする。セッションIDをクッキーから削除する。セッションを破棄する。
この3ステップを踏みます。

```
$_SESSION=array();          ← セッション変数（秘密文書）を空っぽにする。
if (isset($_COOKIE[session_name()])==true)
{
    setcookie(session_name(), '', time()-42000, '/');  ← パソコン側のセッション
}                                                         ID（合言葉）をクッキー
@session_destroy();         ← セッションを破棄する（サーバーとあなたの   から削除する。
                              パソコンの関係を断ち切る）。
```

※setcookie命令より前に画面表示があってはいけないというルールがあるので、
　HTMLのヘッダーより前にログアウトします。

ログアウトするだけなのに難しく見えますね。
1．セッション変数を空にする
2．セッションIDをクッキーから削除する（安全のため「もしクッキー情報があったら」というif文でくくる）
3．セッションを破棄する

という3段階を踏む必要があるためです。
42000の数字は何なのか、session_destroy()の前の＠は何か、いろいろ意味がありそうですが本書では詳しく触れません。ログアウトに関しては上記の書き方が定番のようです。興味ある方は調べてみてください。

さあ、これでショップ管理の画面がそろいました。次はいよいよショッピングカート！
…と行きたいのですが、まだですよ。これからちょっと遊んでみましょう。　え？遊んでる暇なんてないって？　いいえ、この遊びがとてもとても大切なのです。

4-3　ログアウト画面を作ろう！　141

Chapter 5
遊びでスキルアップ！

こんなキーワードが出てきますよ!

配列	else if
連想配列	関数
foreach	require_once
switch 〜 case	

遊びながら
スキルアップしよう!

遊んでる場合じゃないって?
いいえ、遊んでる場合ですよ。

なぜここで遊んでる場合なのでしょう?
ショッピングカートを作るには、
あなたの技術はまだ足りないのです。
でもそこを埋めるために「お勉強」して欲しくないのです。
どうせなら、遊びながら身に付けちゃいましょうよ!
技術は楽しく身に付ける、これが大切です♪
遊び終わった頃、あなたのスキルは
格段にアップしています。そして…
ショッピングカートを作れる下地が
できるのです!

※最後に既存プログラムの修正もあるので、
　絶対にこの章を飛ばさないでくださいね。

行って
みましょう

5-1 季節の野菜サイトを作ろう！

野菜には旬の季節があります。1月はネギ、2月はブロッコリー…。月を表わす1～12の数字を入力すると、季節の野菜が表示される画面なんか作ってみましょう。

❖ 月を入力する画面を作ろう！

月の数字を入力すると、その季節の旬の野菜が表示されるサイトを作ります。え？この手のプログラムはもう飽きたって？　いえいえ、今までにないスゴイ技を伝授しますので、まずは作ってみましょうよ。また新しいフォルダを作ります。htdocsの中に、[asobi]というフォルダを新規に作ってください。そのフォルダをUTF-8にするために.htaccessをコピーしてください。これで準備ができましたね。さあ、hina.htmlを[asobi]フォルダにコピーして、ファイル名をshun.htmlに変えてください。そして改造しましょう。

shun.html　●5-1-1

```
 7 |<body>
 8 |
 9 |<form method="post" action="shun.php">
10 |<input type="text" name="tsuki"><br />
11 |<input type="submit" value=" OK ">
12 |</form>
13 |
14 |</body>
```

入力画面はできました。次にshun.phpを作ります。もし1だったら1月なので「ネギ」、もし2だったら2月なので「ブロッコリー」と表示されるようにしたいのです。どうしますか？

```
if（$tsuki=='1'）
{
    print 'ネギ';
}
```

こんな感じのif文を12ブロック書きますか？　はい、それも正解ではあります。でも…
もし、旬の野菜ではなくて、40人クラスの生徒の成績を表示したいとしたら？　if文を40個書くのでしょうか？　なんとなく泥臭すぎる感じがしますね。先ほど「スゴイ技を伝授する」とお約束しましたね。その技を披露いたしましょう！

1つの変数に全部入れちゃう！？

今まで、1つの変数には1つのデータをコピーしていました。実は1つの変数に、データを複数入れることができちゃうのです。あとで追加したければ、簡単に追加できます。
では表示はどうするのでしょう？　けっこう簡単なんです。何番目かを指定して表示してあげればいいのです。まださっぱり分かりませんか？　はい、さっぱり分からなくてOKです。これから伝授していきますから。

1つの変数に複数のデータを入れる方法！

意外に簡単なんですよ。こうやって書けばいいのです。

```
$yasai[] = '';
$yasai[] = 'ブロッコリー';
$yasai[] = 'カリフラワー';
$yasai[] = 'レタス';
$yasai[] = 'みつば';
$yasai[] = 'アスパラガス';
         ・
         ・
         ・
```

1つの変数から複数のデータを取り出して表示する方法！

表示も簡単です。

```
print $yasai[3] ;
```

これだけです。この例だと「レタス」が画面に出るはずです。3を「添え字」といいます。最初の行だけ空っぽをコピーしたのは、最初の添え字が0から始まるからです。月と添え字を揃えたかったので$yasai[0]には空っぽのデータを入れたのです。

旬の野菜を表示する画面を作ろう！

では、shun.htmlの飛び先であるshun.phpを作ってみましょう。遊びですので、サニタイジングはしなくても構いません。hina.htmlを [asobi] フォルダにコピーして、ファイル名をshun.phpに変えてください。そして改造しましょう。

shun.php ● 5-1-2

```php
 9 <?php
10
11 $tsuki=$_POST['tsuki'];
12
13 $yasai[] = '';
14 $yasai[] = 'ブロッコリー';
15 $yasai[] = 'カリフラワー';
16 $yasai[] = 'レタス';
17 $yasai[] = 'みつば';
18 $yasai[] = 'アスパラガス';
19 $yasai[] = 'セロリ';
20 $yasai[] = 'ナス';
21 $yasai[] = 'ピーマン';
22 $yasai[] = 'オクラ';
23 $yasai[] = 'さつまいも';
24 $yasai[] = '大根';
25 $yasai[] = 'ほうれんそう';
26
27 print $tsuki;
28 print '月は ';
29 print $yasai[$tsuki];
30 print 'が旬です。';
31
32 ?>
```

さあ、動かしてみましょう。

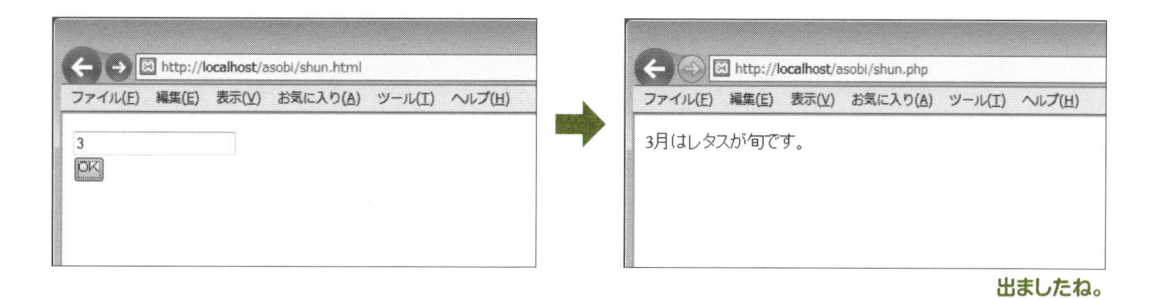

3月はレタスが旬です。

出ましたね。

どうですか？面白いでしょう。1つの変数に複数のデータを入れました。これを「配列」といいます。0番目から始まります。

● 5-1-3

これが配列だ!

配列の添え字は常に0番目から始まります。

```
$name[] = '鈴木';    ←――――――― 0番目に入ります。
$name[] = '田中';    ←――――――― 1番目に入ります。
$name[] = '佐藤';    ←――――――― 2番目に入ります。
print $name[0];     ←――――――― 鈴木さんが表示されます。
print $name[1];     ←――――――― 田中さんが表示されます。
print $name[2];     ←――――――― 佐藤さんが表示されます。
```

データを変更することもできます。

```
$name[2] = '高橋';  ←――――――― 佐藤さんが高橋さんに変わります。
print $name[2];     ←――――――― 高橋さんが表示されます。
```

こんな書き方もあります。この書き方なら1行で書けます。

```
$name = array('鈴木','田中','佐藤'); ←―― 0番目から一気に入れます。
print $name[0];     ←――――――― 鈴木さんが表示されます。
print $name[1];     ←――――――― 田中さんが表示されます。
print $name[2];     ←――――――― 佐藤さんが表示されます。
```

へ～～

配列を使えばif文をズラズラと書かなくて済みます。データが増えたときもプログラムを大きくいじらなくて済みますね。配列は本当によく使いますので「へ～」と納得しておいてくださいね。

5-2 あの星は!

実は…「添え字を番号以外で指定する配列」というのもあるんです。例えば、夜空の星には名前のほかに記号があります。そこで、記号を入力すると星の名前が表示される画面を作ってみましょう。

◆ 有名な星を検索する画面を作ろう！

M31星雲って分かります？ 分かりませんよね。でも「アンドロメダ大星雲」と言えば聞いたことがある人も多いでしょう。いくつかの有名な星にはM○○という番号があるのです。M○○と入力したら、「○○星雲」と名前が出る画面を作ってみましょう。
有名な5つの星を例に使ってみましょう。

　　　　M1　　カニ星雲
　　　　M31　　アンドロメダ大星雲
　　　　M42　　オリオン大星雲
　　　　M45　　すばる
　　　　M57　　ドーナツ星雲

え？ 配列を使うんでしょって？　はい、その通りなんですが、またまたスゴイ技を伝授いたします！まずは作ってみましょう。shun.htmlをコピーして、ファイル名をhoshi.htmlに変えてください。そして改造しましょう。

hoshi.html　　●5-2-1

```
 8|
 9|<form method="post" action="hoshi.php">
10|<input type="text" name="mbango"><br />
11|<input type="submit" value=" OK ">
```

入力画面はできました。次にhoshi.phpを作ります。もしM1だったら「カニ星雲」、もしM31だったら「アンドロメダ大星雲」と表示されるようにしたいですね。どうしますか？
if文をズラズラと書くのではないことは、もうお分かりですね。では先ほどの配列を使うのでしょうか？　半分正解です！ でも添え字の番号はどうしますか？　だってデータが5つしかないのにドーナツ星雲の番号は57ですよ。しかも「M」の文字はどうしますか？「スゴイ技を伝授する」と

お約束しましたね。さっそくそれを伝授いたしましょう！

やっぱり配列を使う！

旬の野菜で使った配列は、添え字に番号を使っていました。これから伝授するワザは、添え字に番号ではなく文字を使う方法です。添え字にM○○という文字を指定するのです。もう混乱しそうですか？　安心してください。これからじっくり伝授していきますから。

添え字に文字を使う方法！

意外に簡単なんですよ。こうやって書けばいいのです。

```
$hoshi['M1'] = 'カニ星雲';
$hoshi['M31'] = 'アンドロメダ大星雲';
$hoshi['M42'] = 'オリオン大星雲';
$hoshi['M45'] = 'すばる';
$hoshi['M57'] = 'ドーナツ星雲';
```

どうですか？簡単でしょ？

配列からデータを取り出して表示する方法！

これも簡単なんです。
print $hoshi['M31'];
これだけです。この例だと「アンドロメダ大星雲」が画面に出るはずです。

星の名前を表示する画面を作ろう！

では、hoshi.htmlの飛び先であるhoshi.phpを作ってみましょう。遊びですので、サニタイジングはしなくても構いません。hina.htmlを［asobi］フォルダにコピーして、ファイル名をhoshi.phpに変えてください。そして改造しましょう。

hoshi.php　●5-2-2

```php
 9 |<?php
10 |
11 |$mbango=$_POST['mbango'];
12 |
13 |$hoshi['M1'] = 'カニ星雲';
14 |$hoshi['M31'] = 'アンドロメダ大星雲';
15 |$hoshi['M42'] = 'オリオン大星雲';
16 |$hoshi['M45'] = 'すばる';
17 |$hoshi['M57'] = 'ドーナツ星雲';
18 |
19 |print 'あなたが選んだ星は、';
20 |print $hoshi[$mbango];
21 |
22 |?>
```

さあ、動かしてみましょう。

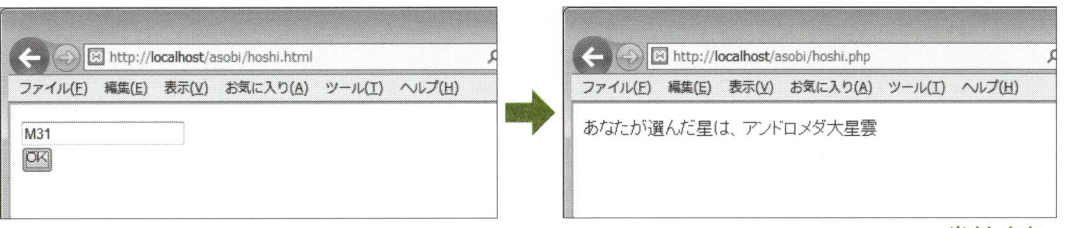

どうですか？うまくいきましたか？　これなら、星を増やすのも簡単ですね。
このように、添え字に番号を使わず文字を使う配列を「連想配列」といいます。

● 5-2-3

これが連想配列だ！

```
$name['鈴木'] = 'おいしかった';
$name['田中'] = 'つまらなかった';
$name['佐藤'] = 'また来たいです';
print $name['田中'];
```
←「つまらなかった」が表示されます。

データを変更することもできます。

```
$name['田中'] = 'おもしろかった';
print $name['田中'];
```
←「おもしろかった」が表示されます。

こんな書き方もあります。この書き方なら1行で書けます。

```
$name = array('鈴木'=>'おいしかった','田中'=>'おもしろかった','佐藤'=>'また来たいです');
print $name['佐藤'];
```
←「また来たいです」が表示されます。

❖ 連想変数の内容をすべて表示してみよう！

すでに分かっているものを1つだけ取り出すのは簡単でしたね。では、連想配列に入っているデータを全部表示するには、どうしたらいいでしょう？

```
print 'M1 は '.$hoshi['M1'];
print 'M31 は '.$hoshi['M31'];
print 'M42 は '.$hoshi['M42'];
print 'M45 は '.$hoshi['M45'];
print 'M57 は '.$hoshi['M57'];
```

こんなプログラムにしますか？　では星の数が100個だったら？　M○○の番号が分からなかったら？　やっぱりムリがありますね。
ご安心ください。連想配列の中身を全部取り出す方法があります。それがforeach命令です。これはちょっと頭が混乱してきますよ。よ～く考えながら理解してくださいね。

hoshi.php

● 5-2-4

```
17 |$hoshi['M57'] = 'ドーナツ星雲';
18 |
19 |foreach($hoshi as $key => $val)
```

5-2　あの星は！　151

```
20 |{
21 |    print $key.' は '.$val;
22 |    print '<br />';
23 |}
24 |
25 |print ' あなたが選んだ星は、';
```

動かしてみましょう。

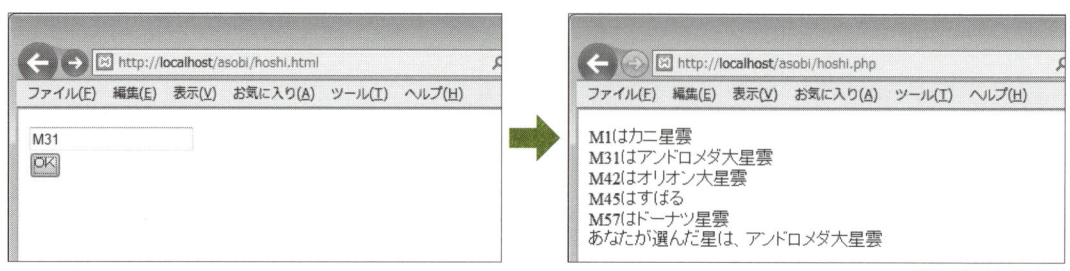

一覧も出ましたね。

● 5-2-5

これがforeachループだ!

配列の中のデータの数だけ繰り返します。ちょっとクセのある命令ですが大変便利で、PHPではとてもよく使う命令です。

```
$hoshi['M1'] = ' カニ星雲 ';
$hoshi['M31'] = ' アンドロメダ大星雲 ';
$hoshi['M42'] = ' オリオン大星雲 ';
$hoshi['M45'] = ' すばる ';
$hoshi['M57'] = ' ドーナツ星雲 ';

foreach($hoshi as $key => $val)
{
    print $key;
    print ' は ';
    print $val;
    print '<br />';
}
```

- 配列名
- 添え字が入る変数
- データが入る変数
- M1、M31、M42…と添え字が表示される。
- カニ星雲、アンドロメダ大星雲、…とデータが表示される。

よく使います

これがPHPではとてもよく使われる連想配列という仕組みです。番号や記号と、それに関連したデータをコピーしておくのに、連想配列はとても便利です。ちなみに、これまでおまじないのように使ってきた$_POST、あれも実は連想配列だったのです！

　　　$code=$_POST['code'];

よく見てみると、確かに連想配列の形をしていますね。

5-3 学生に戻ろう!

べつに中学でも高校でもいいです。3年制の学校時代に戻った気分になってみましょう。

❖ 学年を入れると校舎案内が表示される画面を作ろう！

あなたは何年生ですか？ 学年を入力すると、その教室のある校舎のガイダンスが表示される画面を作ってみましょう。

  1年生なら「あなたの校舎は南校舎です。」と表示
  2年生なら「あなたの校舎は西校舎です。」と表示
  3年生なら「あなたの校舎は東校舎です。」と表示
  それ以外なら「あなたの校舎は3年生と同じです。」と表示

え？これも"今さら"とお思いですか？ いえいえ、またまたスゴイ技を伝授いたしますよ。まずは学年を入力する画面を作って見ましょう。shun.htmlをコピーして、ファイル名をgakunen.htmlに変えてください。そして改造します。

gakunen.html ● 5-3-1

```
 8|
 9|<form method="post" action="gakunen.php">
10|あなたは何年生? <br />
11|<input type="text" name="gakunen"><br />
12|<input type="submit" value=" OK ">
```

もうお馴染みのフォームですね。学年を入力して次の画面に飛びます。では次の画面、gakunen.phpの準備をしましょう。hina.htmlを［asobi］フォルダにコピーして、ファイル名をgakunen.phpに変えてください。そしてどう改造するか、まずは自分で考えてみてください。最初はいつものあれでしょう。

  $gakunen=$_POST['gakunen'];

さあ、この次を、みなさんならどういう仕組みにしますか？ ifとelseをうまく組み合わせればできそうですね。こんなプログラムを思いついたのではないでしょうか？

●5-3-2

```
if($gakunen=='1')
{
    print ' あなたの校舎は南校舎です。';
}
if($gakunen=='2')
{
    print ' あなたの校舎は西校舎です。';
}
if($gakunen=='3')
{
    print ' あなたの校舎は東校舎です。';
}
if($gakunen!='1' && $gakunen!='2' && $gakunen!='3' )
{
    print ' あなたの校舎は3年生と同じです。';
}
```

よさそうですね。たぶんうまく動くと思います。
でも…
ここでよ〜く考えてみてください。もし1年生だったら、2年生以降のif文による判断はもう不要なのです。分かりますか？ 1年生なので「あなたの校舎は南校舎です。」と表示したら、もし2年生だったら、もし3年生だったら、もしその他の学年だったら、という判断なんかいらないのです。本来、すっ飛ばしたいのです。今のコンピューターは性能がスゴイですから、こんな無駄な処理をしても、ほとんど影響はないのですが、それでも「不要な処理はさせない」というのがプログラミングのセオリーです。ではどうしたらいいのか、ちょっと考えてみてください。こんなプログラムを考えたあなた、かなりプログラミングというものを理解してきましたね。

●5-3-3

```
if($gakunen=='1')
{
    print ' あなたの校舎は南校舎です。';
}
else
{
    if($gakunen=='2')
    {
        print ' あなたの校舎は西校舎です。';
    }
    else
    {
        if($gakunen=='3')
        {
            print ' あなたの校舎は東校舎です。';
        }
        else
        {
            print ' あなたの校舎は3年生と同じです。';
        }
    }
}
```

プログラムを上から順番に目で追ってみてください。2年生だったとしましょう。最初のif文は「1年生なのか？」を判断しています。違うのでelseの方に行きます。elseには「2年生なのか？」のif文があります。2年生なので「あなたの校舎は西校舎です。」が表示されます。次のelseには行きませんので、もうこのelseの中のプログラムはすべて無視されます。これでみごとにムダな処理を避けることができますね。画面でも先ほどと全く同じ動作をします。
しかし…
またまた困ったことがあるのです。この例は「学年」だからまだいいのです。もし都道府県だったらどうなりますか？

● 5-3-4

```
if($ken==' 北海道 ')
{
    print ' 道庁所在地は札幌です。';
}
else
{
    if($ken==' 青森 ')
    {
        print ' 県庁所在地は青森です。';
    }
    else
    {
        if($ken==' 岩手 ')
        {
            print ' 県庁所在地は盛岡です。';
        }
        else
        {
            if($ken==' 宮城 ')
            {
                print ' 県庁所在地は仙台です。';
            }
            else
                .
                .
                .
```

うーん
これは
困りましたね

ちょっとちょっと、これ、沖縄まで書くのですか？ ｛と｝の間に繰り返し同じ構造を書くことを「ネスト」といいます、と以前説明しました。沖縄まで書いたら、ネストは47段にもなってしまいます。ネストが深くなりすぎるのは、プログラミングのセオリーとしてよろしくありません。せいぜい3〜4段くらいまで、それ以上深くなるときは何かが根本から間違っていると考えましょう、というお話もしました。だからこれはおかしいのです。「ではどうすればいいのでしょう？
大丈夫です！とっても素晴らしい命令があるのです。
それがswitch〜case命令です！

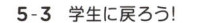

5-3 学生に戻ろう！ 155

● 5-3-5

これがswitch～case命令だ!

「もし～だったら」を、縦にズラリと並べて書けるのです。if～else命令ではどうしてもネストが深くなってしまう場合に、とても重宝します。

```
switch($gakunen)   ← チェックしたい変数
{
        case '1':   ← もし1年生だったら、
            print 'あなたの校舎は南校舎です。';
            break;
                    セミコロンではなくコロンです。

        case '2':   ← もし2年生だったら、
            print 'あなたの校舎は西校舎です。';
            break;

        case '3':   ← もし3年生だったら、
            print 'あなたの校舎は東校舎です。';
            break;

        default:    ← どれも当てはまらなかったら、
            print 'あなたの校舎は3年生と同じです。';
}
□□□□□…
```

break; は「一番下に抜けろ」という命令です。

こんなにスッキリ書くことができます!

画面上では、if命令で複雑に組んだ場合と全く同じ動作をします。でもプログラムはこんなにスッキリ書けるのです。必要な処理が終わったら、break命令でとっととswitch文の外に抜けてしまうため、ネストが深くならないのです。都道府県だったとしても、縦に長くなっていくだけで済みます。if文にするかswitch～caseにするかは、ケースバイケースですので、そのときにじっくり考えてください。

switch～caseを使うとプログラムの見た目がスッキリするので、もっと複雑なことも簡単にできてしまいます。例えば、学年ごとの校舎のほかに、部活や学年目標も扱ってみましょう。gakunen.phpを開いて、こんなプログラムを作ってみましょう。

gakunen.php
● 5-3-6

```php
 9  <?php
10
11  $gakunen=$_POST['gakunen'];
12
13  switch($gakunen)
14  {
15      case '1':
16          $kousha=' あなたの校舎は南校舎です。';
17          $bukatsu=' 部活動にはスポーツ系と文化系があります。';
18          $mokuhyou=' まずは学校に慣れましょう。';
19          break;
20
```

```
21        case '2':
22            $kousha=' あなたの校舎は西校舎です。';
23            $bukatsu=' 学園祭目指して全力で取り組みましょう。';
24            $mokuhyou=' 今しかできないことを見つけよう。';
25            break;
26
27        case '3':
28            $kousha=' あなたの校舎は東校舎です。';
29            $bukatsu=' 受験に就職に忙しくなります。後輩へ譲っていきましょう。';
30            $mokuhyou=' 将来への道を作ろう。';
31            break;
32
33        default:
34            $kousha=' あなたの校舎は3年生と同じです。';
35            $bukatsu=' 部活動はありません。';
36            $mokuhyou=' 早く卒業しましょう。';
37            break;
38 }
39
40 print ' 校舎   '.$kousha.'<br />';
41 print ' 部活   '.$bukatsu.'<br />';
42 print ' 目標   '.$mokuhyou.'<br />';
43
44 ?>
```

37行目の break; について：なくてもいいけど、セオリー上あった方がいいです。

では動かしてみましょう。

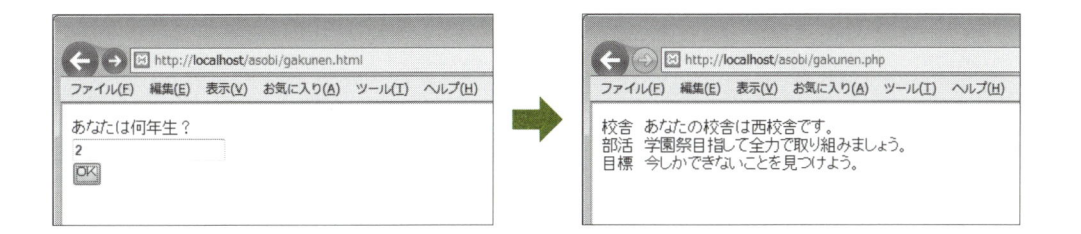

どうですか？面白いでしょう。switch ～ caseでこんなにスッキリ組めてしまうのです。
さて、もしかしたらある命令の存在に気付いた方がいらっしゃるかもしれません。else if命令です。これは本書では扱いませんが、ちょっとだけ解説しておきますね。

これは便利！

● 5-3-7

else if は最終手段!

ここではelse if命令の使い方は説明しません。
if命令では複雑になってしまうのでswitch ～ case命令を使いたいけど、switch ～ caseも使えない、というケースがあります。そのときに最終手段として、else if命令を使ってみてください。使い方はご自分で調べてください。今のみなさんならすぐに理解できるはずです。

本書でそれを使わないのは、else if命令を安易に使うと、プログラムが複雑怪奇になることが多いからです。「なんで?とても便利そうなのに…」そう思うお気持ちも分かります。でも使う際には以下のルールを守ってください。

「switch ～ case命令ではどうしても実現できないときの最終手段としてのみ使う!」

これ大事です

5-4 プログラミングの楽しさの真髄!

プログラミングの本当の楽しさ、実はまだお伝えしていないんです。

プログラミングの本当の楽しさ、教えちゃいます！

PHPにはいろんな命令がありますね。もし、自分だけの命令が作れたらどうでしょう？ 自分だけの命令ですよ。そんなことができるのかって？ できちゃうんです。それが「関数」です。
関数は昔から他のプログラミング言語にもありました。プログラミング言語によっては「サブルーチン」とか「プロシージャ」とも呼ばれます。PHPでは「関数」と呼ぶ場合が多いですね。
関数を使うと、自分だけの命令が作れるので急に楽しくなってきます。便利な関数を作ってしまえば、使い回しができます。
世の中のプログラマは自分だけのマイ関数をコレクションしていたりするんですよ。そして使い回すことでゼロから作る必要がなくなり、とっても楽をすることができます。著者の私もマイ関数をコレクションしてますよ。最も古いのは1987年に作ったもので、今でも使うことがあります。

西暦から元号を知る命令を作っちゃおう！

遊びで関数(命令)を作ってみましょう。例えば、西暦を入力すると、和暦の元号が何なのかを求めるプログラムを考えてみましょう。こんな感じです。

```
$wareki=gengo(2001);
print $wareki;
```

すると画面には

```
平成
```

と表示されるようなプログラムです。でもgengoなんて関数はないですよね。だからgengo関数を作っちゃうのです。その前に西暦を入力する画面から作りましょう。shun.htmlをコピーして、ファイル名をgengo.htmlに変えてください。そして改造します。

gengo.html　　●5-4-1

```
 9 |<form method="post" action="gengo.php">
10 | 西暦を入力してください <br />
11 |<input type="text" name="seireki"><br />
12 |<input type="submit" value=" OK ">
```

次に飛び先であるgengo.phpを作ります。hina.htmlを［asobi］フォルダにコピーして、ファイル名をgengo.phpに変えてください。これを改造するわけですが、関数の作り方を伝授いたします！

● 5-4-2

これが関数の作り方だ！

「こんな命令があったらな〜」を叶えるのが関数です！

関数ですよという宣言 → function　関数名 → gengo　処理元のデータを受け取る変数 → ($seireki)

```
function gengo($seireki)
{
    if(1989<=$seireki)
    {
        ret='平成';
    }
    else
    {
        ret='不明';
    }
    return $ret;
}
```

関数の機能を実現するプログラム。この例は1989以降だったら「平成」、そうでなければ「不明」としています。

return命令で処理結果のデータを返す。

これを同じプログラムファイルに書けばいいだけです。

では、オリジナル関数gengoを、どういう機能にするか決めましょう。この機能のことも「仕様」と言ったりします。

・どんな関数にする？
　1988の場合は「昭和」、2001の場合は「平成」のように結果を返す関数。
・適用範囲は？
　とりあえず明治、大正、昭和、平成を範囲とする。
・問題点は？
　1868年、1912年、1926年、1989年は元号が重なっている。
でも今回は遊びなのでそこまでは考えないで、以下のように決める。
　　　　1868年〜1911年………明治
　　　　1912年〜1925年………大正
　　　　1926年〜1988年………昭和
　　　　1989年〜　………………平成

これで関数の仕様が固まりました。
ではgengo.phpを開いて作っていきましょう！

行ってみましょう

gengo.php

● 5-4-3

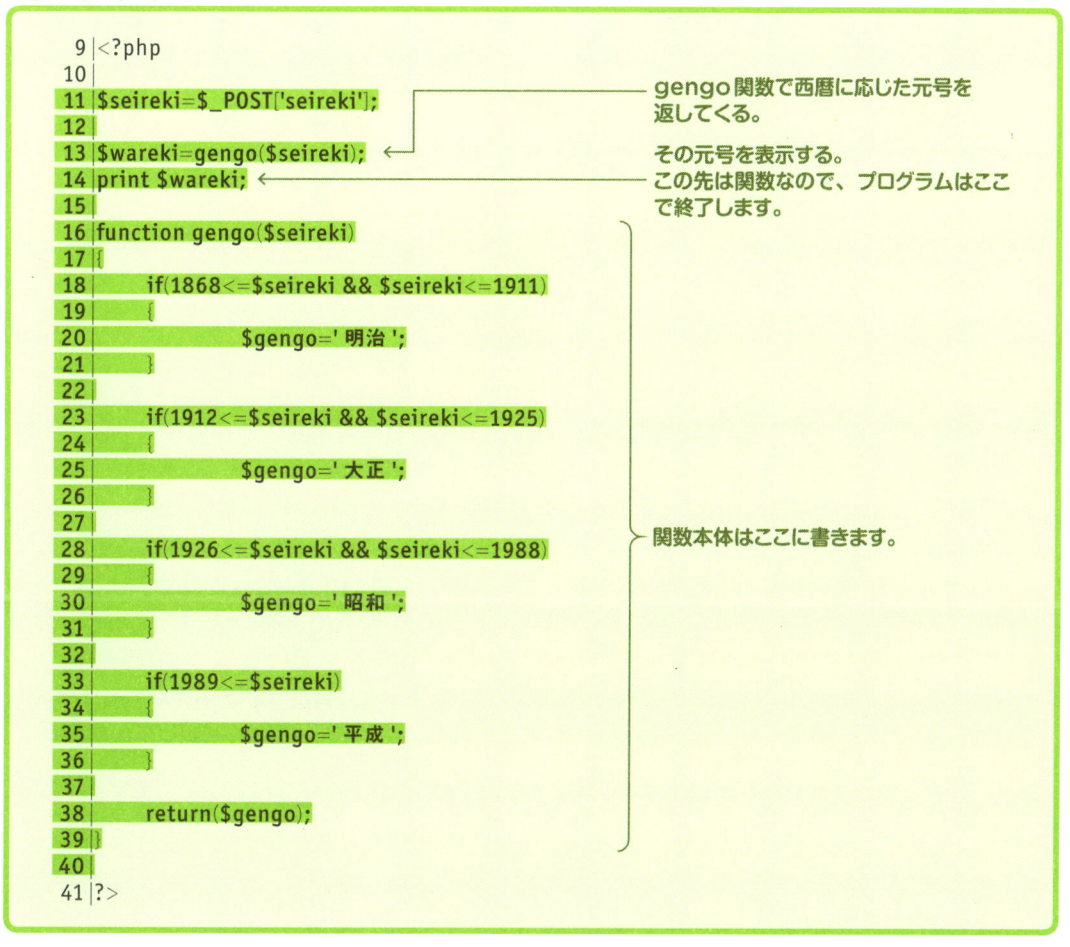

```php
 9 |<?php
10 |
11 |$seireki=$_POST['seireki'];
12 |
13 |$wareki=gengo($seireki);    ← gengo関数で西暦に応じた元号を返してくる。
14 |print $wareki;              ← その元号を表示する。
15 |                              この先は関数なので、プログラムはここで終了します。
16 |function gengo($seireki)
17 |{
18 |        if(1868<=$seireki && $seireki<=1911)
19 |        {
20 |                $gengo=' 明治 ';
21 |        }
22 |
23 |        if(1912<=$seireki && $seireki<=1925)
24 |        {
25 |                $gengo=' 大正 ';
26 |        }
27 |                                                 関数本体はここに書きます。
28 |        if(1926<=$seireki && $seireki<=1988)
29 |        {
30 |                $gengo=' 昭和 ';
31 |        }
32 |
33 |        if(1989<=$seireki)
34 |        {
35 |                $gengo=' 平成 ';
36 |        }
37 |
38 |        return($gengo);
39 |}
40 |
41 |?>
```

これも遊びですので、サニタイジングはしなくても構いません。

if命令をちょっと難しく使っているので、解説しますね。
if（A <= B）は「BがA以上だったら」という意味です。「以上」ですのでAとBが同じ場合もあります。
if（A < B）は「BがAより大きかったら」という意味です。AとBが同じ場合は成立しません。
今回は「以上」を使った方が見やすいでしょう。
また、「&&」という記号を使っています。これは&&の左に書いた条件と右に書いた条件が「両方成立したなら」という意味です。AND条件などと言ったりします。ほかにも「||」という記号を使うこともあります。これは「どちらかが成立したなら」という意味です。OR条件などと言ったりします。覚えてますか？

さあ、gengo.htmlから動かしてみましょう！

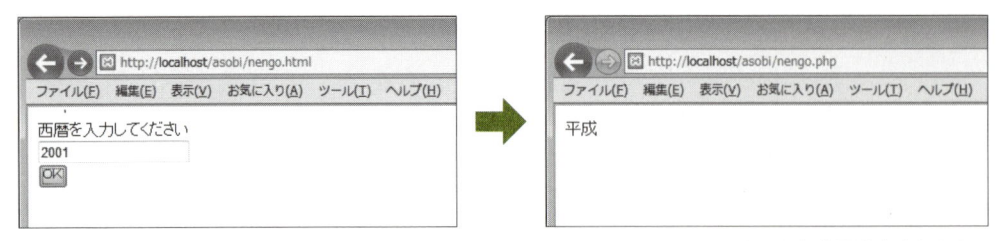

ちゃんと表示されましたね。

これが関数です！すごいでしょ？　自分だけの命令がこうして作れちゃうんです。

❖ 関数で困ったことが…

いや〜、関数って素晴らしい！　これで便利な関数をどんどん作っていけば楽ができる〜♪　と喜んだのもつかの間、ちょっと困ったことが起こってしまいます。　もし、同じ関数を、他のページでも使いたいときどうするのでしょう？
「コピーして張り付ければいいじゃないですか」
確かにそれでも動くと思います。では、その関数に修正が発生したら？　関数を貼り付けたページのプログラムを、ひとつひとつ変更しなければなりません。面倒です。怖いのは、うっかり修正し忘れたページが出来てしまった場合です。そうなるともはや何が起こるか…恐ろしいですね。かといって、プログラムを書くたびに、毎回ちょっとずつ違う関数を作ったりしては、関数にする意味がありません。
関数を自作するときは、後々他のプログラムでも使い回せるように作っておき、それがたくさん溜まってきたら、1箇所にまとめておきましょう。そして個々のプログラムからそこを呼び出す、これこそがプログラミングのセオリーです。つまり、1箇所に関数を書いて、それを各ページから共同で使う方法があるのです！

❖ 関数だけをあるべき場所に移動させよう！

自作の関数は1箇所に置きます。その置き場となるフォルダを [htdocs] の中に作りましょう。共通という意味で [common] とでもしましょうか。一応.htaccessもコピーしておきましょう。この [common] フォルダの中に、hina.htmlをコピーしてcommon.phpにファイル名を変えます。common.phpをエディタで開いて、全部消しちゃいましょう。ヘッダーもすべて、思い切って全部です！　そこにこれだけ書いてください。

common.php　　　　　　　　　　　　　　　　　　　　　　　　　　●5-4-4

```
1 <?php
2 
3 ?>
```

この<?php と ?>の間に関数を書くのです。では、先ほどgengo.phpの中に書いたgengo関数を、丸ごとcommon.phpにコピーしてください。そしてgengo.phpに書いてあった

gengo関数は削除してしまってください！　これでしかるべき場所へと関数を移動することができました。

でも移動しちゃったから、またエラーが出てしまいます。[asobi]フォルダの中のgengo.phpから、[common]フォルダの中のcommon.php内の関数をどうやって使うのでしょう？　それを実現するのがrequire_once命令です。

● 5-4-5

> **require_onceで他の場所のプログラムを取り込め！**
>
> 関数を別のファイルに移動してしまいました。でもこの命令で自分のプログラム内に読み込むことができるのです。「インクルードする」と言ったりもします。
>
> **require_once('../common/common.php');**
>
> 読み込みたいプログラムファイルをフォルダ名とともに指定します。

では、すっかり淋しくなったgengo.phpにcommon.phpを取り込みましょう。

gengo.php　　　　　　　　　　　　　　　　　　　　　　　● 5-4-6

```
 9 |<?php
10 |
11 |require_once('../common/common.php');
12 |
13 |$seireki=$_POST['seireki'];
14 |
15 |$wareki=gengo($seireki);
16 |print $wareki;
17 |
18 |?>
```

これでcommon.phpがこのプログラムに取り込まれて、中に書いてある関数を呼ぶことができます。動かしてみてください。先ほどと変わりなく動きますね。これが関数の作り方、使い方です。また自分だけの命令が欲しくなったらcommon.phpに関数を追加していけばいいのです！

ただし、あまりに多くの関数を1つのファイルに詰め込むと、使わない関数まで毎回require_onceで読み込まれることになります。そのくらいたくさんの「関数持ち」になったらcommon.phpにこだわらず、種類ごとにファイルを分けるといいと思います。

5-4　プログラミングの楽しさの真髄！

遊びで身に付けた技術を使って!

5-5

ここで1つ、実用的な関数を作ってみましょう。

◆ 例えばサニタイジング関数なんてのがあったら…?

いろいろ遊んでみましたがどうでしたか? 遊びを通じて新しい技術がかなり身に付いたはずです。いよいよショッピングカートに入っていくのですが、せっかくですので、1つ、便利に使える関数を作って、すべてのプログラムに組み込んでみましょう。

XSS(クロスサイトスクリプティング)という悪い行為からあなたのWebサイトを守るために、$_POSTで受け取るたびhtmlspecialcharsでサニタイジングしなければなりませんでしたね。一発でサニタイジングを完了させる便利な関数があったらどうですか? なんか便利そうですね。そしてこの先、楽ができそうです♪

ちょっと高度な技ですので、もし理解できなければこのまま打ち込んで使ってもOKです。あまり無茶は言いませんが、できれば何をしているか理解してほしいです…。

行ってみましょう

◆ サニタイジング関数の仕様を決めよう!

ではサニタイジング関数の仕様を決めましょう。
・どんな関数?
　　関数名は「sanitize」
　　$_POSTの中身を全部サニタイジングした結果を返す関数。
　　$post=sanitize($_POST); のように使うことで、$POSTに返ってきた結果がコピーされる。
・方法は?
　　foreach文を使って$_POSTの中身を全部サニタイジングし、その結果を返す。
・その効果は?
　　今まで、

```
$jusho1=$_POST['jusho1'];
$jusho2=$_POST['jusho2'];
$tel=$_POST['tel'];
$mobile=$_POST['mobile'];
$onamae=$_POST['onamae'];

$jusho1= htmlspecialchars($jusho1);
$jusho2= htmlspecialchars($jusho2);
$tel= htmlspecialchars($tel);
$mobile= htmlspecialchars($mobile);
$onamae= htmlspecialchars($onamae);
```

と書かなければならなかったところが、この関数の実現によって、

```
$post=sanitize($_POST);
$jusho1=$post['jusho1'];
$jusho2=$post['jusho2'];
$tel=$post['tel'];
$mobile=$post['mobile'];
$onamae=$post['onamae'];
```

ここまで簡潔になる。

common.phpにサニタイジング関数を追加しよう！

それではcommon.phpにsanitize関数を追加しましょう。gengo関数のすぐ下に単純に追加して書きます。

common.php　●5-5-1

```
28 function sanitize($before)
29 {
30     foreach($before as $key=>$value)
31     {
32         $after[$key] = htmlspecialchars($value);
33     }
34     return $after;
35 }
```

何をしているか分かりますか？ $before変数で、呼び出し元のプログラムから$_POSTを受け取ります。つまりこの関数内では、$before変数が$_POSTそのものなのです。だから$beforeにはユーザーが入力したデータがたくさん入っていますね。住所やら電話番号やら…。foreach命令を使って、これらすべてを1つずつ取り出して、htmlspecialchars命令でサニタイジングし、$after変数に結果を突っ込んでいきます。すべてのデータのサニタイジングが終わったら、return命令で、呼び出し元に$after、つまりサニタイジングされたデータを返します。これがこのsanitize関数の一連の動作です。

呼び出し元は返された結果を、$postという$_POSTに似た名前の変数にコピーしているわけです。$postには、$_POSTのサニタイジング済みのデータが入っています。後は$post変数を、さも$_POSTであるかのように使えばいいのです。

❖ すべてのプログラムを直しちゃいましょう！

すでに作ったプログラムでサニタイジングをしているところ、すべてを直しちゃいましょう。例えば、staff_add_check.phpであれば、

staff_add_check.php　　　　　　　　　　　　　　　　　　　　　　　　　　●5-5-2

```
26 |<?php
27 |
28 |require_once('../common/common.php');
29 |
30 |$post=sanitize($_POST);
31 |$staff_name=$post['name'];
32 |$staff_pass=$post['pass'];
33 |$staff_pass2=$post['pass2'];
34 |
削除  $staff_name= htmlspecialchars($staff_name);
削除  $staff_pass= htmlspecialchars($staff_pass);
削除  $staff_pass2= htmlspecialchars($staff_pass2);
削除
35 |if($staff_name=='')
```

というように改造します。いいですか、ほかも全部このように改造してください。ちょっと大変ですが、それほどたくさんのプログラムをあなたは作ってきたのです。さあ、これらのプログラム全部を、がんばって改造していきましょう。

　　　　　　　　　　　　　　　　　　　　　　　　　　　　　　　　　　●5-5-2

[staff]　　　　　　　　**[product]**　　　　　　　　**[staff_login]**
staff_edit_check.php　　　pro_add_check.php ←　　　staff_login_check.php
staff_edit_done.php　　　 pro_add_done.php
staff_add_check.php(済)　 pro_edit_check.php ←　　　うっかり$_FILESを
staff_add_done.php　　　　pro_edit_done.php　　　　　いじらないよう気を付
　　　　　　　　　　　　　　　　　　　　　　　　　　けてくださいね。

最後のサニタイジングはちょっと高度でしたね。でもこれが理解できると、何でも作れそうな気がしませんか？「ん〜、なんとなく…」でもいいです。どんどん慣れていきましょう。プログラミングはスポーツや自動車教習と似ていて、やればやるほど慣れていきます。今は高度と感じていても、後で見ると、なんてことないと分かりますから。

さあ、ようやくここまで来ましたね。本当にがんばりました。次はいよいよお待ちかねの「ショッピングカート」ですよ！！

Chapter 6

憧れのショッピングカートを作ろう！

本章ではこれを作りますよ！

[shop] ショッピングカート

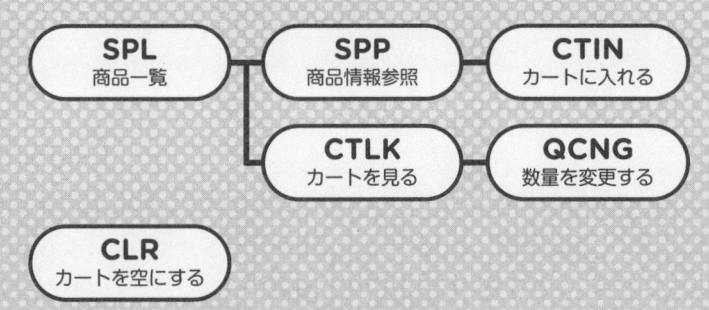

- **SPL** 商品一覧
  - **SPP** 商品情報参照
    - **CTIN** カートに入れる
  - **CTLK** カートを見る
  - **QCNG** 数量を変更する
- **CLR** カートを空にする

こんなキーワードが出てきますよ！

var_dump	array_splice
count	逆順ループ
for	in_array
チェックボックス	ifで複数判断

ショッピングカートって難しい？

がんばりましたね。もうあなたは大丈夫ですよ!

大変お待たせしました。
いよいよショッピングカートを作りますよ!
自分で作るなんて難しそうですね。
確かにハードルはちょっと高いです。
だから本書があるのです。
今までやってきたのは、とても大切なことでした。
前章の「遊び」も大変重要だったのです。
あなたは前章の過程で、いつの間にか、
ショッピングカートを作る技術を習得したのです!
これは大したことです。
さあ、自信を持って、
夢のショッピングカートを
いっしょに作っていきましょう!!

行ってみましょう

6-1 まずは商品を表示しよう！

ショッピングサイトだから商品の表示が必要ですね。
まずはここから作っていきましょう。

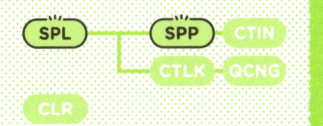

ショッピングカートを作る前に…

前章の遊びの最後で指示した改造は済んでますか？　「え！？飛ばしちゃった…」という方は本書のページを戻って、ちゃんと改造をしてから先に進んでくださいね。
さあ、いよいよショッピングカートの基本形をこれからいっしょに作っていきます。基本形ができてしまえば、あとはあなたのアイデア次第。自由にグレードアップすればいいのです。だから本書では見た目のデザインよりも、骨組みを優先します。「え？こんなに地味な画面なの？」と思うことでしょう。美しいデザインに仕上げるのは、後からあなたがやるのです。

商品一覧を作ろう！　▶▶ SPL

ショッピングをするからには、まずは商品の一覧が見えなければいけませんね。商品の一覧表示画面を作ってみましょう。何か気づきましたか？　そう、商品管理のときにも、お店のスタッフ用に作りましたね。あれをコピーして改造したら楽ができそうです。
[htdocs]フォルダの中に、[shop]というフォルダを作りましょう。このフォルダに、お客様がショッピングをするための画面を作っていきます。フォルダをUTF-8にするため、.htaccessをコピーしてください。これで準備ができました。さあ、[product]フォルダの中にあるpro_list.phpを[shop]フォルダにコピーして、ファイル名をshop_list.phpに変えてください。そして改造しましょう。

shop_list.php ● 6-1-1

```php
 1 <?php
 2 session_start();
 3 session_regenerate_id(true);
 4 if(isset($_SESSION['member_login'])==false)
 5 {
 6     print 'ようこそゲスト様　';
 7     print '<a href="member_login.html"> 会員ログイン </a><br />';
 8     print '<br />';
 9 }
10 else
11 {
12     print 'ようこそ';
13     print $_SESSION['member_name'];
14     print ' 様　';
15     print '<a href="member_logout.php"> ログアウト </a><br />';
16     print '<br />';
17 }
18 ?>
19 
```

後で会員登録を作ります。そのときのために今から認証を作り込んでおきます。

　　　　　　　　⋮

```
削除  print '<form method="post" action="pro_branch.php">';
47  while(true)
48  {
49      $rec = $stmt->fetch(PDO::FETCH_ASSOC);
50      if($rec==false)
51      {
52          break;
53      }
54      print '<a href="shop_product.php?procode='.$rec['code'].'">';
55      print $rec['name'].'---';
56      print $rec['price'].' 円 ';
57      print '</a>';
58      print '<br />';
59 }
削除  print '<input type="submit" name="disp" value=" 参照 ">';
削除  print '<input type="submit" name="add" value=" 追加 ">';
削除  print '<input type="submit" name="edit" value=" 修正 ">';
削除  print '<input type="submit" name="delete" value=" 削除 ">';
削除  print '</form>';
```

買い物しやすいように、ラジオボタンからリンクに変更します。

　　　　　　　　⋮

```
68 ?>
69 
削除  <br />
削除  <a href="../staff_login/staff_top.php"> トップメニューへ </a><br />
削除  
70 </body>
```

さあ、動かしてみましょう！

あれ？「会員ログイン」ってなんでしょうか？ これはあとで会員登録機能を作るときのために今から作り込んでおいたのです。そう、これから作るショッピングカートは、かなり本格的なものなんですよ。楽しみですね。

操作方法を考えてみましょう。スタッフ用の商品管理画面ではラジオボタンになっていましたね。これはちょっとお客様向けではない気がします。やっぱり商品名をそのままクリックさせてあげたいですね。そのためにラジオボタンをやめて、リンクにしました。飛び先はshop_product.phpとしました。URLに「?」マークをくっ付けてURLパラメータとして、商品コードを使っています。覚えてますか？ 以前やったgetです。「getはセキュリティ上あまり好ましくない」なんて言われますが、ここで次の画面に渡したいのは商品コードです。商品コードは個人情報ではないですね。ですのでgetで十分なんです。試しにどれか商品をクリックしてみてください。shop_product.phpをまだ作ってないので、画面は「Object not found!」のエラー画面になるはずです。ブラウザのURLを見てください。
http://localhost/shop/shop_pruduct.php?procode=1のようになっていますね。?procode=1の部分がgetでのデータ受け渡しが成功した証拠です。これを次に作るshop_product.phpで受け止めて、商品の詳細を表示しましょう！

ショッピングカートの1歩手前！ 商品の詳細画面を作ろう！ ▶▶ SPP

いよいよショッピングカートの1歩手前まで来ました。選ばれた商品の詳細を表示する画面をこれから作ります。この画面のどこかに「カートに入れる」という表示が出るようになります。焦らず少しずつ準備をしていきましょう！

まずは楽に作ることを考えましょう。商品の詳細表示はスタッフ用の商品管理で作りましたね。あれをコピーして改造するとよさそうです。[product]フォルダのpro_disp.phpを[shop]フォルダにコピーして、ファイル名をshop_product.phpに変えてください。そして改造しましょう。

shop_product.php ●6-1-2

```php
1 |<?php
2 |session_start();
3 |session_regenerate_id(true);
4 |if(isset($_SESSION['member_login'])==false)
5 |{
6 |    print 'ようこそゲスト様 ';
```

```
 7|        print '<a href="member_login.html"> 会員ログイン </a><br />';
 8|        print '<br />';
 9|}
10|else
11|{
12|        print 'ようこそ';
13|        print $_SESSION['member_name'];
14|        print ' 様 ';
15|        print '<a href="member_logout.php"> ログアウト </a><br />';
16|        print '<br />';
17|}
18|?>
19|
    :
58|{
59|        $disp_gazou='<img src="../product/gazou/'.$pro_gazou_name.'">';
60|}
61|print '<a href="shop_cartin.php?procode='.$pro_code.'"> カートに入れる </a><br /><br />';
62|
```

shop_list.phpのときと同じ改造です。
フォルダが変わったので画像の場所を指定してあげます。

「カートに入れる」画面へのリンクです。

shop_list.phpから動かしてみましょう。商品を選んでみてください。ちゃんと表示されますか？

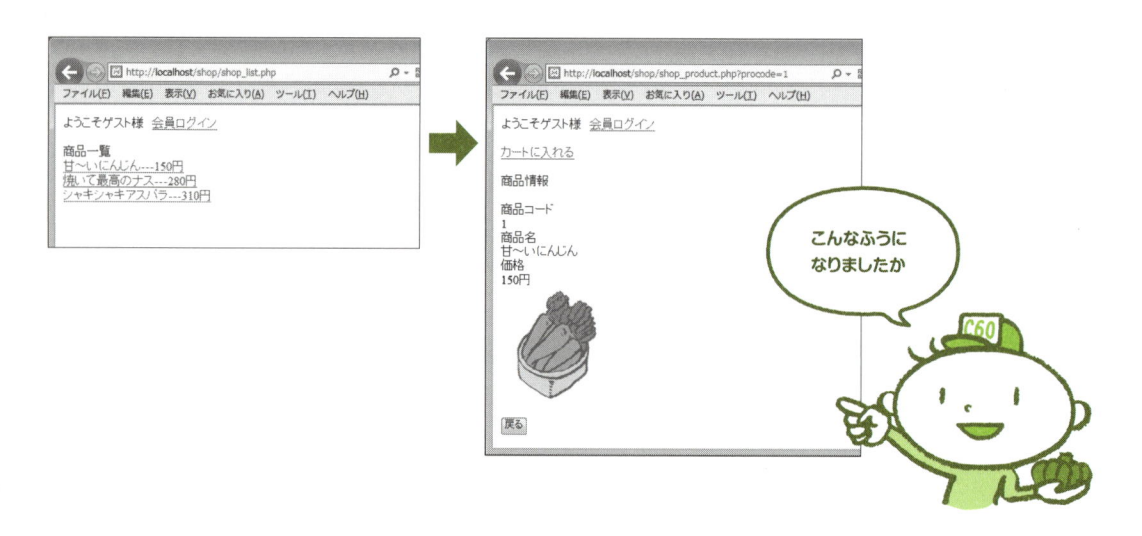

こんなふうになりましたか

さて、どう改造したのでしょうか。先頭にログインチェックがありましたね。後の会員登録機能のために、shop_list.phpと同じように改造しました。それから、フォルダが違うので、画像ファイルの場所の指定を変えました。そして、この後作る「カートに入れる」画面へのリンクを追加しました。

さあ、来ました！　まさにこのページで「カートへ入れる」をクリックしたいのですよね。これがやりたかったのですよね。ここまで本当に長かったですね。いよいよ作りますよ！！

6-2 「カートに入れる」機能を作ろう！

ようやくここまできましたね。いよいよですよ！

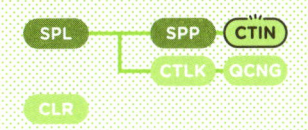

ようこそショッピングカートの世界へ！

ドキドキを抑えつつ、じっくり作っていきましょう。
では最初に言ってしまいます。実は、けっこう簡単なんです。そんなに難しくないんですよ。
「え〜〜〜！！じゃあ、なんで誰でも簡単に作れないの？」
それはショッピングカート（以下カートと呼んだりしますが同じです）を実現しようと思ったら、それにまつわる周辺のシステムが不可欠なのです。だからここまでショップの管理画面など、苦労していろいろ作ってきたわけです。それと、それを通じていろいろな技術を身に付ける必要がありました。だから簡単に作れるけど、大変な道のりが必要だったワケです。決して出し惜しみをしていたワケではありませんよ。

商品をカートへ入れる画面を作ろう！　▶▶ CTIN

shop_product.phpをコピーして、ファイル名をshop_cartin.phpに変えてください。そして改造しましょう。エディタで開いたら、
　　　$pro_code=$_GET['procode'];
の次の行から
　　　}
　　　catch (Exception $e)
　　　{
の前の行まで全部削除しちゃいましょう。
また、?>の次の行から、</body>の前の行までも全部削除します。

shop_cartin.php ●6-2-1

```
26 |<body>
27 |
28 |<?php
29 |
30 |try
31 |{
32 |
33 |$pro_code=$_GET['procode'];
34 |
35 |}
36 |catch (Exception $e)
37 |{
38 |     print 'ただいま障害により大変ご迷惑をお掛けしております。';
39 |     exit();
40 |}
41 |
42 |?>
43 |
44 |</body>
```

こんなにスッキリしちゃいました。ではこれに追加していきましょう。

shop_cartin.php ●6-2-2

```
26 |<body>
27 |
28 |<?php
29 |
30 |try
31 |{
32 |
33 |$pro_code=$_GET['procode'];
34 |
35 |$cart[]=$pro_code;            ←  カートに入れます。たったこれだけ!
36 |$_SESSION['cart']=$cart;      ←  どの画面でもカートを見られるように。
37 |
38 |foreach($cart as $key => $val)
39 |{
40 |     print $val;                        カートの中身を全部表示します。動作
41 |     print '<br />';                    テスト用ですので、後で削除しますよ。
42 |}
43 |
44 |}
         ⋮
51 |?>
52 |
53 |カートに追加しました。<br />
54 |<br />                                  「カートに追加しました。」という表示
55 |<a href="shop_list.php"> 商品一覧に戻る </a>   と、商品一覧に戻るリンクです。
56 |
57 |</body>
```

さて、$pro_code に商品コードが入っていますね。これをカートに入れるのです。カートの正体とは！？　ずばり、配列変数です。カートだから変数名は$cartとしてみました。カートに入れる方法はこれです！

　　　　$cart[]=$pro_code;

「え～～～、これだけ？」
そう、たったこれだけです。$cartという配列変数に商品コードを追加していくだけ、これこそがショッピングカートの正体なのです。あとは周辺を作り込んでいくだけなんですよ。

消えないように$_SESSIONに保存！

でも配列変数に突っ込んだだけだと、画面が遷移したらカートの中身が消えちゃいますね。だから$_SESSIONに保存するのです。$_SESSION、覚えていますか？　そう、ログインで使いましたね。データを入れておけば、どのページからもそのデータを見ることができる秘密文書です。$cartそのものを、$_SESSIONの中に丸ごと保管してしまえばいいのです。それが次の行なのです。
でも、これだけでは本当に追加されたか確認ができないので、仮に表示するためのプログラムも追加しました。あくまでも動作テスト用の表示なので、あとで削除することになります。

さあ、記念すべき初めてのショッピングカートを、動かしてみましょう！

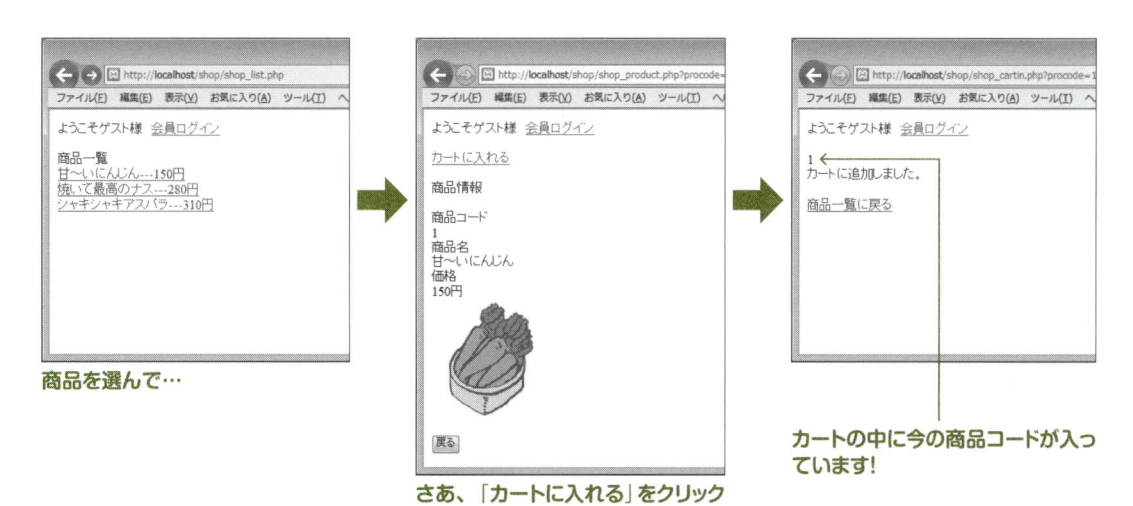

商品を選んで…

さあ、「カートに入れる」をクリックしましょう！

カートの中に今の商品コードが入っています！

「カートに追加しました。」の上に、今、カートに入れた商品の商品コードが出てますね。それでは商品一覧に戻って、別の商品もカートに入れてみましょう。

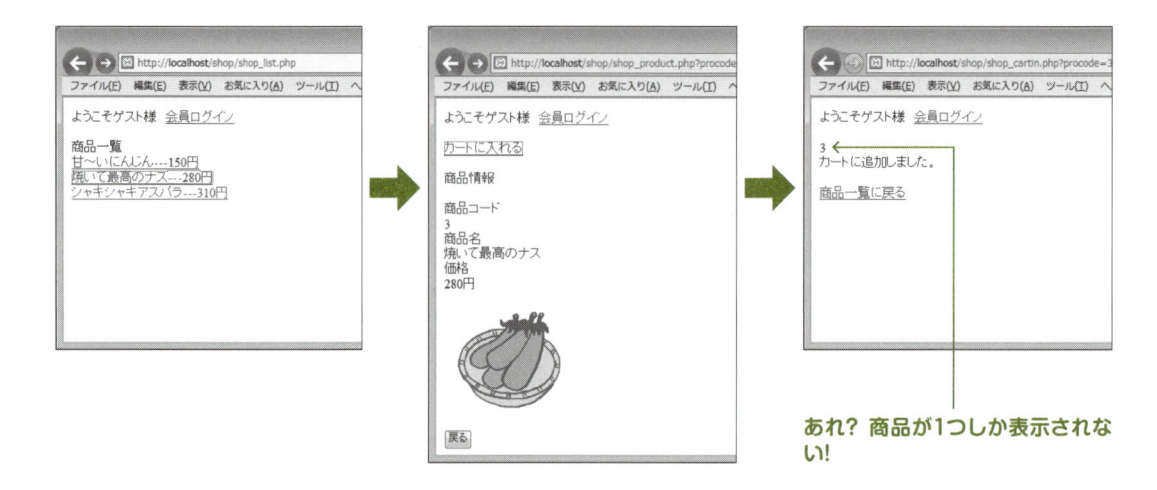

あれ？なんかおかしいですね。さっきカートに入れた商品のコードが消えてしまっています。今入れたばかりの商品のコードしか表示されていません。カートなら、さっきの商品と2つ表示されるはずです。これはどういうことでしょう？

❖ 前回のデータに追加する方法を伝授します！

そうなんです。このプログラムだと、商品一覧に戻った途端に$cartは消えてしまうのです。画面が遷移するからです。商品コードが再度$cartに1つだけ入り、その$cartが$_SESSIONに保管されます。

　　　　$_SESSION[cart]=$cart;

これだと前回のデータを上書きしてしまうのです。だから常にカートの中の商品は1つだけ。これは問題ですね。

さあ、どうすればいいのでしょう？　答えは簡単です。$cartに商品コードを入れる前に、$_SESSIONから現在の$cartのデータを$cartにコピーして、取り戻せばいいのです。

　　　　$cart= $_SESSION['cart'];

とすれば、前回のデータを$_SESSIONから取り戻せますね。そこに今回の商品を追加して、また$_SESSIONに保管すればいいのです。

shop_cartin.php　　　　　　　　　　　　　　　　　　　　　　　　　　　● 6-2-3

```
33 |$pro_code=$_GET['procode'];
34 |
35 |$cart=$_SESSION['cart'];      ←── 現在のカート内容を$cartにコピーする。
36 |$cart[]=$pro_code;            ←── カートに商品を追加する。
37 |$_SESSION['cart']=$cart;      ←── $_SESSIONにカートを保管する。
```

さあ、今度はどうでしょう？

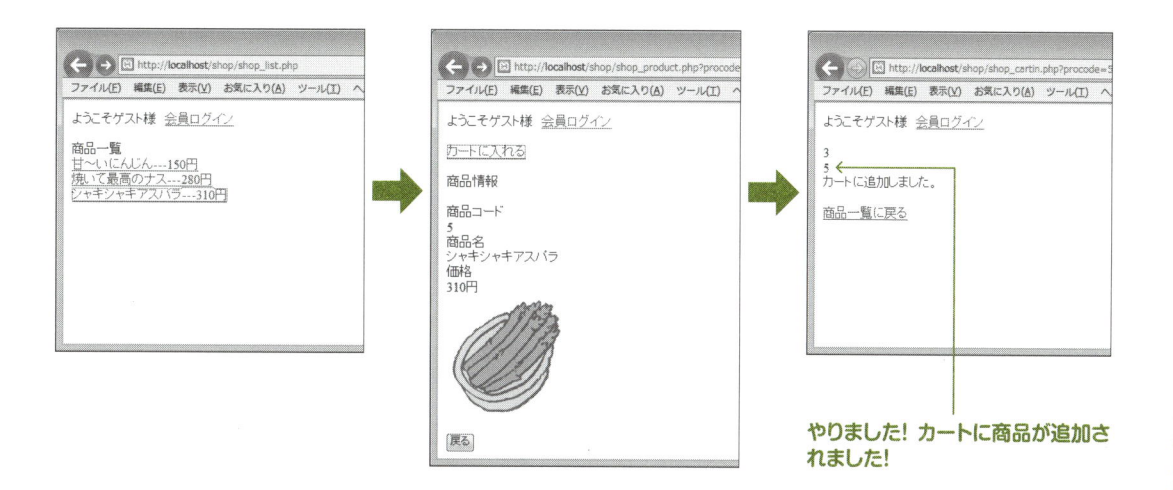

やりましたね！ 見事にカートに商品が追加されました。感動です。ようやくここまで来ましたね。さあ、あとちょっとです。

もう少し安全な作りにしよう！

ここで安全策を施します。1個目の商品をカートに入れる場面を考えてください。
　　　$cart= $_SESSION['cart'];
はどんな動きをするのでしょう？　最初はまだ$_SESSIONの中に$cartの内容など入っていませんね。空っぽを$cartにコピーするのは、プログラミングのセオリー上、あまりよろしくありません。実際、画面に警告メッセージが出てしまうと思います。それはよくないですね。

以前、issetという命令を使ったのを覚えていますか？　あれを使って、$_SESSIONの中にすでに$cartのデータがあるときだけ、コピーするようにします。これで1個目の商品をカートに入れるときの問題をクリアできます。では、改造しましょう。

shop_cartin.php ●6-2-4

```
34 |
35 |if(isset($_SESSION['cart'])==true)      ←「もし$_SESSIONにカートが入っていれば」
36 |{
37 |    $cart=$_SESSION['cart'];
38 |}
39 |$cart[]=$pro_code;
40 |$_SESSION['cart']=$cart;
41 |
削除  foreach($cart as $key => $val)
削除  {
削除      print $val;                       もう動作確認は済んだので削除します。
削除      print '<br />';
削除  }
42 |}
```

これで安全なプログラムになりました。動作確認のために表示している部分も削除しました。
これでショッピングカートに商品を入れる処理の完成です。
おめでとうございます！
これからもっと楽しいことになりますよ♪

6-3 カートの中身を見る画面を作ろう！

ネットショッピングをやったことのある方には、お馴染みの機能ですね。あれを作りましょう。

❖「カートの中身を見る」画面を作る前に！

商品をカートに入れることに成功しました。次は、今どれだけカートに商品を入れたか、お客様が確認するための「カートの中身を見る」画面を作っていくのですが、まずはshop_list.phpに「カートを見る」のリンクを追加します。飛び先はshop_cartlook.phpとしましょう。

shop_list.php ● 6-3-1

```
59 |}
60 |
61 |print '<br />';
62 |print '<a href="shop_cartlook.php"> カートを見る </a><br />';
63 |
64 |}
```

これで「カートを見る」画面に飛ぶことができます。ではカートを見る画面の本体を作っていきましょう。
さあ、ここから気を引き締めてください！
カートを見るだけの画面を伝授するのは簡単です。でもこの本は、みなさんが本格的なカートシステムを作るための橋渡しにしたいのです。「とりあえずカートっぽい」のが動けばいい、では済ませたくありません。ですので、後でみなさんのアイデア次第で改造できるような仕組みに今のうちからしておきたいのです。だからグッと高度なワザをこれから使います。できるだけ詳しく解説しますので、ここからは「なんとなく」ではなく、「一体何をしているのか、何のためにそうしているのか」をしっかり意識してください。まるでお勉強みたいに聞こえますか？　違います。お勉強ではありません。心の底から「へ～！」とか「なるほど！」と感じるために、気を引き締めて頂きたいのです。

❖ カートの中身を表示する仕組みを考えよう！

とりあえず表示してみる、というのは簡単なのですが、後々のことを考えて、あらかじめ全体の仕組みを考えておくことはとても大切です。この本は「とにかくやってみよう」を大切にしてきました。でも本格的になってくると、やはりじっくりと全体を見渡した仕組みを考えることが必要になってくるのです。これをアルゴリズムといいます。もうすこし大きい視点になると「詳細設計」といい、さらに大きい視点になると「基本設計」といいます。

え？難しそうですか？　恐れる必要はありませんよ。とうとうあなたもそのステップに立ったということです。素晴らしいことなのです。では、じっくり考えていきましょうか。

さて今、$_SESSIONの中には、選ばれた商品がいくつか入っています。ただし商品コードだけであり、商品名や価格は入っていませんね。画面に何を表示したいですか？　まさか商品コードだけでは、何のことか分かりませんね。やっぱり商品名や価格、画像なども出したいですね。それもカート内の商品全部が一覧表示となって…。どうやって実現しましょうか？

方法1.
- foreach命令を使って、カート内にある商品の数だけループさせる。
- そのループの中で、1商品ごとにSQL文でデータベースから商品名などの情報をもらう。
- print命令で画面に表示する。
- ループが終了するまで繰り返す。

方法2.
- foreach命令を使って、カート内にある商品の数だけループさせる。
- SQL文「SELECT code,name,price,gazou FROM mst_product WHERE code=?」の最後のcode=?を、ループ1周ごとに1つずつ増やしていく。
- もし3つ商品があれば、SQL文が「SELECT code,name,price,gazou FROM mst_product WHERE code=? OR code=? OR code=?」となるように。
- $data[]=$pro_code;　をループ1周ごとにやることで、code=?に対応した商品コードを$data配列に突っ込んでいく。
- ループが終了するまで繰り返す。
- SQL文を1回だけ実行し、データベースから商品の情報を一気に全部もらう。
- HTML文の中に <?php ～ ?> をいくつも書き、その中でprint命令で配列の内容を表示する。

方法3.
- foreach命令を使って、カート内にある商品の数だけループさせる。
- そのループの中で、1商品ごとにSQL文でデータベースから商品名などの情報をもらう。
- 商品の情報を配列に突っ込んでいく。
- ループが終了するまで繰り返す。
- HTML文の中に<?php ～ ?>をいくつも書き、その中でprint命令で配列の内容を表示する。

いろんな方法がありますね。プログラムって、答えが1つではないのです。言語ごとのクセ、人それ

ぞれのクセ、設計の徹底度、いろんな要因でぜんぜん違うプログラムが出来たりします。

方法1から検討してみましょう。これがいちばん馴染みがありますね。先ほど書いた「とりあえずなら簡単」というのがこれです。どこが問題なのでしょうか？
問題は本書を卒業した後に発生します。もっと綺麗な画面にしたいとき、デザインを決めるHTML文も全部PHPのprint命令を使わなければいけないのです。大変煩雑なプログラムになります。入門書としては、とても伝授しやすい方法なのですが、ここでは却下！とします。

次に方法2です。
グルグル回りながら、SQL文を作成していきます。回り終わったら、完成したSQL文で「1回だけ」データベースにアクセスし、必要なデータを全部もらっちゃいます。これを配列に突っ込んで、HTML文の中に散りばめるのです。データベースへのアクセスは1回で済みます。その後の表示も自由度があって良さそうです。データベースに1回だけアクセスするという点でも、セオリー的に完璧です。この方法2を採用したいとところです。
しかし悔しいことに問題が出てしまうのです。それは、指定した商品コードの順にデータベースが結果を返してくれるとは限らないという点です。順番がバラバラで返ってきてしまうのです。これでは画面に表示するときに、商品の並び方がぐちゃぐちゃになってしまいます。ソートという並べ替えをうまく使えば、やれないことはないのですが、けっこう面倒なことになってきます。ですので、悔しいですが却下とします。

次に方法3です。
これ分かりますか？　方法1のようにグルグル回りながら、データベースから商品データをもらいます。それをすぐに表示してしまうのではなく、いったん配列に突っ込んでおくのです。そして、HTML文の中に<?php 〜 ?>のブロックを散りばめて、配列の内容を表示します。
これだと、HTMLのデザインがかなり自由になります。テーブルを組んでもいいし、CSSももちろん使えます。<?php print $kakaku[i]; ?>のような文をいたるところに入れなければならないですが、方法1よりはずいぶんマシです。いいですね。これでいけそうですね。
ところで問題はないのでしょうか？　この方法3は「データベースエンジンへのアクセスはできれば1回で済ませたい」というセオリーに反します。しかし何千回、何万回もグルグル回るワケではありません。せいぜいカート内の商品の数だけですから、データベースエンジンに大きな負荷がかかるとは思えません。プログラムもシンプルになりそうです。メリットがたくさんあるので、思い切ってセオリーに反して作ってみるのも正解です。「そんな難しい判断できないよ」という方、プログラミングに慣れてくると、こういう判断も少しずつできるようになっていきますよ。

ということで、方法3を採用しましょう！

「カートを見る」画面を作ろう！ ▶▶ CTLK

shop_product.phpをコピーしてファイル名をshop_cartlook.phpに変更します。これを改造します。

shop_cartlook.php　　　　　　　　　　　　　　　　　　　　　●6-3-2

```
31 |{
32 |
削除 $pro_code=$_GET['procode'];  ←──────── 不要なので削除します。
33 |$cart= $_SESSION['cart'];  ←──────── 保管していたカートの中身を戻します。
34 |var_dump($cart);  ←──────── カートの中身を仮に表示するワザです!
35 |exit();  ←──────── いったんここで、動作を止めます!!
36 |
37 |$dsn = 'mysql:dbname=shop;host=localhost' ;
```

$pro_code=$_GET['procode']; は要りませんね。削除しました。代わりに、$_SESSIONからカートをコピーするプログラムを書きました。これで$cartの中には、お客様がカートに入れた全商品が入っています。ホントに？ それを確認しなければいけません。

foreach命令を使ってループを組んで表示してもいいのですが、ちょっと確認したいだけ、というときに使えるワザを使いました。これはプログラムの開発中に使うと、とても便利な命令です。それが必殺技var_dumpです！

●6-3-3

これが必殺技var_dumpだ!

動作テストやデバッグによく使う命令です。とても便利なので覚えておきましょう!

var_dump($cart);

　　　　　└─── ここに書いた配列の内容のすべてを、解説付きで画面に表示してくれます。

今はカートの中身を確認したいだけなので一旦プログラムを停止するためにexit();も入れました。さあ、これでじっくりと作っていけます。動かしてみましょう。shop_list.phpから動かし、まずはカートに商品をいくつか入れてください。そして「カートを見る」をクリックしてみましょう！

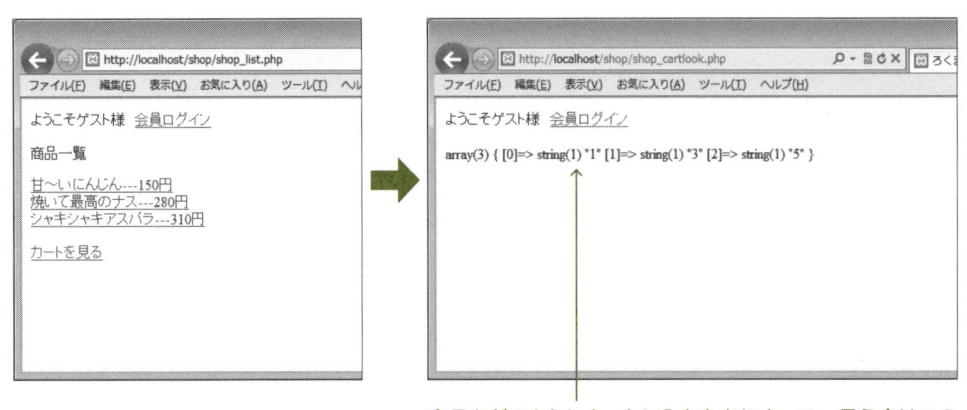

商品をどのようにカートに入れたかによって、見え方はこのとおりではないかもしれません。

こんな画面が出ましたか？　この例では商品を3つカートに入れてみました。var_dumpによって$cartの内容が表示されています。array(3)の3は、配列の中のデータの数が3つですよ、という意味です。string(1)の1は文字の長さです。[0]=> string(1)の次の" 1" が$cart[0]の内容、[1]=> string(1) の次の" 3" が$cart[1]の内容です。つまりそれが商品コードです。どうやらうまくいったようです。

うまくいったことが確認できたところで、var_dumpとexitを削除しましょう。

shop_cartlook.php　　　　　　　　　　　　　　　　　　　　　　　　　　●6-3-4

```
33 |$cart= $_SESSION['cart'];
削除 var_dump($cart);
削除 exit();
34 |
```

また、

```
    $sql = 'SELECT name,price,gazou FROM mst_product WHERE code=?';
```

から、

```
    print '<a href="shop_cartin.php?procode='.$pro_code.'">カートに入れる
    </a><br /><br />';
```

までを削除し、商品情報参照
から、<form>の前の
まで、これも削除しましょう。

shop_cartlook.php　　　　　　　　　　　　　　　　　　　　　　　　　　●6-3-5

```
39 |$dbh->query('SET NAMES utf8');
40 |
41 |}
42 |catch (Exception $e)
43 |{
44 |     print ' ただいま障害により大変ご迷惑をお掛けしております。';
45 |     exit();
46 |}
47 |
48 |?>
49 |
50 |<form>
51 |<input type="button" onclick="history.back()" value=" 戻る ">
52 |</form>
53 |
54 |</body>
```

こんなにスッキリしちゃいました。ここにカートの内容を表示するプログラムを組んでいきます。カート内の商品の数だけループが回って、商品名と価格と商品画像を表示したいですね。foreachループを組もうとしたあなた、だいぶプログラムに慣れてきましたね。こんなプログラムを追加しましょう。よく理解しながら打ってくださいね。

焦らないでね

shop_cartlook.php　　　　　　　　　　　　　　　　　　　　●6-3-6

```
39 |$dbh->query('SET NAMES UTF-8');
40 |
41 |foreach($cart as $key => $val)
42 |{
43 |    $sql = 'SELECT code,name,price,gazou FROM mst_product WHERE code=?';
44 |    $stmt = $dbh->prepare($sql);
45 |    $data[0]=$val;           ← 0と明示的に書いたのは、ループ
46 |    $stmt->execute($data);      が回るたびに1、2、3…となって
47 |                                しまわないためです。
48 |    $rec = $stmt->fetch(PDO::FETCH_ASSOC);
49 |
50 |    $pro_name[]=$rec['name'];
51 |    $pro_price[]=$rec['price'];
52 |    if($rec['gazou']=='')
53 |    {
54 |        $pro_gazou[]='';
55 |    }
56 |    else
57 |    {
58 |        $pro_gazou[]='<img src="../product/gazou/'.$rec['gazou'].'">';
59 |    }
60 |}
61 |$dbh = null;
62 |
```

「これを打ち込めばいいんでしょ。」ではダメです。じっくりプログラムを眺めて、目で追って、何をしているのかちゃんと理解してください。とくにforeachは分かりにくいので、foreachについて解説したページに戻ったりしながら、このプログラムの内容を理解してください。

さあ、これでデータが配列に入っています。$pro_name[]と$pro_price[]と$pro_gazou[]ですね。

続いて、表示するプログラムを追加しましょう。ではforeachを使って…　いえ、違います。表示したい配列が1つならforeachでいいでしょう。でも配列変数が3つもありますね。困りました。そこで登場するのがcount命令とforループ命令です！

●6-3-7

これが配列内のデータ数を知るcount命令!

どうしても事前に配列内のデータ数が知りたいときに使う命令です。

$max=count($cart);

　　　　　　└─ ここに書いた配列内のデータ数を教えてくれます。

もし、$cart[0]、$cart[1]、$cart[2]にデータが入っていたとしたら、結果は3になります。

● 6-3-8

これがループの王道for命令だ!

while、foreachと並ぶ、3大ループ命令の1つ、まさに王道です。

for($i=0 ; $i<100 ; $i++)
{

}

1回ループが回るたびに$iの値を1増やします。
$iが100に達しない間、回り続けます、という意味です。
$iという変数の最初の値を0にします。

この例だと、$iが、0、1、2、・・・、97、98、99でループが終了します。
forループでは、昔からの慣習として変数名に$iを使うことが多いです。本当は何でも構いません。

王道です

配列内のデータの数が分かれば、forループを組み、
　　print $pro_name[$i];
　　print $pro_gazou[$i];
　　print $pro_price[$i];
こんなふうに書いて、$iが0、1、2…と1つずつデータの数だけ勝手に増えて回ってくれたら、とってもスッキリ書けますね。

ではこんなプログラムを追加してみましょう。しつこいようですが、よ〜く考えて理解しながら打ってくださいね。

shop_cartlook.php
● 6-3-9

```
33|$cart= $_SESSION['cart'];
34|$max=count($cart);
    ⋮
62|$dbh = null;
63|
64|for($i=0;$i<$max;$i++)
65|{
66|    print $pro_name[$i];
67|    print $pro_gazou[$i];
68|    print $pro_price[$i].'円 ';
69|    print '<br />';
70|}
71|
```

さあ、動かしてみましょう。「カートを見る」をクリックしてみてください。

6-3 カートの中身を見る画面を作ろう!

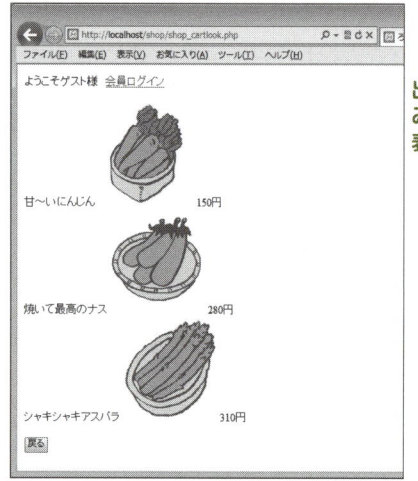

出ましたね！
みごとにカートの中身が
表示されました。

おめでとう
ございます

おめでとうございます。カートの中身が出ましたね！
これでもよさそうですが、本書を卒業した後、キレイなデザインにするために、forループ命令で表示したプログラムを、PHPの領域からHTMLの領域へと引っ越ししておきます。

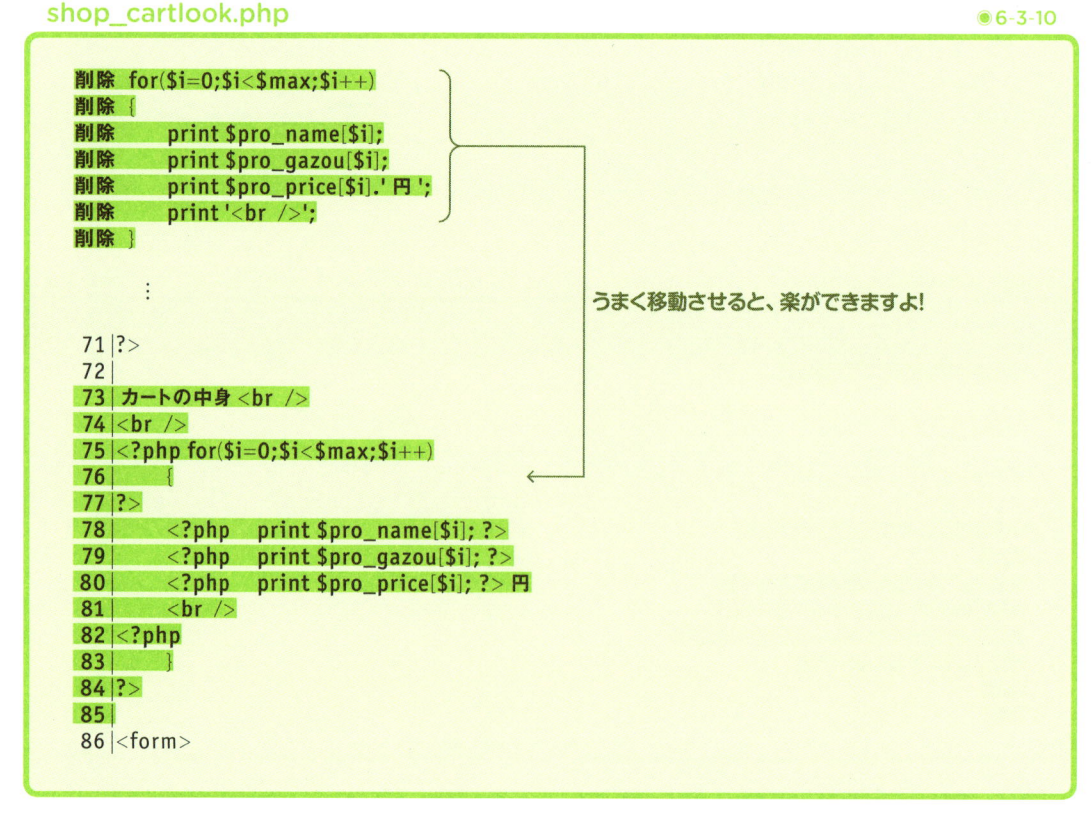

shop_cartlook.php

●6-3-10

```
削除  for($i=0;$i<$max;$i++)
削除  {
削除      print $pro_name[$i];
削除      print $pro_gazou[$i];
削除      print $pro_price[$i].' 円 ';
削除      print '<br />';
削除  }
         :
71 |?>
72 |
73 |カートの中身 <br />
74 |<br />
75 |<?php for($i=0;$i<$max;$i++)
76 |     {
77 |?>
78 |     <?php   print $pro_name[$i]; ?>
79 |     <?php   print $pro_gazou[$i]; ?>
80 |     <?php   print $pro_price[$i]; ?> 円
81 |     <br />
82 |<?php
83 |     }
84 |?>
85 |
86 |<form>
```

うまく移動させると、楽ができますよ！

これで動かしてみましょう。「カートを見る」をクリックしてみてください。先ほどと変わらない画面が出ていますね。

6-4 カートを空にする画面を作ろう！

今後の動作テストのために、この画面を作っておきましょう。

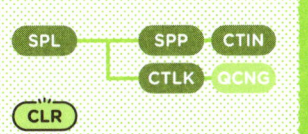

カートを空にする画面を作ろう！ ▶▶ CLR

早く次へ進みたいところですが、その前に、カートを強制的に空っぽにする画面を作ります。なぜかと言うと、これから商品をカートに入れたり、数を変えたり、いろんな実験をしながら進めていきます。いったんカートを空にして、最初から動作確認をやり直したい場合もあるでしょう。そのような動作確認のためだけに、カートを強制的に空っぽにするための画面を作っておこうと思うのです。[staff_login]フォルダのstaff_logout.phpを[shop]フォルダにコピーして、ファイル名をclear_cart.phpに変えてください。clear_cart.phpをエディタで開き、改造します。

clear_cart.php ●6-4-1

```
16|<body>
17|
18|カートを空にしました。<br />
削除  <br />
削除  <a href="../staff_login/staff_login.html">ログイン画面へ</a>
19|
20|</body>
```

実は、やることはログアウトとほとんど変わらないんです。
ではclear_cart.phpを動かしてみましょう。

行ってみましょう

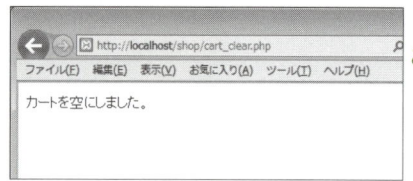

これでカートの中身がクリアされました。

　これでカートは空っぽです。確認のためにshop_list.phpを動かし、「カートを見る」をクリックしてみてください。もうさっきのように商品は出てきませんね。これで、いつでも実験をやり直せます。XAMPPのバージョンによっては、NoticeやWarningが出ているかもしれませんが、これは後で対策をしますのでご安心ください。
　この画面はあくまでも開発用ですので、shop_list.phpからリンクを張ったりはしません。最終的には不要になります。

6-5 商品の購入数を変える機能を追加しよう!

「あ!やっぱり買うのは1つじゃなくて3つだった!」そんなときに必要な機能です。

SPL — SPP — CTIN
  └ CTLK — **QCNG**
CLR

「カートに入れる」ときに数量「1」を入れる! ▶▶ CTIN

商品の「数量」を追加するためには、どこから手を付けたらいいのでしょうか。やはり「カートに入れる」機能の改造からですね。なぜかと言うと、それが何個であれ、カートに入れる商品にはそれぞれ個数があるのに、今のプログラムでは数量というものを扱っていないからです。数量を扱うようにプログラムを追加する必要があります。

ではshop_cartin.phpを改造しましょう。見たままで簡単ですよ。

shop_cartin.php　　　●6-5-1

```
35 |if(isset($_SESSION['cart'])==true)
36 |{
37 |    $cart=$_SESSION['cart'];
38 |    $kazu=$_SESSION['kazu'];   ← もしここに来るのが2回目以降なら $_SESSION['cart']が存在しているはずであり、さらに、$_SESSION['kazu']も必ず存在するはずですので、同じif文の中に入れて構いません。
39 |}
40 |$cart[]=$pro_code;
41 |$kazu[]=1;   ← 数量「1」を入れてます。
42 |$_SESSION['cart']=$cart;
43 |$_SESSION['kazu']=$kazu;   ← あとで取り出せるように保管。
44 |
```

これだけです。これで商品コードに加えて、数量1という情報が入りました。

「カートを見る」画面に数量を出してみよう!

shop_cartlook.phpを改造しましょう。$_SESSIONから数量を取り出して、それをHTML部分で表示します。

shop_cartlook.php　　　●6-5-2

```
33 |$cart= $_SESSION['cart'];
34 |$kazu= $_SESSION['kazu'];
35 |$max=count($cart);
        ⋮
81 |      <?php    print $pro_price[$i]; ?> 円
82 |      <?php    print $kazu[$i]; ?>
83 |      <br />
```

これで数量「1」が出るはずです。動かしてみましょう。

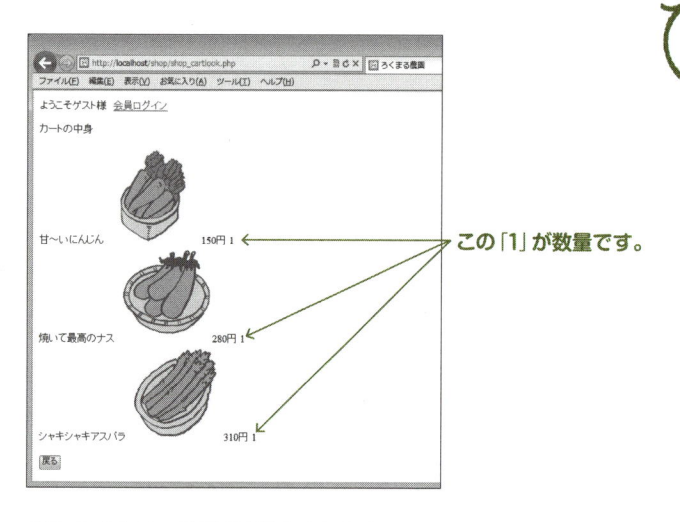

こんなふうになりましたか

この「1」が数量です。

どうですか？　数量「1」が出ましたね。

❖ 数量を変更できるようにしよう！

まだ数量は「1」ですね。これを変更できるように改造していきます。どう改造したらいいのでしょうか。
まずは先に改造しちゃいましょう。解説は後まわしです。

shop_cartlook.php　　　●6-5-3

```
75 |<br />
76 |<form method="post" action="kazu_change.php">    ← 飛び先を追加します。
77 |<?php for($i=0; $i<$max; $i++)
        ⋮
82 |      <?php print $pro_price[$i]; ?> 円
```

```
83|            <input type="text" name="kazu<?php print $i; ?>" value="<?php print $kazu[$i]; ?>">
84|            <br />
    ⋮
87|?>
削除
削除  <form>
88|<input type="hidden" name="max" value="<?php print $max; ?>">
89|<input type="submit" value=" 数量変更 "><br />
90|<input type="button" onclick="history.back()" value=" 戻る ">
```

↑ kazu0、kazu1、kazu2…を作り出しています。

どんな改造をしたのでしょうか？　そうです。<form>～</form>を使って数量を入力できるようにしたのです。改造前はボタンだけを<form>～</form>でくくっていましたが、カート内を一覧表示するループの外側全体をくくるように変えました。数量は表示しているだけでしたが、ここを<input>タグに置き換えることで、数量を入力できるようにしました。

ただし、商品データが複数あるので、nameには商品ごとに異なる名前を付けなければいけません。kazu0、kazu1、kazu2…となるようにしました。また、だいぶ以前に解説した、テキストボックスへあらかじめデータをセットするテクニックも使っています。

ちょっと複雑になってきましたので、よ～くプログラムを見てくださいね。「へ～なるほど」と理解できるまで、じっくり考えてください。「難しい」という方のために、いちばん分かりづらそうな部分をちょっとだけ解説しますね。

● 6-5-4

「nameに別名を付ける」とはこういうこと!

もしすべてname="kazu"だったとしたら、飛び先の画面では$_POST['kazu']としか書けません。どの商品の数量か区別が付かないのです。
だから本来はこうしたいのです。

```
<input type="text" name="kazu0">
<input type="text" name="kazu1">
<input type="text" name="kazu2">
         ・
         ・
         ・
```

でも実際には、ループで複数行にしています。
また、商品がいくつなのか一定ではありません。だからプログラムで上記
と同じになるようにkazu0、kazu1、kazu2…を作り出しているのです。

```
<input type="text" name="kazu<?php print $i; ?>">
```

あれ? ドット「.」で連結していませんね。
これでいいのです。理由は簡単。PHPの領域ではなくて、HTMLの領域に書いているからです。

分かりましたか？　分かるまでじっくり考えてくださいね。

そして数量を変更するプログラムkazu_change.phpに飛ぶための［数量変更］ボタンを追加しました。また、カート内商品の種類の数、$max の内容を飛び先の画面でも使えるようにhiddenで渡してあげました。たぶん使うと思ったからです。$_SESSIONに入れるのではなく、hiddenで渡す方式にしたのには理由があります。あまり$_SESSIONに突っ込み過ぎると管理が大変になるからです。$_SESSIONに突っ込むのは最低限のデータにしておいた方がいいのです。

さあ、では［数量変更］ボタンをクリックしてみてください。「Object not found!」のエラーが出ればOKです。

数量を変更しよう！　▶▶ QCNG

kazu_change.phpは、なんの表示もしないで、数だけ変更して、すぐshop_cartlook.phpに帰ってくるようにします。だからお客様には見えないページになります。

hina.htmlを［shop］フォルダにコピーし、ファイル名をkazu_change.phpに変えてください。kazu_change.phpをエディタで開き、全部削除しちゃいます。そしてこんなプログラムを書きましょう。

kazu_change.php　　●6-5-5

```php
1  <?php
2      session_start();
3      session_regenerate_id(true);
4  
5      require_once('../common/common.php');
6  
7      $post=sanitize($_POST);
8  
9      $max=$post['max'];
10     for($i=0;$i<$max;$i++)
11     {
12         $kazu[]=$post['kazu'.$i];
13     }
14  
15     $_SESSION['kazu']=$kazu;
16  
17     header('Location: shop_cartlook.php');
18 ?>
```

こんな順序で数量を変更しています。
- セッションを開始（$_SESSIONを使うので必ずこの2行が必要です）
- 共通関数を読み込む（インクルード）。
- $_POSTをサニタイジングして$postにコピー。
- 商品の種類の数を$postから$maxにコピー。
- 商品の数だけ回るforループを組む

・ループの中で、前の画面で入力された数量を配列に入れていく。
　※kazu0、kazu1、kazu2…の文字をプログラムで作り出しながら数量を取り出す。
・$_SESSIONに$kazuを保管する。
・shop_cartlook.phpに戻る。

shop_cartlook.phpに戻れば、プログラムの先頭の方で、$_SESSIONから$kazuを取り出していましたね。これは今まさに書き換えられたばかりの数量データです。この数量データをテキストボックスの初期値として表示してくれるはずです。

では、どの商品でもいいので、数量を変更してから［数量変更］ボタンをクリックしてみてください。

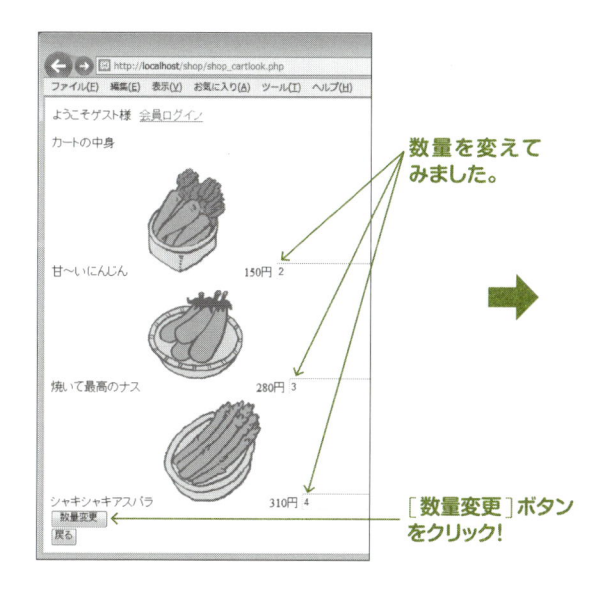

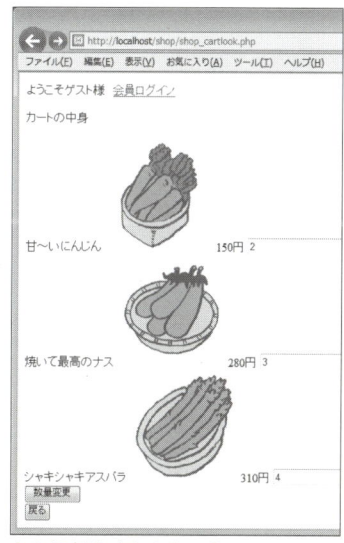

数量を変えてみました。

［数量変更］ボタンをクリック！

あれ？ 何も変わらない？

え？何も変わらないって？　いえいえ、ブラウザの余白部分を右クリックして「ソースの表示」などの機能を使ってHTMLを覗き見してみてください。数量を2に変更したところの<input>タグは、value="2"のようになっているはずですよ。見事に変更された証拠です！

合計金額を出そう！

それでも本当に数量が変更されたのか、ちょっと分かりにくいですか？　ん〜、確かにそうですね。では合計金額が画面に出ていたらどうでしょう。変更されたことがわかるはずですね。¥150の商品の数量を1から2に変えれば、合計金額は¥300になるはずです。「カートを見る」画面に、商品ごとの合計金額を表示してみましょう。方法は簡単です。単価と数量の掛け算をして、答を表示すればいいだけです。

これが四則演算（足す・引く・掛ける・割る）だ！

「+」「-」「*」「/」で計算ができます。

```
$a=20;
$b=10;
print '足し算の結果は、';
print $a+$b;
print '<br />';
print '引き算の結果は、';
print $a-$b;
print '<br />';
print '掛け算の結果は、';
print $a*$b;
print '<br />';
print '割り算の結果は、';
print $a/$b;
print '<br />';
```

→ 結果はこうなります。

```
足し算の結果は、30
引き算の結果は、10
掛け算の結果は、200
割り算の結果は、2
```

変数を介して計算することもできます。

```
$c=$a+$b;
print '足し算の結果は、';
print $c;
```

→ 結果は同じですね。

```
足し算の結果は、30
```

算数のようにカッコ内を先に計算することもできます。

```
print '3割引後は、';
print ($a+$b)*0.7;
```

→ 30%引きなら0.7を掛けますね。

```
3割引後は、21
```

「プログラミングは数学が得意な人向き」なんて、思い込んでいる方が多いですね。しかし実際には、このような算数レベルの計算しか使わない場合がほとんどです。ですので、文系の方も安心してくださいね。

では、shop_cartlook.phpを改造しましょう。

shop_cartlook.php

```
83|        <input type="text" name="kazu<?php print $i; ?>" value="<?php print $kazu[$i]; ?>">
84|        <?php print $pro_price[$i] * $kazu[$i]; ?>円
85|        <br />
```

プログラミングの世界で×（掛ける）はアスタリスクを使います。

[数量変更]ボタンを押してみてください。

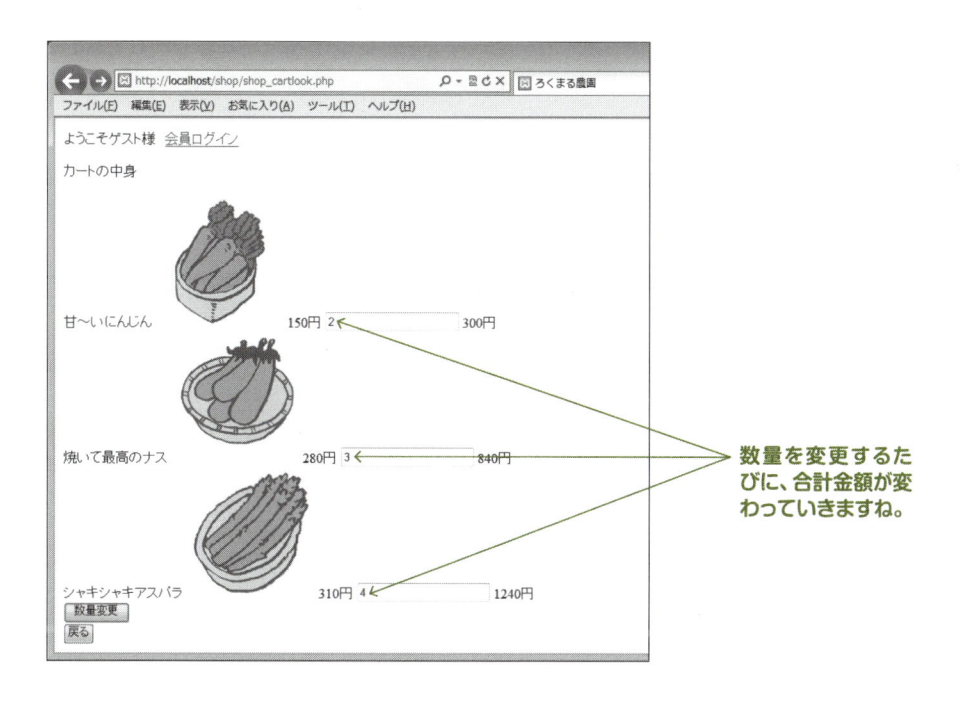

> 数量を変更するたびに、合計金額が変わっていきますね。

どうですか？　合計金額が変わってますよね。
これで数量変更機能の完成です。
おめでとうございます！

6-6 カートから商品を削除する機能を作ろう！

「しまった！買うのこれじゃない…」そんなときに必要な機能です。

商品にチェックを入れて削除する機能を追加しよう！ ▶▶ CTLK

お客様が商品をカートに入れたのに「しまった。これ買うのやめた」となったとき、どうしたらいいのでしょうか。数量を0にする？ それもいいですね。でも削除する機能がやっぱり欲しいところですね。

ここでは、削除のためのチェックボックスを各商品に付けます。そこにチェックを入れて［数量変更］ボタンをクリックしたら削除できるようにしましょう。
shop_cartlook.phpを改造しましょう。

shop_cartlook.php ●6-6-1

```
84|        <?php print $pro_price[$i] * $kazu[$i]; ?> 円
85|        <input type="checkbox" name="sakujo<?php print $i; ?>">
86|        <br />
```

カートを見る画面にしてみてください。

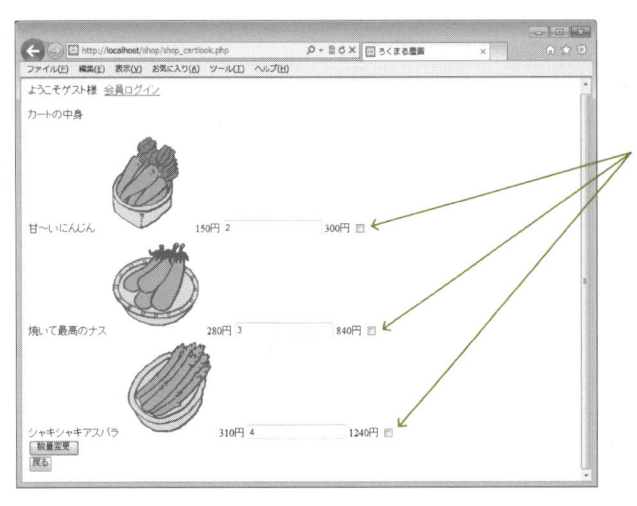

チェックボックスが出ていますね。

さて飛び先の画面では、どの商品がチェックされたのかを、どうやって知るのでしょうか？

●6-6-2

これがチェックボックスの使い方だ！

画面に出すには**type="checkbox"**とするだけで**OK**です。
さて、**name**をどうするかです。

<input type="checkbox" name="sakujo">

チェックボックスにはそれぞれ別の名前を付けます。

```
<input type="checkbox" name="sakujo0">
<input type="checkbox" name="sakujo1">
<input type="checkbox" name="sakujo2">
```

どの商品がチェックされたか、飛び先ではこうやって知ることができます。

```
if(isset($_POST['sakujo0'])==true)
{
    print '0番目がチェックされた<br />';
}
if(isset($_POST['sakujo1'])==true)
{
    print '1番目がチェックされた<br />';
}
if(isset($_POST['sakujo2'])==true)
{
    print '2番目がチェックされた<br />';
}
```

この例では3つですが、実際はループで回しながら、
nameが別の名前になるようにしています。

これでshop_cartlook.phpに削除のためのチェックボックスが追加されました。プログラムは何をしているか、理解できていますか？
数量のときと同じ要領で、nameをsakujo0、sakujo1、sakujo2…と番号を付けることで別々の名前にしています。もしsakujo0のチェックボックスがチェックされていたらカート内の0番目の商品を削除、もしsakujo1のチェックボックスがチェックされていたらカート内の1番目の商品を削除すればいいですね。

❖ 配列を削除する方法を知ろう！

削除を実行する機能を作る前に、配列の○番目を削除する方法を知っておきましょう。

● 6-6-3

これが配列の要素を削除する命令 array_splice だ！

指定した要素を削除して、それ以降を前へ詰めてくれます。

array_splice($yasai,3,1);

- 配列変数名です。
- 何番目を削除したいか（0から始まります）。
- いくつ分削除したいか。

上の例を実行すると、　➡　こうなります。

$yasai[0]・・・ジャガイモ　　　　　　　　　$yasai[0]・・・ジャガイモ
$yasai[1]・・・ピーマン　　　　　　　　　　$yasai[1]・・・ピーマン
$yasai[2]・・・トマト　　　　　　　　　　　$yasai[2]・・・トマト
$yasai[3]・・・シイタケ ← これが削除される!　$yasai[3]・・・大根
$yasai[4]・・・大根

では、実際のプログラムの流れを考えてみましょう。仮に、4種の野菜がカートに入っていたとします。配列がイメージできるよう、分かりやすく0から番号をつけてみましょう。

　　　0.にんじん　1.ナス　2.アスパラ　3.キャベツ

ナスとアスパラを削除したいとします。つまり、1と2を削除するわけですね。たぶんループで4回まわしながら削除していくことになると思います。

- ・最初のループ・・・0は削除しません。
　　　　　0.にんじん　1.ナス　2.アスパラ　3.キャベツ
- ・次のループ・・・　1を削除するのでこうなります。
　　　　　0.にんじん　1.アスパラ　2.キャベツ
- ・次のループ・・・　2を削除するのでこうなります。
　　　　　0.にんじん　1.アスパラ
- ・次のループ・・・　3は削除しません。
　　　　　0.にんじん　1.アスパラ
- ・ループ終了

さて、結果は？

　　　　　0.にんじん　1.アスパラ

あれ～？　おかしいですね。思惑では、0.にんじん　1.キャベツ、となっているはずでした。そうなんです。削除すると、それ以降の番号が全部前倒しでずれてしまうからなんです。これは困りました。どうしたらいいのでしょう？　もはや頭がついていけませんか？　大丈夫です。逆転の発想で一発解決しますよ！

逆転の発想！後ろから削除せよ！ ▶▶ QCNG

先頭の0から順番に削除するのではなく、後ろから逆カウントして削除していくのです。どういうことかって？　はい、ではじっくりと見てくださいね。

   0.にんじん　1.ナス　2.アスパラ　3.キャベツ

ナスとアスパラを削除したいのですね。つまり、1と2ですね。forループを逆順に組みます（あとで方法は伝授いたします）。

- 最初のループ・・・3は削除しません。
     0.にんじん　1.ナス　2.アスパラ　3.キャベツ
- 次のループ・・・2を削除するのでこうなります。
     0.にんじん　1.ナス　2.キャベツ
- 次のループ・・・1を削除するのでこうなります。
     0.にんじん　1.キャベツ
- 次のループ・・・0番目は削除しません。
- ループ終了

さて、結果は？

   0.にんじん　1.キャベツ

はい、お望みどおりですね。削除した結果ずれてしまうのは後ろ側です。ループは前へ前へと逆カウントしていきますので、何ら影響を受けないのです。手順のこのような組み立てや並べ方を総称して「アルゴリズム」と呼ぶのでしたね。

●6-6-4

これが逆順ループだ！

forループを逆順に回す方法を伝授します。

これが普通のforループ。

for ($i=0; $i<100; $i++)

結果はこうなりますね。
0、1、2、3、・・・97、98、99

（実際使うことは少ないですけどね）

そして、これが逆順ループです！

for($i=99; 0<=$i; $i--)

- 開始の数
- 「0以上の間回っていなさい」という意味
  0<$iだと0を含まないので0<=$iと書きます
- 「1回まわるごとに1減らしなさい」という意味

結果はこうなります！
99、98、・・・2、1、0

さて、これから削除機能を追加しますが、大切なことを忘れてはいけません。このプログラムではすでに数量も扱っていますので、もし3番目の商品を削除したかったら、$cart［3］と$kazu［3］の両方を削除しなければいけませんね。$cartと$kazuのペアで1つのカートですから。そこを忘れず、kazu_change.phpを改造しましょう。

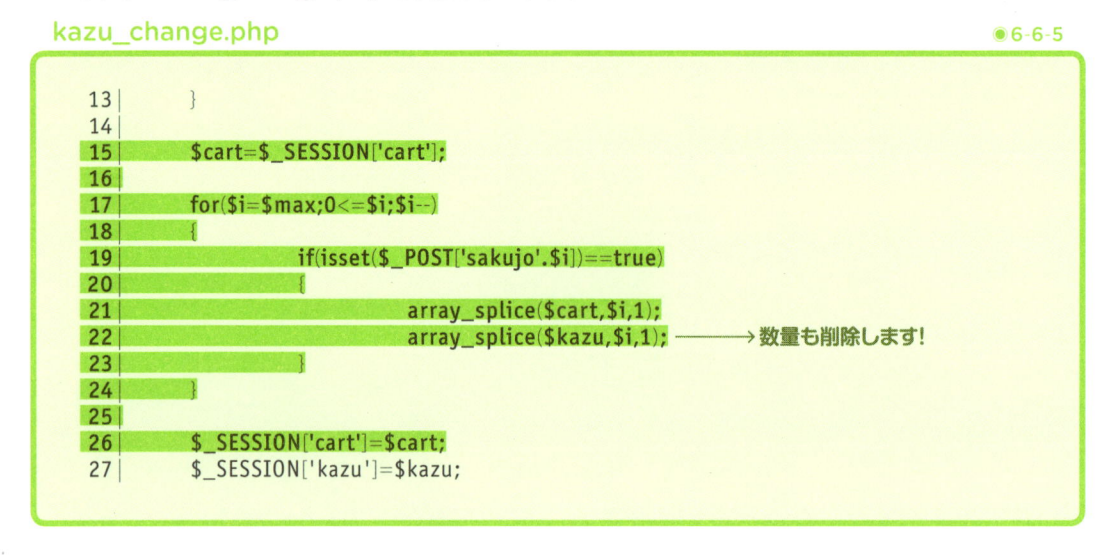

kazu_change.php ●6-6-5

```
13          }
14
15          $cart=$_SESSION['cart'];
16
17          for($i=$max;0<=$i;$i--)
18          {
19              if(isset($_POST['sakujo'.$i])==true)
20              {
21                  array_splice($cart,$i,1);
22                  array_splice($kazu,$i,1);      →数量も削除します！
23              }
24          }
25
26          $_SESSION['cart']=$cart;
27          $_SESSION['kazu']=$kazu;
```

動かしてみましょう。カート内の商品を、どれか削除してみてください。

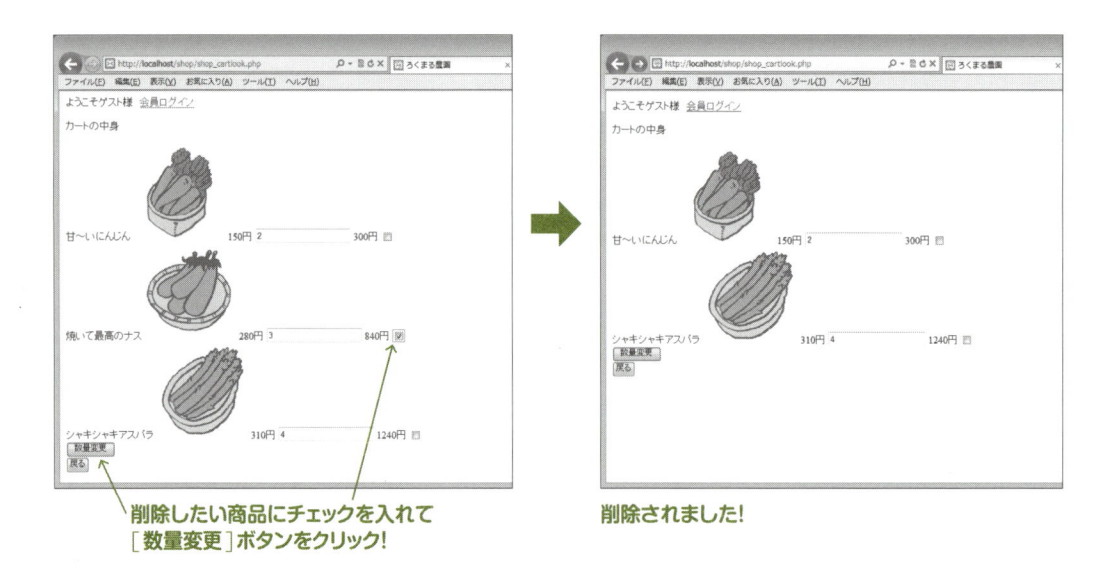

削除したい商品にチェックを入れて［数量変更］ボタンをクリック！

削除されました！

うまく削除されましたか？ エラーやNotice、Warningが出る場合は、プログラムとじっくりにらめっこをしてください。必ずどこかにミスがありますよ。うまく動いたら、商品をたっぷりカートに入れて複数削除してみたり、いろいろ試してみてください。

6-7 大切なお客様のために！

これから実践を通じて、とても大切なセオリーをお伝えします。

そもそも、なぜプログラミングをするの？

唐突ですが、あなたはなぜプログラミングをするのでしょうか？ 「技術を身に付けるため」「仕事のため」「おもしろいから」いろいろおありかと思います。最も大切な考え方をお伝えします。それは「プログラミングの結果作られたシステムには、使う人がいる」ということです。IT業界ではユーザーと言います。お客様と言い換えてもいいでしょう。

「ああ、システムのおかげで楽になりましたよ」、「いつも利用するこのサイト、いいよね」とお客様に言って頂けるかどうかが大切なのです。そうした使いやすさのことを「ユーザビリティ」といいます。

これから先、お客様思いの親切なシステムに改造していきます。見た目のデザインのこととは少し違います。そのユーザビリティのセオリーを少しでもお伝えできればと願います。

どこまで手間を掛ければいいの？

プログラムは「手間を掛ければ掛けただけ使いやすくなる」というものではありません。使いやすさには2つのピークがあります。ひとつを「ツールポイント」、もうひとつを「アプリポイント」と呼ぶことにします。

●6-7-1

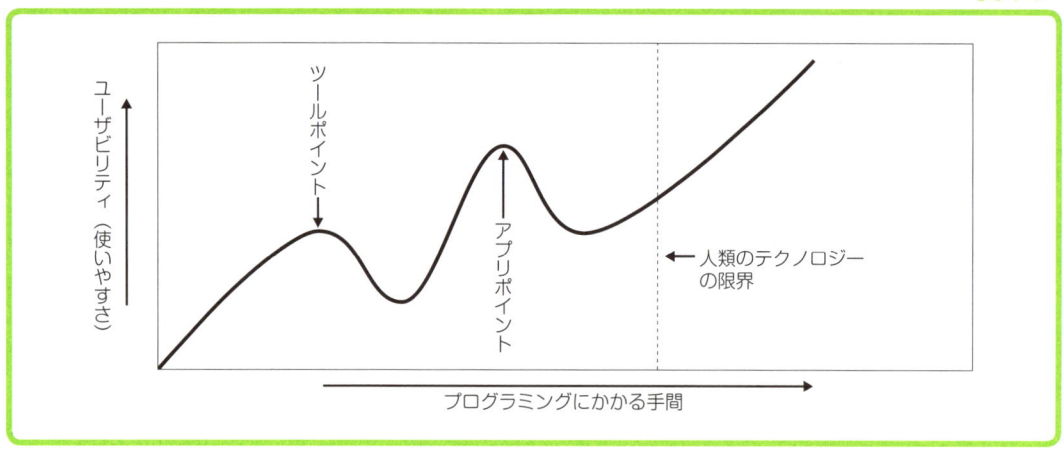

```
ユーザビリティ（使いやすさ）↑
        ツールポイント↓
              アプリポイント↑
                    ←人類のテクノロジーの限界
    プログラミングにかかる手間→
```

上のグラフを見てください。自分や仲間など限られた人が暗黙のルールで使えるのがツールです。ツールを作るときに手を抜くと使いにくくなりますが、余計な手間を掛けると、かえって使いにくくなったりします。

一方アプリ（アプリケーション）は、一般の人が誰でも使えるようにしないといけません。ツール作りよりも、かなり手間が掛かります。手を抜けば使いにくく、手間を掛けて懲りすぎても使いにくくなります（ツールとアプリの違いは厳密にはこの通りではないのですが、解説のためにこの言葉を使いました）。

さらに究極を目指し頑張って作り込んでも、やがてテクノロジーの限界にぶつかります。例えば「思い浮かべるだけで絵が描けるアプリ」、「目的地を告げると自動操縦してくれる自動車」などです。確かに便利そうですが、今の技術では作れません。

みなさんに目指して欲しいのはアプリポイントです。手を抜かず、懲りすぎず、一般の人が最低限のITスキルで利用できる、そんな程よい使いやすさを追及してほしいのです。本書ではこの先、ショッピングカートの機能を一般の人に優しいアプリポイントに持っていくべく、程よく手間を掛けていきたいと思います（本書では視覚的なデザインまでは追求しません）。

カートが空っぽになると表示が分かりにくい！ ▶▶ CTLK

試しに、カート内の商品を全部削除してからカートの中を見てください。「カートの中身」というタイトルがあるのに何も表示されません。お客様はどう解釈したらいいのでしょう。こんな紛らわしい画面をお客様に見せるわけにはいきません。そもそも、カートが空っぽの状態で、「カートを見る」ことができてはいけないのです。

対策にはいろんな方法があります。どうすればお客様に親切か、それを実現するためのプログラムは簡単か難しいか、そのバランスを考えながらどうするのかを決めていきます。

  1.［カートを見る］ボタンを表示しない。
  2.［カートを見る］ボタンをクリックできなくする。
  3.［カートを見る］ボタンを押されたら「商品がありません」と表示する。

ちょっと考えただけでも、いろいろ方法があることが分かります。どんな方法にするか、これがいわゆる「仕様」です。よりよい仕様にするコツは、アナログ的な頭で実際の場面を想像してみることです。

1. [カートを見る]ボタンを表示しない仕様の場合…
カートが空でもボタンがあると、「あ、カートに入れたらこのボタンを押すんだな」と普段から意識してもらえるかもしれません。そう考えると、ボタンは表示しておいた方がよさそうですね。

2. [カートを見る]ボタンをクリックできなくする仕様の場合…
クリックできなくすることはできません。でも、あたかもクリックできないかのように見せることはできます。クリックされたらshop_cartlook.phpに飛びますね。すぐに$kazuをif命令でチェックして、もし0だったらheader（'Location: shop_list.php'）;で商品一覧へ強制的に戻してしまえばいいのです。お客様はボタンをクリックしても、何も起きていないように感じます。しかし、この方法には弱点があります。header（'Location: xxxxx'）命令は、何か画面に表示があると飛ばないっていう制限がありました。失敗する危険性が高く、プログラムの問題が出そうです。問題はそれだけではありません。[カートを見る] っていうボタンなんだから、「空っぽのカートを見せてよ」と考えるお客様がいるかもしれません。

3. [カートを見る]ボタンを押されたら「商品がありません」と表示する仕様の場合…
お客様に「カートが空っぽだよ」と明示できるし、「商品一覧に戻る」をクリックしてもらうことで商品一覧にも戻れます。シンプルでいいかもしれません。プログラムも簡単に改造できそうです。これでいきましょう。

え？もっといい仕様があるって？　それは素晴らしいですが、本書ではまずは「3.」の方法でやってみます。本書を卒業した後、あなたが思いついた素晴らしい仕様での改造を試してみてください。それではshop_cartlook.phpを改造しましょう。

shop_cartlook.php ● 6-7-2

```
35|    $max=count($cart);
36|
37|if($max==0)
38|{
39|    print 'カートに商品が入っていません。<br />';
40|    print '<br />';
41|    print '<a href="shop_list.php">商品一覧へ戻る</a>';
42|    exit();
43|}
44|
45|$dsn = 'mysql:dbname=shop;host=localhost';
```

もし、$cartの配列数が0だったら「カートに商品が入っていません。」と表示して、商品一覧画面に戻るリンクを張りました。そして、この先のプログラムが走らないように、exit命令を使い、この位置でプログラムを止めました。簡単にできましたね。さあ、カート内の商品を全部削除してから、カートの中身を見てください。

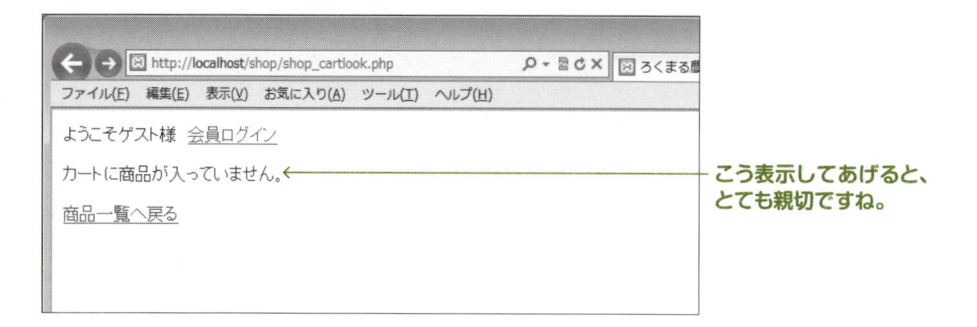

　　　　　　　　　　　　　　　　　　　　　　　こう表示してあげると、
　　　　　　　　　　　　　　　　　　　　　　　とても親切ですね。

こんな画面になりましたか？　これなら「ああ、カートに商品が入ってないんだ」とすぐに分かりますね。

🌱 カートが最初から空っぽだったら？ ▶▶ CTLK

カートに入っている商品を全部削除した場合の動作はうまくいきました。今度は最初から空っぽなのに「カートを見る」をクリックしたら、何が起こるかを見ます。
何が違うのかって？　これが違うんです。やってみれば分かります。
まずはclear_cart.phpを動かしてデータを完全に削除しましょう。この状態で商品一覧shop_list.phpを動かし、「カートを見る」をクリックしてみてください。うまく動いているように見えますか？

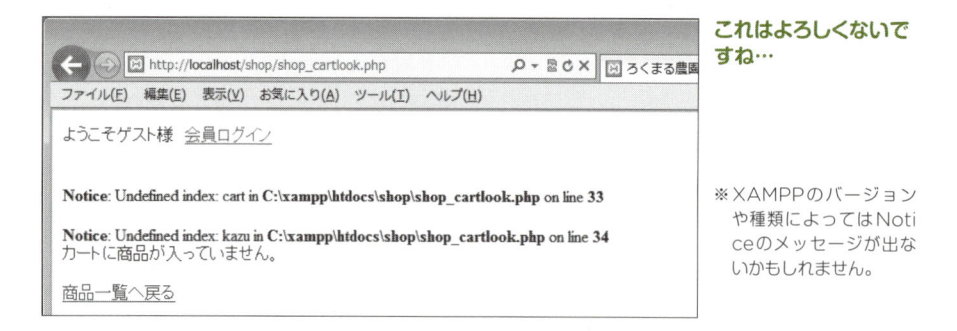

　　　　　　　　　　　　　　　　　　　　　　　これはよろしくないで
　　　　　　　　　　　　　　　　　　　　　　　すね…

　　　　　　　　　　　　　　　　　　　　　　　※XAMPPのバージョン
　　　　　　　　　　　　　　　　　　　　　　　　や種類によってはNoti
　　　　　　　　　　　　　　　　　　　　　　　　ceのメッセージが出な
　　　　　　　　　　　　　　　　　　　　　　　　いかもしれません。

XAMPPのバージョンによっては警告メッセージが出ませんが、だからといって結果オーライというわけにはいきません。何が起こったのでしょう。
問題はこの2行です。
　　　$cart= $_SESSION ['cart'] ;
　　　$kazu= $_SESSION ['kazu'] ;
先ほどの全部削除した後なら、空っぽになったカートが$_SESSIONに「入っています」。しかし、最初から空っぽの場合は、そもそも$_SESSIONの中にcartもkazuも存在していないのです。存在していないものをコピーしようとするから、Noticeという警告メッセージが出てしまったのです。

どうしたらいいでしょう？　これまで、issetという命令を使ってきました。やはりここでもissetを使って、「存在していたらコピーする、存在してなかったらコピーしない」とするのがよさそうです。

続いて問題になるのが、
　　　　$max=count($cart)；
です。カートが存在しなかったら、この命令もうまくいくとは思えません。ですので、存在しなかったらcount命令で数えるのではなくて、強制的に0を入れる必要があります。
では、上記を踏まえてshop_cartlook.phpを改造しましょう。

shop_cartlook.php
●6-7-3

```php
31 |{
32 |
33 |if(isset($_SESSION['cart'])==true)
34 |{
35 |    $cart= $_SESSION['cart'];
36 |    $kazu= $_SESSION['kazu'];
37 |    $max=count($cart);
38 |}
39 |else
40 |{
41 |    $max=0;
42 |}
43 |
44 |if($max==0)
```

また商品一覧に戻ってから、カートの中身を見てみましょう。

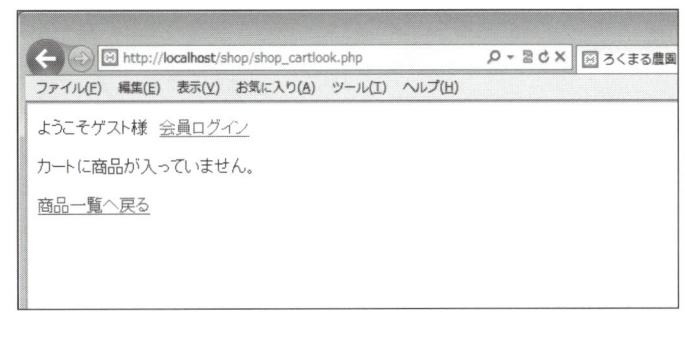

Noticeが出ていた方、今度は出ませんね。
XAMPPのバージョンによってNoticeが出ていなかった方には何も変わっていないように見えることと思います。でも、とてもしっかりした動作に変わっているのですよ。

いや〜、プログラムって面倒が多いですね。だから楽しいのです。「いや、楽しいどころか、だんだん辛くなってきた…」という方、大丈夫です。すでにけっこう高度なことをやってるんですよ。入門者のレベルでここまでやれば大したものです。やればやるほど、少しずつ勘が働くようになってきますよ。さあ、どんどんやっていきましょう！

同じ商品をカートに入れられたら？

もうすでにカートに入っている商品を再びカートに入れたら、どうなるのでしょう？　これもいろいろ考え方があります。

1. 構わず入れる。「カートを見る」の画面に行くと、同じ商品が２つ並んでいる。
2. 数量を増やす。同じ商品をカートに入れたのだから、すでに入っている同じ商品の数量を１増やす。
3. カートに入れさせない。

いろんな仕様が考えられますね。

1.は同じ商品がカート内に複数あります。これはいかがなものでしょう？「これでいい」というお客様もいれば、うっかりカートに入れてしまったお客様は、カートの中を見てビックリするかもしれませんね。また、トマトとミニトマトみたいに、似てる商品が混在していたら、さらに混乱するかもしれません。

2.は同じ商品だったらその数量を増やす、なんだか良さそうですね。でも、うっかり操作でカートに入れてしまったお客様は、数が増えたことに気付かないかもしれません。商品が届いてから「あれ？なんで２つ入ってるの？」なんてことになるかもしれません。現実の世界でトラブルが起こりそうですね。

3.では、「その商品はすでにカートに入っています」と注意してくれたりします。これならうっかり操作にも気付きますね。しかし、「いや、同じ商品を２つ欲しいから入れたのに」というお客様はどうしたらいいのでしょう？　そうです、そういうお客様は数量を２つに増やしてくだされればいいのです。もうその機能は完成していますね。ですので、なんとなく「3.」の方法がよさそうです。

どうですか？　これが「仕様を決める」ということなんです。まずはアナログな世界でどうなのかを最優先して考えてください。その次に、プログラムでどう実現するかを考えます。いけそうならGO！　実現したい仕様の割にプログラムがあまりにも大変なら、別の仕様を考え直す。そんな泥臭さで決めていくのです。

「アナログアナログ」

同じ商品をカートに入れさせない！　▶▶ CTIN

ではさっそく改造していきましょう。改造するのはshop_cartin.phpですね。カートに入れる直前で、すでに同じ商品が入っていないかチェックします。もし、$pro_codeと同じ商品コードが$cart配列内にすでに存在していたら、「その商品はすでにカートに入っています」と表示し、商品一覧へ戻ってもらいましょう。

この、配列内にすでにあるのかチェックする便利な命令があります。in_array命令です！

●6-7-4

これが配列の中を探してくれるin_array命令だ!

●この例では、配列変数$yasaiの中に「ピーマン」がすでに
あるかどうかをチェックしています。

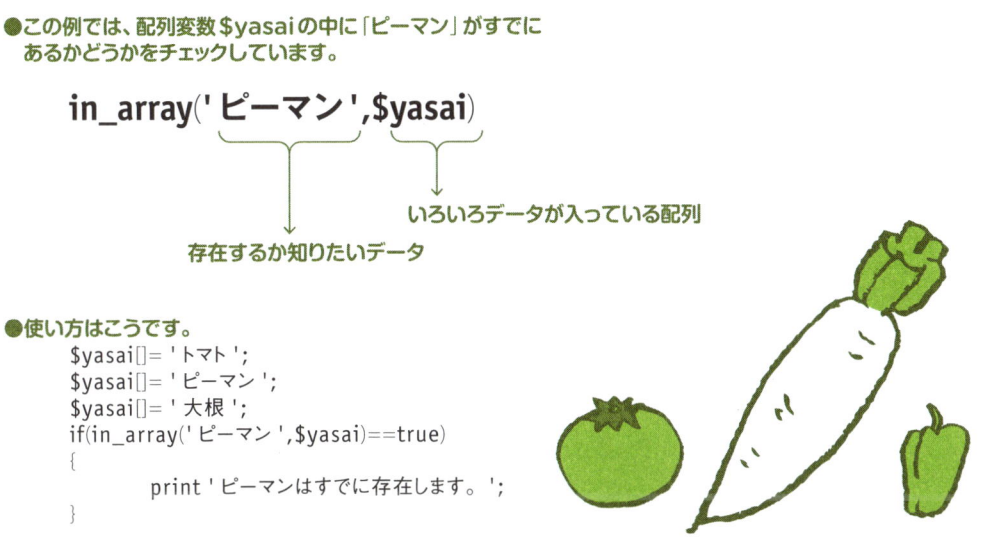

in_array('ピーマン',$yasai)

存在するか知りたいデータ　　いろいろデータが入っている配列

●使い方はこうです。
```
$yasai[]='トマト';
$yasai[]='ピーマン';
$yasai[]='大根';
if(in_array('ピーマン',$yasai)==true)
{
        print 'ピーマンはすでに存在します。';
}
```

ところで、どこでチェックしたらいいのでしょう？ これは重要です。なぜなら、カートが空っぽだったら、探そうとしても探せません。だから「もし、すでにカート内にデータがあったら探す」というようにしなければなりません。ですので、チェックプログラムを入れる位置はここです！

shop_cartin.php

●6-7-5

```
35 |if(isset($_SESSION['cart'])==true)
36 |{
37 |    $cart=$_SESSION['cart'];
38 |    $kazu=$_SESSION['kazu'];
39 |    if(in_array($pro_code,$cart)==true)
40 |    {
41 |        print 'その商品はすでにカートに入っています。<br />';
42 |        print '<a href="shop_list.php">商品一覧に戻る</a>';
43 |        exit();
44 |    }
45 |}
```

なぜここに追加するのか、分かりますか？ カートが存在したらチェックするので、ここしかないですね。よ〜くプログラムを眺めてみてください。ここならかならずカートに商品がある状態ですから、空っぽを探す、などというおかしなことは起こりませんね。

さあ、カートに同じ商品を入れてみてください。

どれでもいいので商品をカートへ。

追加されました。

同じ商品をカートへ。

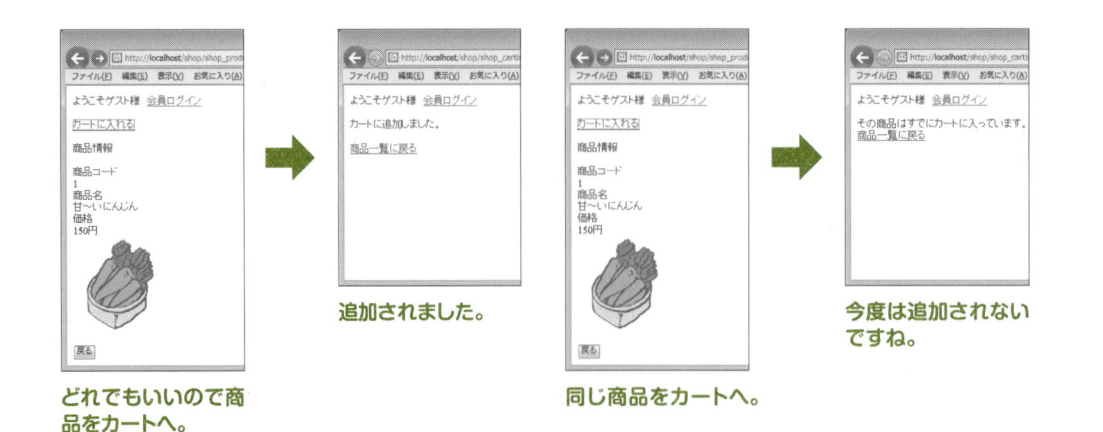

今度は追加されないですね。

もう同じ商品がカートに入れられることはありませんね。

数量に変な文字を入力されたら？ ▶▶ QCNG

数量を変更する機能が付いたということは、いろんなイタズラができてしまうということでもあります。
「0」に変えられたら、商品を削除するの？
「-3」とかに変えられたら、商品を売るのではなくて仕入れるの？
「こんにちは」とか入力されたら、それは数量いくつのことなの？
これは何か対策を講じなければいけない予感がプンプンしますね。数量を変更するkazu_change.phpで、カートに入れようとする直前で食い止めましょう。
現在、こうなっています。

```
for（$i=0;$i<$max;$i++)
{
        $kazu[]=$_POST['kazu'.$i];
}
```

まさにノーガードですね。入力されたデータをそのまま$kazu配列に入れてしまっています。これはまずいです。お客様はいつも必ず正しい数量を入力してくれるとは限りません。

まずは数字以外ダメという判断を入れたいですね。「数量に誤りがあります。」と表示し、カートに戻ってもらいます。ここでもpreg_matchと正規表現を使って、半角数字だけしか許さないようにしましょう。preg_matchと正規表現は以前にも少し説明しましたね。とても深い技術なのですが、本書のページ数には限界があります。興味のある方は調べてみてください。
それではkazu_change.phpを改造しましょう。

対策が必要ですね

kazu_change.php ● 6-7-6

```
10          for($i=0;$i<$max;$i++)
11          {
12              if(preg_match("/^[0-9]+$/", $post['kazu'.$i])==0)
13              {
14                  print ' 数量に誤りがあります。';
15                  print '<a href="shop_cartlook.php"> カートに戻る </a>';
16                  exit();
17              }
18              $kazu[]=$post['kazu'.$i];
19          }
```

分かりますか？ もし半角数字じゃなかったら、「数量に誤りがあります。」と表示してカートに戻ってもらいます。もし半角数字だったら$kazuに突っ込みます。

このまま打ち込んで「動いた、よかった」ではダメですよ。何をしているのか、ちゃんと理解してくださいね。プログラムを1行1行上から目で追っていくのです。「うんうん、なるほど」という感覚があったら次に進んでください。あえてelseを使わない方法にしてみました。elseは必ず使わなければいけないものではないのです。

さあ、動かしてみましょう。「こんにちは」とか、変な文字を入れてみてください。

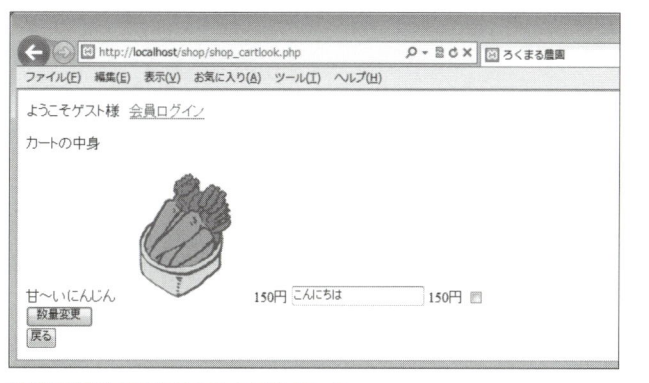

数量に「こんにちは」と入れてみました。

チェックできました！

変な文字を入れたら見事に怒られましたね。

● 数量の範囲をチェックしよう！ ▶▶ QCNG

変な文字の対策はできました。次は、「0」とか「1000000」とか、あり得ない数量を入力されたときの対策です。これは簡単そうですね。if命令で、ある範囲に入っていたらOKとすればいいだけです。例えば、1商品の注文数を10個までにしたいなら、「1より小さいか、もしくは10より大きかったらダメ」とすればいいのです。

●6-7-7

これが2つ以上の条件をif命令で判定する方法だ!

if命令はとても賢いのです。先ほど(5章5-4)でも簡単に触れましたが、改めて詳しく解説します。
2つ以上の条件をこのように同時に判断することができるのです。

「もし、$suji が10よりも大きい、
　かつ、100よりも小さかったら」はこう書きます。

$$if(10<\$suji \;\&\&\; \$suji<100)$$

→「かつ」は&を2つ並べて&&です。
※ITの世界ではAND条件と言います。

「もし、$suji が10よりも小さい、
　もしくは、100よりも大きかったら」はこう書きます。

$$if(\$suji<10 \;||\; 100<\$suji)$$

→「もしくは」は|を2つ並べて||です。
※ITの世界ではOR条件と言います。

「もし、$suji が10もしくは100
　もしくは1000だったら」はこう書きます。

$$if(\$suji==10 \;||\; \$suji==100 \;||\; \$suji==1000)$$

こうして&&や||でつないで、いくつでも書くことができます。

kazu_change.php の文字チェックの次に、プログラムを追加しましょう。

kazu_change.php　　　　　　　　　　　　　　　　　　　　　　●6-7-8

```
17|            }
18|            if($post['kazu'.$i]<1 || 10<$post['kazu'.$i])
19|            {
20|                print ' 数量は必ず 1 個以上、10 個までです。 ';
21|                print '<a href="shop_cartlook.php"> カートに戻る </a>';
22|                exit();
23|            }
24|            $kazu[]=$post['kazu'.$i];
```

さあ、動かしてみましょう。0とか1000000とか、あり得ない数量を入力してみてください。

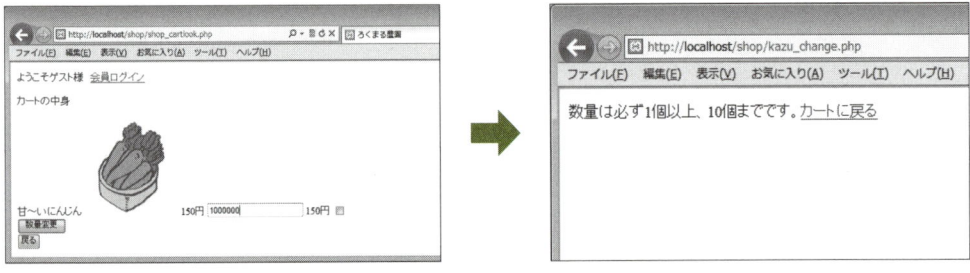

数量に「1000000」と入れてみました。　　　　**チェックできました!**

ちゃんと怒られますね。これで変な文字も、あり得ない数量もチェックすることができました。だいぶ親切で安全なサイトになりましたね。

もうちょっと見栄えをよくしよう！ ▶▶ CTLK

そういえば、どの画面もなんとなく地味でさみしいですね。では本書を卒業した後のために、カートを見る画面shop_cartlook.phpだけ<table>タグを組んで、ちょっと見栄えを良くしてみましょうか。

<table>タグに関しては解説を省きます。もし分からない方は調べてください。ここでは「こうしてHTMLとPHPを混在させるんだ」ということが分かっていただければと思います。特にWebクリエイターの方は、この改造には感激すると思いますよ。もちろんCSSで組んでもOKです！

shop_cartlook.php ●6-7-9

```
 89 |カートの中身 <br />
 90 |<br />
 91 |<table border="1">
 92 |<tr>
 93 |<td> 商品 </td>
 94 |<td> 商品画像 </td>
 95 |<td> 価格 </td>
 96 |<td> 数量 </td>
 97 |<td> 小計 </td>
 98 |<td> 削除 </td>
 99 |</tr>
100 |<form method="post" action="kazu_change.php">
101 |<?php for($i=0;$i<$max;$i++)
102 |     {
103 |?>
104 |<tr>
105 |     <td><?php       print $pro_name[$i]; ?></td>
106 |     <td><?php       print $pro_gazou[$i]; ?></td>
107 |     <td><?php       print $pro_price[$i]; ?> 円 </td>
108 |     <td><input type="text" name="kazu<?php print $i; ?>" value="<?php print $kaz
    u[$i]; ?>"></td>
109 |     <td><?php       print $pro_price[$i] * $kazu[$i]; ?> 円 </td>
110 |     <td><input type="checkbox" name="sakujo<?php print $i; ?>">105|<td><?php
    print $pro_name[$i]; ?></td>
削除     <br />
111 |</tr>
112 |<?php
113 |     }
114 |?>
115 |</table>
```

では動かしてみましょう。

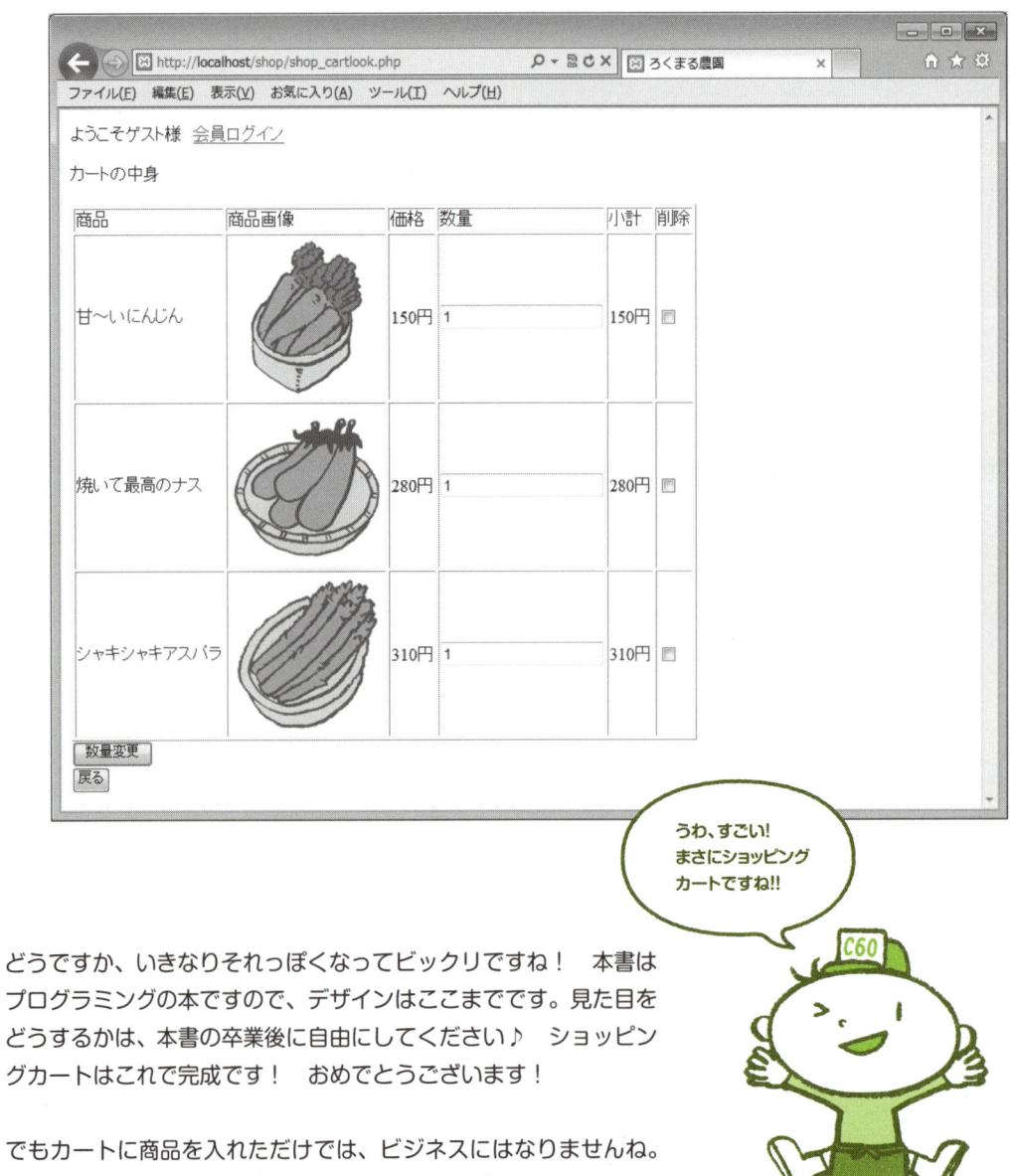

どうですか、いきなりそれっぽくなってビックリですね！　本書はプログラミングの本ですので、デザインはここまでです。見た目をどうするかは、本書の卒業後に自由にしてください♪　ショッピングカートはこれで完成です！　おめでとうございます！

でもカートに商品を入れただけでは、ビジネスにはなりませんね。次はカート内の商品の注文を受け付ける機能を作っていきましょう！　あなたのサイトは、本当に使えるサイト、お金を稼ぐためのサイトへと、いよいよ近づいていくのです！

Chapter 7

注文を受け付けよう！

本章ではこれを作りますよ！

[shop] 注文受付

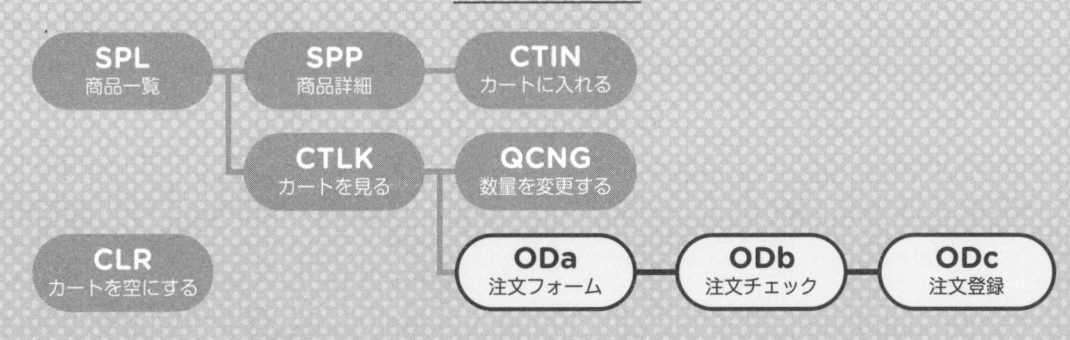

- **SPL** 商品一覧
- **SPP** 商品詳細
- **CTIN** カートに入れる
- **CTLK** カートを見る
- **QCNG** 数量を変更する
- **CLR** カートを空にする
- **ODa** 注文フォーム
- **ODb** 注文チェック
- **ODc** 注文登録

こんなキーワードが出てきますよ！

複雑な正規表現	nl2br()	LAST_INSERT_ID
フラグ制御	コメントアウト	テーブル結合
HTMLではない改行	TIMESTAMP型	テーブルロック
変数への文字列追加	配列のクリア	

注文を受け付けるって？

カートができたら、いよいよ受注の仕組み作りです！

とうとうショッピングカートができました。
次は、カートに入っている商品の
注文を受け付けましょう。
それにはお客様の名前や住所などを
教えてもらう必要があります。
そして、代金の振込先とかを、
自動メールで伝えたいですね。
そんな注文受付の画面を作っていきます。

行ってみましょう

7-1 注文フォームの画面を作ろう!

ショッピングサイトには、お客様から注文を受け付ける画面が必要ですね。それを作りましょう。

注文フォームへ進めるようにしよう！

いよいよショッピングサイトらしく、注文を受け付ける仕組みを作っていきます。カートを見る画面でお客様が「ご購入手続きへ進む」をクリックすると、住所や名前等のお客様情報を入力するための画面、つまり「注文フォーム」に飛ぶという仕組みにしましょう。まずはカートを見る画面shop_cartlook.phpにリンクを追加しましょう。

shop_cartlook.php ● 7-1-1

```
119|</form>
120|<br />
121|<a href="shop_form.html"> ご購入手続きへ進む </a><br />
122|
123|</body>
```

これでお客様情報の入力画面へ進めるようになりました。

注文フォームを作ろう！ ▶▶ ODa

ではその画面、注文フォームshop_form.htmlを作っていきましょう。hina.htmlを[shop]へコピーし、ファイル名をshop_form.htmlに変えてください。注文に必要な情報は以下です。

- ・お名前
- ・メールアドレス
- ・郵便番号
- ・住所
- ・電話番号

仕様を決めます。
- ・飛び先はshop_form_check.phpにしましょう。
- ・郵便番号は3桁部分と4桁部分を分けましょう。
- ・styleを使って、入力幅をそれっぽくしましょう。

もう入力フォームの作り方には慣れましたね。では、shop_form.htmlをどんどん作っていきましょう！

shop_form.html　　　　　　　　　　　　　　　　　　　　　　　　●7-1-2

```html
 7 |<body>
 8 |
 9 | お客様情報を入力してください。<br />
10 |<form method="post" action="shop_form_check.php">
11 | お名前 <br />
12 |<input type="text" name="onamae" style="width:200px"><br />
13 | メールアドレス <br />
14 |<input type="text" name="email" style="width:200px"><br />
15 | 郵便番号 <br />
16 |<input type="text" name="postal1" style="width:50px">-
17 |<input type="text" name="postal2" style="width:80px"><br />
18 | 住所 <br />
19 |<input type="text" name="address" style="width:500px"><br />
20 | 電話番号 <br />
21 |<input type="text" name="tel" style="width:150px"><br />
22 |<input type="button" onclick="history.back()" value=" 戻る ">
23 |<input type="submit" value=" OK "><br />
24 |</form>
25 |
26 |</body>
```

それでは「カートを見る」画面で、「ご購入手続きへ進む」をクリックしてみましょう。

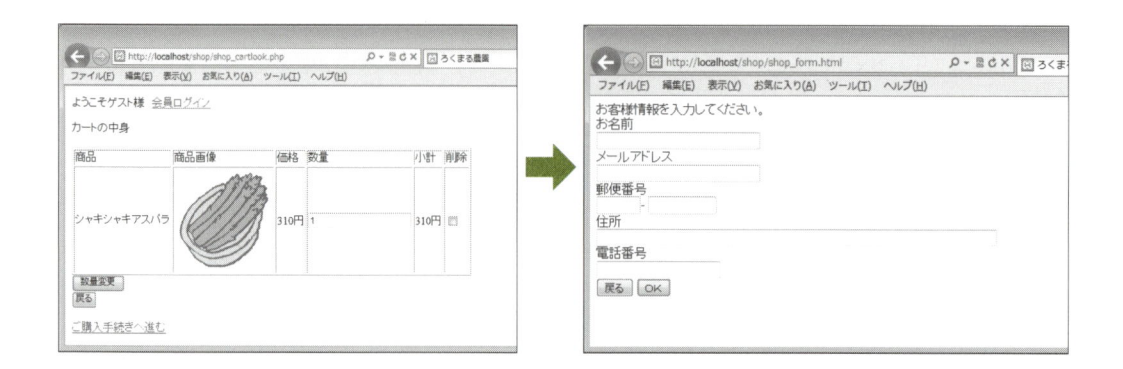

お客様情報を入力するための注文フォームが出ましたね。[OK]ボタンをクリックしてみてください。shop_form_check.phpはまだ作っていませんので、「Object not found!」のエラーが出ればOKです。

7-2 注文チェックの画面を作ろう！

本格的な入力チェックの画面を作ろうと思います。
焦らずじっくりと取り組んでくださいね。

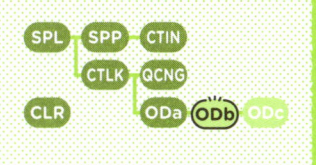

❖ お客様の入力情報をチェックしよう！ ▶▶ ODb

商品を買うためにお客様が入力してくれた情報に、もしも間違いがあったら大変です。買った商品が届かないとか、注文したつもりなのに、ちゃんと登録されていなかったなんてことになりかねません。なので、注文受付には入力チェックが不可欠です。画面の名前は「注文チェック画面」とでもしておきましょう。hina.htmlを［shop］フォルダへコピーし、ファイル名をshop_form_check.phpに変えてください。
それができたら、画面の仕様を決めましょう。

1. お名前が入力されていなかったらダメ。
2. メールアドレスが異常だったらダメ。
3. 郵便番号に半角数字以外が入力されていたらダメ。
4. 住所が入力されていなかったらダメ。
5. 電話番号に半角数字とハイフン以外が入力されていたらダメ。
6. もし、上記1つでもダメがあったら、［戻る］ボタンだけを表示。
7. もし、上記すべてOKだったら、［戻る］ボタンと［OK］ボタンを表示。
8. ［OK］がクリックされたらshop_form_done.phpへ飛ぶ。

より本格的になりますよ

「もし入力がなかったら」のチェックは、if命令で「''（シングルクォーテーション2つ）と同じだったら」というプログラムで実現できますね。でも郵便番号や電話番号は、どうやってチェックするのでしょう？　以前、数量のチェックなどで使ったpreg_match命令で正規表現を使います。

● 7-2-1

複雑なチェックは正規表現で！

preg_match命令でさらに複雑なチェックを行います。正規表現の解説は大変長くなるので省略しますが、下記の正規表現はどれもよく使いますので、このまま使ってしまいましょう。

●メールアドレスのチェック
```
if(preg_match('/^[¥w¥-¥.]+¥@[¥w¥-¥.]+¥.([a-z]+)$/',$email)==0)
{
        print 'メールアドレスを正確に入力してください<br />';
}
```
※Macの方は¥を\にしてください。

●郵便番号のチェック（これは以前も使いましたね。半角数字のチェックです。）
```
if(!preg_match('/^[0-9]+$/', $postal1))
{
    print '郵便番号は半角数字で入力してください。<br /><br />';
}
```

●電話番号のチェック
```
if(!preg_match('/^¥d{2,5}-?¥d{2,5}-?¥d{4,5}$/', $tel)==0)
{
        print '電話番号を正確に入力してください<br />';
}
```

よろしいでしょうか？　では、shop_form_check.phpを作りましょう。

shop_form_check.php

● 7-2-2

```
 7 |<body>
 8 |
 9 |<?php
10 |
11 |require_once('../common/common.php');        ← 関数集を読み込んでいます。
12 |
13 |$post=sanitize($_POST);                       ← サニタイジングをしています。
14 |
15 |$onamae=$post['onamae'];
16 |$email=$post['email'];
17 |$postal1=$post['postal1'];                    お客様が入力したデータを変数に
18 |$postal2=$post['postal2'];                    コピーしています。
19 |$address=$post['address'];
20 |$tel=$post['tel'];
21 |
22 |if($onamae=='')
23 |{
24 |        print 'お名前が入力されていません。<br /><br />';
25 |}
```

```
26 |
27 |if(preg_match('/^[¥w¥-¥.]+¥@[¥w¥-¥.]+¥.([a-z]+)$/',$email)==0)
28 |{
29 |    print 'メールアドレスを正確に入力してください。<br /><br />';
30 |}
31 |
32 |if(preg_match('/^[0-9]+$/', $postal1)==0)
33 |{
34 |    print '郵便番号は半角数字で入力してください。<br /><br />';
35 |}
36 |
37 |if(preg_match('/^[0-9]+$/', $postal2)==0)
38 |{
39 |    print '郵便番号は半角数字で入力してください。<br /><br />';
40 |}
41 |
42 |if($address=='')
43 |{
44 |    print '住所が入力されていません。<br /><br />';
45 |}
46 |
47 |if(preg_match('/^¥d{2,5}-?¥d{2,5}-?¥d{4,5}$/', $tel)==0)
48 |{
49 |    print '電話番号を正確に入力してください。<br /><br />';
50 |}
51 |
52 |print '<form method="post" action="shop_form_done.php">';
53 |print '<input type="hidden" name="onamae" value="'.$onamae.'">';
54 |print '<input type="hidden" name="email" value="'.$email.'">';
55 |print '<input type="hidden" name="postal1" value="'.$postal1.'">';
56 |print '<input type="hidden" name="postal2" value="'.$postal2.'">';
57 |print '<input type="hidden" name="address" value="'.$address.'">';
58 |print '<input type="hidden" name="tel" value="'.$tel.'">';
59 |print '<input type="button" onclick="history.back()" value=" 戻る ">';
60 |print '<input type="submit" value=" OK "><br />';
61 |print '</form>';
62 |
63 |?>
64 |
65 |</body>
```

（データのチェックをしています。）

（[OK]ボタンがクリックされたらデータを次の画面に渡します。）

ここまで出来たら、カートに商品を入れて「ご購入手続きへ進む」をクリックしてください。入力画面に飛んで、名前をわざと入れなかったり、郵便番号に数字以外の文字を入れたり、めちゃくちゃなメールアドレスを入れたりと、いろいろ試してください。ちゃんとチェックされていますか？　もしへんな動きがあったら、プログラムをよく見直してくださいね。

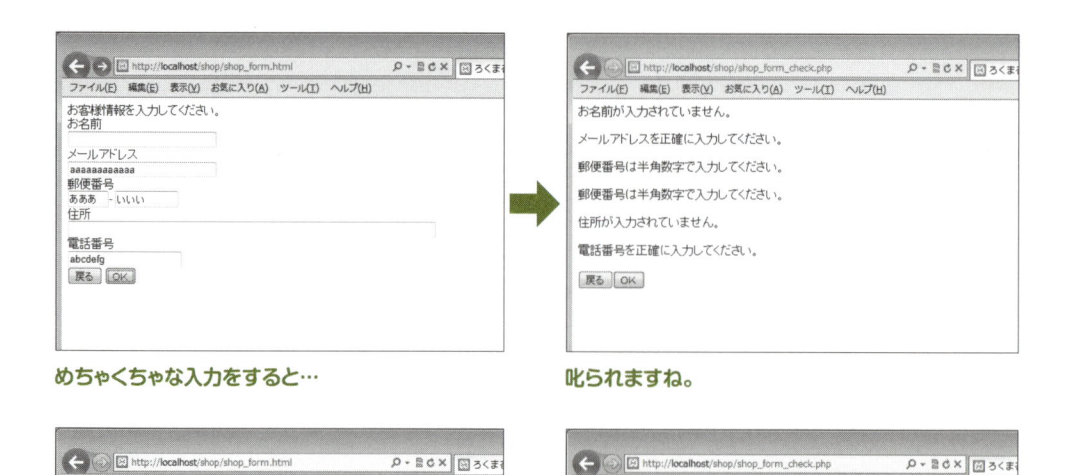

めちゃくちゃな入力をすると…　　　　　　　叱られますね。

ちゃんと入力をすれば…　　　　　　　　　　叱られませんね。でもちょっと…
　　　　　　　　　　　　　　　　　　　　　画面が淋しいです。

淋しくない画面にしよう！

今は入力ミスがあるときだけ怒られて、そうでないときには寂しい画面になります。1つも入力ミスがないと、ボタンが2つ並んでいるだけです。なので、ちゃんと入力してもらえた項目を表示してあげましょう。どうやって表示したらいいですか？　入力ミスでないときに表示するわけですから簡単ですね。各if命令にelseを追加して、elseの中で表示してあげればいいのです。こんな感じに改造してみましょう。

shop_form_check.php　　　　　　　　　　　　　　　　　　　　　　●7-2-3

```
24|       print 'お名前が入力されていません。<br />';
25|}
26|else
27|{
28|       print 'お名前 <br />';
29|       print $onamae;
30|       print '<br /><br />';
31|
         ：
35|       print 'メールアドレスを正確に入力してください <br /><br />';
```

```
36 |}
37 |else
38 |{
39 |    print 'メールアドレス <br />';
40 |    print $email;
41 |    print '<br /><br />';
42 |}
```
　　　　　:
```
46 |    print ' 郵便番号は半角数字で入力してください。<br /><br />';
47 |}
48 |else
49 |{
50 |    print ' 郵便番号 <br />';
51 |    print $postal1;
52 |    print '-';
53 |    print $postal2;
54 |    print '<br /><br />';
55 |}
```
　　　郵便番号は3桁の方
　　　だけに表示を入れて
　　　みました。

　　　　　:
```
64 |    print ' 住所が入力されていません。<br /><br />';
65 |}
66 |else
67 |{
68 |    print ' 住所 <br />';
69 |    print $address;
70 |    print '<br /><br />';
71 |}
```
　　　　　:
```
75 |    print ' 電話番号を正確に入力してください。<br /><br />';
76 |}
77 |else
78 |{
79 |    print ' 電話番号 <br />';
80 |    print $tel;
81 |    print '<br /><br />';
82 |}
```

郵便番号は3桁の方だけに表示を入れてみました。もし3桁と4桁をそれぞれ表示すると、どちらか一方にだけ入力ミスがあった場合、表示が不自然になってしまうからです。さあ、今度はどうでしょう？

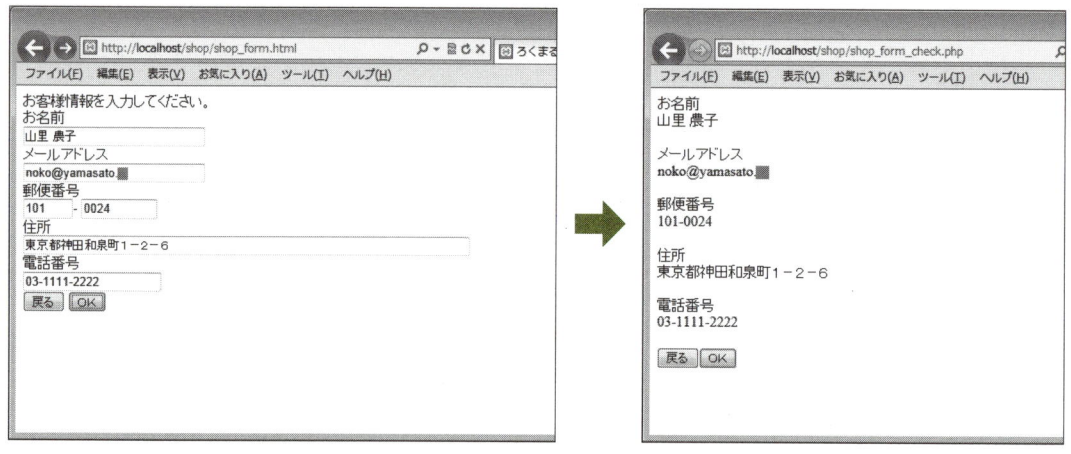

ちゃんと入力をして…　　　　　　　　　　　　　**にぎやかです！**

にぎやかな画面になりましたね。ここでもう一度、わざと入力ミスをしてみてください。何かに気付きませんか？　そうです。入力ミスがあっても［OK］ボタンが表示されてしまうのです。「1つでもダメがあったら、ボタンは［戻る］ボタンだけ」と、仕様で決めました。これはいけませんね。

◆ ワナを仕掛けろ！

もし1つでも入力ミスがあったら、［戻る］ボタンだけを出すようにするには、どうしたらいいのでしょうか？　こんなとき、とても役立つ方法がちゃんとあります。「フラグ制御」というワザを伝授いたしましょう！

●7-2-4

ワナを仕掛けろ！　これがフラグ制御だ！

フラグとはその名のとおり旗の上げ下げを意味しています。つまり、「はい」と「いいえ」の2つしかありません。ここでは「はい」をtrue、「いいえ」をfalseで表しましょう。フラグとして機能させる変数名を$okflgとしてみました。つまり、$okflgがtrueなら「入力OK」、falseなら「入力ミスあり」とします。

```
$okflg=true;
```
❶まずtrueにしておきます。「初期化」といいます。

```
if(もし○○が入力ミスだったら)
{
    print '○○が入力ミスです';
    $okflg=false;
}

if(もし△△が入力ミスだったら)
{
    print '△△が入力ミスです';
    $okflg=false;
}
```
❷もしミスがあったら、フラグをfalseにします。

```
if(もし□□が入力ミスだったら)
{
```

```
        print '□□が入力ミスです';
        $okflg=false;
    }
if($okflg==true)
{
    入力ミスがなかったから[戻る]と[次へ]ボタンを両方表示
}
else
{
    入力ミスがあったから[戻る]ボタンだけ表示
}
```

> よく使う技です

❸ フラグが true だったら、入力ミスがなかったということですね。
つまり、もし true でなかったら、入力ミスがあったということです。

このように、①フラグというワナを仕掛けて、②チェックして、③最後にフラグがどっちなのかで、ミスがあったかなかったかを判断しているのです。

分かりますか？ フラグ制御は理解しておいた方がいいですよ。とても便利で、よく使うからです。ここで「へ～」と納得しておきましょう。
ではプログラムを改造しましょう。

shop_form_check.php

● 7-2-5

```
20 |$tel=$post['tel'];
21 |
22 |$okflg=true;
23 |
24 |if($onamae=='')

         ：

26 |    print 'お名前が入力されていません。<br />';
27 |    $okflg=false;

         ：

38 |    print 'メールアドレスを正確に入力してください <br /><br />';
39 |    $okflg=false;

         ：

50 |    print '郵便番号は半角数字で入力してください。<br /><br />';
51 |    $okflg=false;

         ：

64 |    print '郵便番号は半角数字で入力してください。<br /><br />';
65 |    $okflg=false;

70 |    print '住所が入力されていません。<br /><br />';
71 |    $okflg=false;
```

```php
          :
 82|     print '電話番号を正確に入力してください。<br /><br />';
 83|     $okflg=false;
          :
 92|if($okflg==true)
 93|{
 94|    print '<form method="post" action="shop_form_done.php">';
 95|    print '<input type="hidden" name="onamae" value="'.$onamae.'">';
 96|    print '<input type="hidden" name="email" value="'.$email.'">';
 97|    print '<input type="hidden" name="postal1" value="'.$postal1.'">';
 98|    print '<input type="hidden" name="postal2" value="'.$postal2.'">';
 99|    print '<input type="hidden" name="address" value="'.$address.'">';
100|    print '<input type="hidden" name="tel" value="'.$tel.'">';
101|    print '<input type="button" onclick="history.back()" value=" 戻る ">';
102|    print '<input type="submit" value=" OK "><br />';
103|    print '</form>';
104|}
105|else
106|{
107|    print '<form>';
108|    print '<input type="button" onclick="history.back()" value=" 戻る ">';
109|    print '</form>';
110|}
111|
```

さあ、動かしてみましょう。入力ミスがあるときは[戻る]ボタンだけ。入力ミスがなければ[戻る]ボタンと[OK]ボタンの両方が出るはずです。

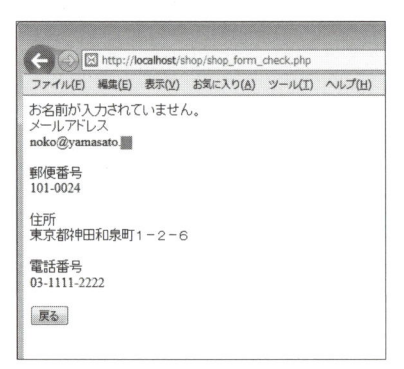

入力ミスがあるから[戻る]ボタンだけですね。

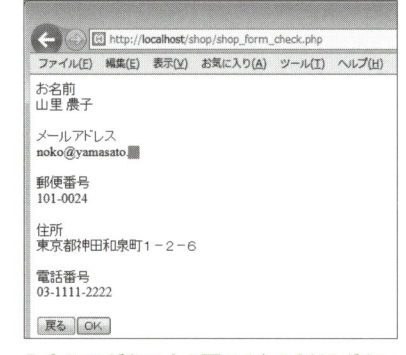

入力ミスがないと[戻る]と[OK]ボタンの両方が出ています。

さあ、入力ミスのない状態で[OK]ボタンをクリックしてみてください。飛び先であるshop_form_done.phpをまだ作ってないので、Object not found!のエラーが出るはずです。次はお客様の注文をデータベースに保存する画面を作りましょう。

7-3 注文登録の画面を作ろう！

お客様の情報や注文内容をデータベースに追加したり、お客様に自動でメールを送信したり、そんな高度な仕組みを作りましょう。

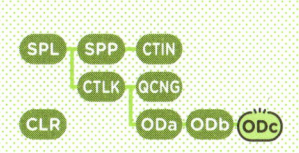

注文登録の仕様を決めよう！

いよいよお客様の注文をデータベースに登録します。お客様のお名前や住所、お買い上げ商品などのデータを、自動で保存するのです。これができてこそ、ショッピングサイトのシステムですね。無事にデータを登録できたら、注文の受付は完了です。

でも、それだけで「完了」としちゃうのでは、ちょっと足りない気がします。まず、お客様に安心してもらう必要がありますね。「ちゃんと受け付けてもらった」と思っていただくために、「ご注文を受け付けました」と画面に表示するのは当然ですし、その旨のメールを送るのも良さそうです。お店のスタッフの側はどうでしょうか。やはり「注文が来ましたよ」というメールが届いてほしいですよね。データベースへの注文データの登録と、それに付随して求められる機能をひっくるめて、注文受付の完了としましょう。

これら一連の動作を行う画面を、注文登録画面shop_form_done.phpと名付けることにします。こんなかんじです。

1. 画面に注文を受け付けた旨の表示をする。
2. お客様にお礼のメールを自動送信する。
3. お店側には「注文あり」のメールを自動送信する。
4. データベースに注文データを保存する。

これらをshop_form_done.phpで、すべて実現させましょう！

注文登録を行う画面を作ろう！ ▶▶ ODc

さあ、作っていきましょう。hina.htmlを[shop]フォルダにコピーし、ファイル名をshop_form_done.phpに変えてください。エディタで開いたら、プログラムを書いていきましょう。まずは前の画面からデータを受け取って、注文を受け付けた旨を画面に表示する機能から作ってい

きます。作り方はもう分かりますよね。プログラムはこんな感じになりますね。

shop_form_done.php　　　　　　　　　　　　　　　　　　　　　　　　●7-3-1

```php
 7 |<body>
 8 |
 9 |<?php
10 |
11 |require_once('../common/common.php');
12 |
13 |$post=sanitize($_POST);
14 |
15 |$onamae=$post['onamae'];
16 |$email=$post['email'];
17 |$postal1=$post['postal1'];
18 |$postal2=$post['postal2'];
19 |$address=$post['address'];
20 |$tel=$post['tel'];
21 |
22 |print $onamae.' 様 <br />';
23 |print 'ご注文ありがとうございました。<br />';
24 |print $email.' にメールを送りましたのでご確認ください。<br />';
25 |print ' 商品は以下の住所に発送させていただきます。<br />';
26 |print $postal1.'-'.$postal2.'<br />';
27 |print $address.'<br />';
28 |print $tel.'<br />';
29 |
30 |?>
31 |
32 |</body>
```

shop_form_check.phpから
コピーしてもOKですよ。

このまま打てば動きます。ちゃんと理解していますか？ もし「何だかよく分からないけど、とりあえず」という感じでしたら、一旦手を止めてください。このプログラムが何をしているのか、よ～く眺めて納得してくださいね。では、商品をいくつか注文してみましょう。

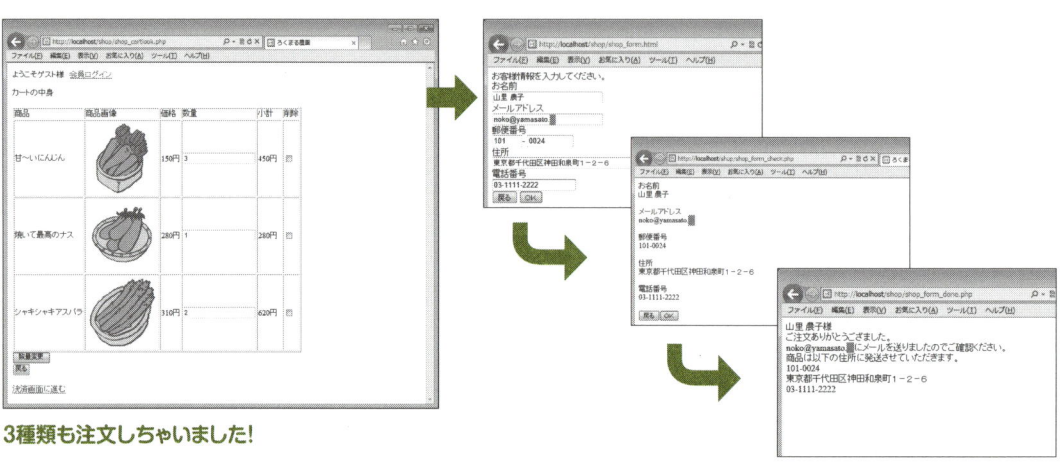

3種類も注文しちゃいました！

注文を受け付けた画面が出ましたね。

shop_form_done.phpの画面が表示されたら、じっくりと眺めてください。お名前、メールアドレス、郵便番号、住所、電話番号、すべて表示されていますか？ 1つでも表示されていない項目があったらダメです。何かが間違っていますので、よく見ながら直してください。今見ているshop_form_done.phpが間違っているかもしれないですし、前の画面のshop_form_check.phpが間違っているかもしれませんよ。

お約束のプログラムで武装しよう！

次に行く前に、他のプログラムでもやってきた安全対策を追加しましょう。

shop_form_done.php   ● 7-3-2

```
 1 <?php
 2     session_start();
 3     session_regenerate_id(true);
 4 ?>
 5 <!DOCTYPE html>
         ：
13 <?php
14
15 try
16 {
17
         ：
35 print $tel.'<br />';
36
37 }
38 catch (Exception $e)
39 {
40     print 'ただいま障害により大変ご迷惑をお掛けしております。';
41     exit();
42 }
43
44 ?>
45
```

これでセッションハイジャック対策と、データベースサーバーの障害対策が施されました。さあ、先へ行きましょう！

> どんどん行きましょう

7-3 注文登録の画面を作ろう！

自動返信メールの文章を作ろう！

注文を受け付けたことを、お客様にメールでお知らせしてあげましょう。メール本文には、受け付けた商品の一覧も載せたいですね。まずはその本文を作るプログラムを作りましょう。メールの本文は変数に格納します。この変数の内容を送信するプログラムは、あとで作りますよ。

● 7-3-3

メール本文の改行に
は使えない！

メール本文を作るにあたり、見やすく改行を入れることになるでしょう。しかしメール本文に
タグは使えません。なぜかというと、
はブラウザで見るためのHTMLタグだからです。メールはHTMLではありませんよね。HTML以外ではこの記号を使います！

¥n ← これがHTML以外の世界での「改行」です。

【注意!!】
意外に簡単でしたね。
の代わりに¥nにすればいいだけです。
しかし、注意すべきことが2点あります。
1. Macでは「\n」、つまりバックスラッシュと小文字のnで記述します。
2. ¥nを使うときは、シングルクオーテーション「'」ではなく、ダブルクオーテーション「"」でくくります。「'」でくくると、改行しないばかりか「¥n」という文字がそのまま表示されてしまうのです。

● 7-3-4

これが変数の中に文字や記号をどんどん追加していく方法だ！

メール本文は長くなります。$honbun=' xxxxxxxxxx';という書き方だけでは書きづらくて仕方ありません。そこで、1つの変数にどんどん文字や記号を付け加えていく方法があります。

.= ← これが文字や記号を追加していく式です！

例です。
```
$honbun = 'こんにちは。';
$honbun .= '本日は大変お日柄もよく、';
$honbun .= 'このような会を開けることを、';
$honbun .= '嬉しく思います。';
print $honbun;
```
— 最初だけ「=」でコピーします。
— あとは「.=」でどんどん連結されます。

こう表示されます。
こんにちは。本日は大変お日柄もよく、このような会を開けることを、嬉しく思います。

さあ、上記2つの新しいワザを伝授しました。さっそく変数の中に本文を作ります。変数名は分かりやすく$honbunとしましょう。一気にいきますよ。覚悟してくださいね！

shop_form_done.php ●7-3-5

```php
35 |print $tel.'<br />';
36 |
37 |$honbun='';          ← 最初だけ空っぽを
38 |$honbun.=$onamae." 様 \n\n このたびはご注文ありがとうございました。\n";   コピーします。こ
39 |$honbun.="\n";                                                             れも「初期化」の1
40 |$honbun."ご注文商品 \n";                                                   つです。
41 |$honbun.="--------------------\n";
42 |
43 |$cart= $_SESSION['cart'];
44 |$kazu= $_SESSION['kazu'];
45 |$max=count($cart);
46 |
47 |$dsn = 'mysql:dbname=shop;host=localhost';
48 |$user = 'root';
49 |$password = '';
50 |$dbh = new PDO($dsn, $user, $password);
51 |$dbh->query('SET NAMES utf8');
52 |
53 |for($i=0; $i<$max; $i++)
54 |{
55 |     $sql = 'SELECT name,price FROM mst_product WHERE code=?';
56 |     $stmt = $dbh->prepare($sql);
57 |     $data[0]=$cart[$i];
58 |     $stmt->execute($data);
59 |
60 |     $rec = $stmt->fetch(PDO::FETCH_ASSOC);
61 |
62 |     $name = $rec['name'];
63 |     $price = $rec['price'];
64 |     $suryo = $kazu[$i];
65 |     $shokei = $price * $suryo;
66 |
67 |     $honbun.=$name.' ';
68 |     $honbun.=$price.'円 x ';
69 |     $honbun.=$suryo.'個 = ';
70 |     $honbun.=$shokei."円 \n";
71 |}
72 |
73 |$dbh = null;
74 |
75 |$honbun.=" 送料は無料です。\n";
76 |$honbun.="--------------------\n";
77 |$honbun.="\n";
78 |$honbun.=" 代金は以下の口座にお振込ください。\n";
79 |$honbun.=" ろくまる銀行 やさい支店 普通口座 1234567\n";
80 |$honbun.=" 入金確認が取れ次第、梱包、発送させていただきます。\n";
81 |$honbun.="\n";
82 |$honbun.=" □□□□□□□□□□□□□ \n";
83 |$honbun.="   ～安心野菜のろくまる農園～ \n";
84 |$honbun.="\n";
85 |$honbun.=" ○○県六丸郡六丸村 123-4\n";
86 |$honbun.=" 電話 090-6060-xxxx\n";
87 |$honbun.=" メール info@rokumarunouen.co.jp\n";
88 |$honbun.=" □□□□□□□□□□□□□ \n";
```

注文した商品の情報です。

振り込み先のご案内や、お店の情報です。

```
89
90 |}
91 |catch (Exception $e)
```

ふう～、できましたか？ けっこう大変になってきましたね。でも、すでにお伝えしたワザだけで作られていますよ。そして大切なのは、お客様の信頼です。そのための苦労は惜しまない、これが大切なのです。それにもっと大切なことがあります。ネットショップがなかった頃は、人が手作業でやってたんですよ。書類を仕上げて、電話やFAX、郵便を使って。でも今はこうしてプログラムさえ作ってしまえば、あとはコンピュータが自動でやってくれるんです。「なんか面倒なプログラムだな～」なんて言ってたらバチがあたりますよ。

さあ、次はこの$honbunの中に作った文章をメール送信するのですが、その前に、本当に文章ができたか確認したいですね。試しにprint命令で$honbunを画面に表示してみましょうか。

shop_form_done.php　　　　　　　　　　　　　　　　　　　　　　●7-3-6

```
88 |$honbun.=" □□□□□□□□□□□ ¥n";
89 |print '<br />';        動作テストのためにこうして表示してみます。
90 |print $honbun;         うまくいったらこの行は不要になります。
91 |}
```

さあ、動かしてみましょう

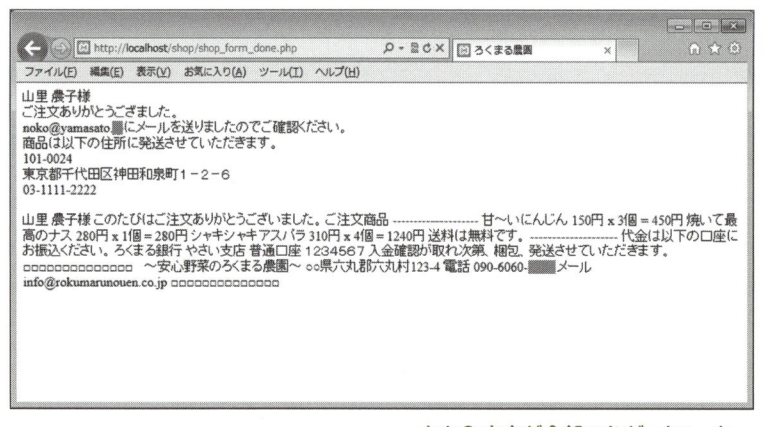

あれ？ 本文が全部つながっちゃった…

あれ～～～、なんでしょうこれは！？ メール本文がぜ～んぶつながってます。こんなのお客様に送ってはマズいですね。

ところが！ 実はこれでいいのです。先ほど、「ブラウザ以外の世界では改行は¥n（Macは \n）で表す」と解説しましたね。ちゃんと改行は入っているのです。でもブラウザに表示したから、つながっちゃったんです。だってブラウザでは
タグでないと改行しませんから。

そうはいっても、メール本文がきちんと作られているか確認したいのに、これでは困りますね。大丈夫です。¥nを
に自動で直してくれる命令があるのです。

● 7-3-7

これが改行マーク「¥n」を
にしてくれる命令だ！
この命令でくくってあげるだけです。

nl2br ← 「えぬえる2びーあーる」ですよ。

使い方はこうです。

```
print nl2br($honbun);
```

これだけで、$honbunの中の「¥n」は「
」に変換されて表示されます。変数の中が書き換わってしまうわけではありませんので、ご安心を。

ではこんな感じに直しましょう。

shop_form_done.php

● 7-3-8

```
90 | print nl2br($honbun);
```

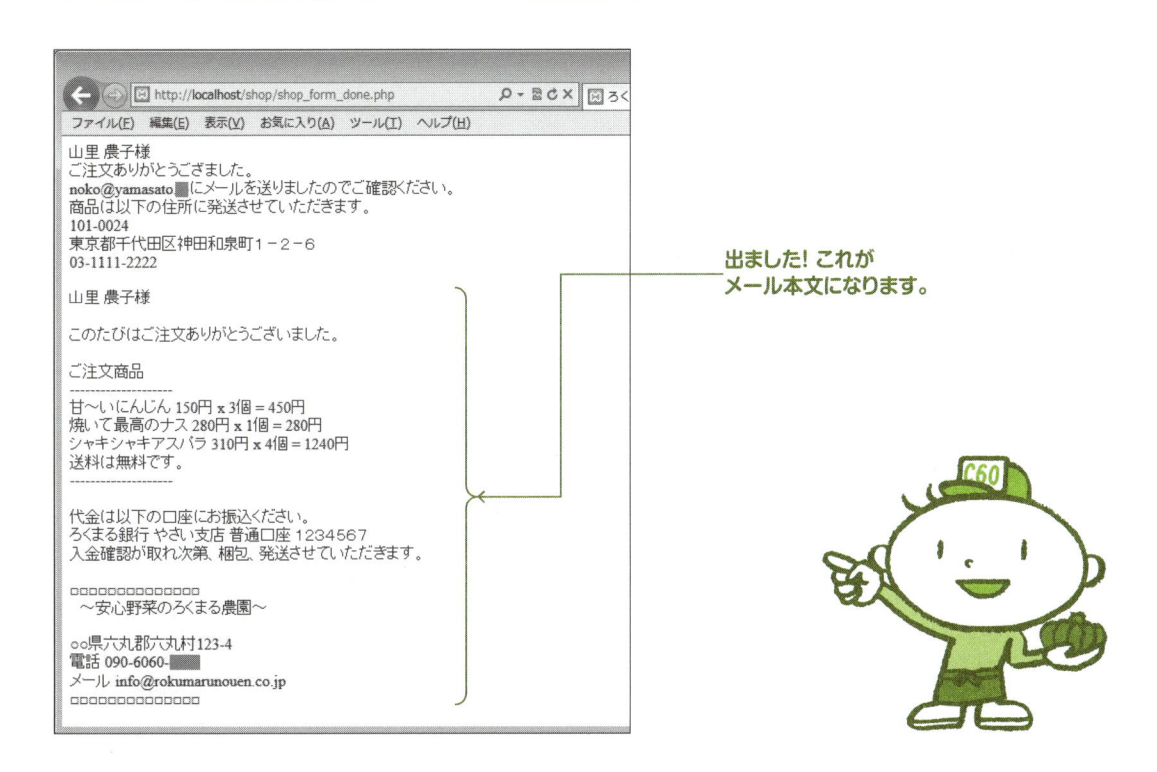

出ました！ これがメール本文になります。

こんな画面になりましたか？ もし変なところがあったらよ～く見ながら、直してくださいね。

7-3 注文登録の画面を作ろう！

❖ メールを送信しよう！

いよいよメールを送信するわけですが、確認のためのprint nl2br($honbun); はもう、いりませんね。でも、削除しちゃうのもなんか忍びないし、また画面で確認したいシチュエーションがあるかもしれません。「消すのはもったいないけど、あっても困る」そんな場合どうしたらいいのでしょう？　またまたワザを伝授いたします！

● 7-3-9

これがプログラムを無効にしてくれる「コメントアウト」だ！

プログラムの先頭にこれを書くだけで、その行は無効になってくれます。

// ←──────── スラッシュ「/」を2つ並べます。

使い方はこうです。

```
//print nl2br($honbun);
```

これだけで、この行のプログラムは何も実行されず、素通りになります。

コメントアウトは、プログラムにメモや解説を残すときにも使われます。

```
// 税率が変わったらここを直す
$tax=1.05;

// 消費税の計算
$seikyu = $kakaku * $tax;
```

こう書いておくことで、後でプログラムを見返したとき、すぐに思い出せるようにすることも大切です。

では、こんな感じにコメントアウトしちゃいましょう。

shop_form_done.php　　　　　　　　　　　　　　　　　　　　　　● 7-3-10

```
89 |//print '<br />';
90 |//print nl2br($honbun);
```

さあ、メールを送信するプログラムを組みましょう。何をしているのかの説明はちょっと難しくなってしまいますので、ここでは解説は省かせてください。興味ある方は調べてみてくださいね。

shop_form_done.php　　　　　　　　　　　　　　　　　　　　　　● 7-3-11

```
90 |//print nl2br($honbun);
91 |
92 |$title = 'ご注文ありがとうございます。';          ← メールタイトルです。
93 |$header = 'From: info@rokumarunouen.co.jp';    ← 送信元（お店側のメールアドレス）です。
94 |$honbun = html_entity_decode($honbun, ENT_QUOTES, 'UTF-8');
95 |mb_language('Japanese');
96 |mb_internal_encoding('UTF-8');
97 |mb_send_mail($email, $title, $honbun, $header); ← これがメールを送信する命令です。$emailが送信先（お客様のメールアドレス）です。
98 |
99 |}
```

では動かしてみましょう。

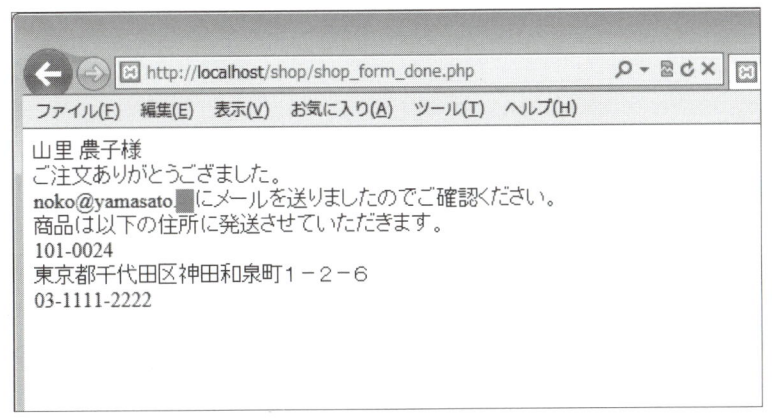

```
http://localhost/shop/shop_form_done.php
ファイル(F)  編集(E)  表示(V)  お気に入り(A)  ツール(T)  ヘルプ(H)

山里 農子様
ご注文ありがとうございました。
noko@yamasato にメールを送りましたのでご確認ください。
商品は以下の住所に発送させていただきます。
101-0024
東京都千代田区神田和泉町1-2-6
03-1111-2222
```

あれ?これでいいのかな?

あれ？ なんか平凡な画面ですね。メールは本当に飛んでいるのでしょうか？ XAMPPのバージョンによっては、mb_send_mail命令の行でWarningの長いメッセージがずらずらと出ているかもしれません。プログラムはメールを飛ばそうとしているのですが、XAMPPはネットにつながっていないから、実際にはメールは飛びません。実際のメールが確認できないのは淋しいですが、レンタルサーバーなどネットにつながっているサーバーで動かすと、本当にメールが飛んできますよ！

ですので、Warningが出ている方、問題ありません。むしろ、Fatal Errorが出ている方はマズイですね。プログラムがどこか間違っていますので、必ず直してください。

❖ メールをお店宛てにも送信しよう！

お客様への自動お礼メールができました。お店側にもメールが来ないと、注文があったことが分かりませんね。どうすればいいのでしょうか？ 実はけっこう簡単にできるんです。お客様向けの送信プログラムをコピーして、そのすぐ下の行に貼り付けて、送信アドレスと受信アドレスを入れ替えればいいのです。メールタイトルもちょっと変えましょうか。

shop_form_done.php
● 7-3-12

```
 97 |mb_send_mail($email, $title, $honbun, $header);
 98 |
 99 |$title  = 'お客様からご注文がありました。';
100 |$header = 'From: '.$email;
101 |$honbun = html_entity_decode($honbun, ENT_QUOTES, 'UTF-8');
102 |mb_language('Japanese');
103 |mb_internal_encoding('UTF-8');
104 |mb_send_mail('info@rokumarunouen.co.jp', $title, $honbun, $header);
105 |
106 |}
```

まず6行をコピー&ペーストしてから改造しましょう。

送信元をお客様のメールアドレスにしています。

送信先をお店のメールアドレスにしています。

では動かしてみましょう。

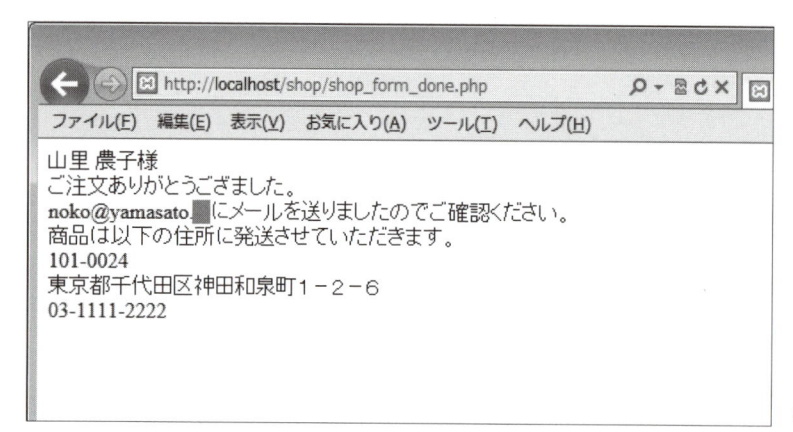

```
http://localhost/shop/shop_form_done.php

ファイル(F)  編集(E)  表示(V)  お気に入り(A)  ツール(T)  ヘルプ(H)

山里 農子様
ご注文ありがとうございました。
noko@yamasato.■にメールを送りましたのでご確認ください。
商品は以下の住所に発送させていただきます。
101-0024
東京都千代田区神田和泉町1-2-6
03-1111-2222
```

あれ？ 変わらないんですけど…

何も変わらないですね。でも大丈夫。ちゃんとメールは飛ぶはずですから。さっきと同じです。XAMPPのバージョンによっては、Warningメッセージが2つ出ているかもしれません。もしFatal Errorが出ていたら、どこかが間違っていますので直してください。レンタルサーバー等で動かすと、お客様とお店の両方にメールが飛んできますよ！

7-4 注文情報をデータベースに追加しよう！

これでショッピングサイトの骨格が完成しますよ！

❖ 1件1件の注文をデータベースに追加したい！

お客様から注文があるとメールが自動で飛んできますので、その都度Excelとかに文面をコピペすれば、注文を記録したり管理したりできます。でも、やっぱりデータベースに自動保存するシステムの方がカッコいいし、便利ですよね。どうしたらいいでしょうか？　データベースに注文情報のテーブルを新規に作成し、INSERT INTO文で追加していけばよさそうですね。そうです！　ここからがデータベースの真骨頂です。なぜデータベースが便利でスゴイのか、実感できますよ！
まず、注文テーブルの仕様を考えましょうか。

お名前、メールアドレス、郵便番号、住所、電話番号、商品コード、数量

こんな感じになりそうですね。でも何か重要なものが足りません。そうです「コード」です。通し番号である「注文コード」が必要ですね。そして注文コードをPrimary（主キー）に設定し、AUTO_INCREMENT（A_I）に設定します。コードの重要性を覚えていますか？　スタッフ管理の仕組みを作っているときにお伝えしましたね。1つのテーブルにはそのテーブルを代表する通し番号であるコードが必要です。
もう1つ重要なものが足りません。後で何かお客様とトラブルが起こったときのために、注文を受けた日時を記録に残しておきたいのです。
郵便番号はどうしましょうか？　入力は3桁部分と4桁部分に分けていましたので、フィールドも「郵便番号1」「郵便番号2」のように2つに分けましょうか。
もう自然に決まってきますね。こんな感じでいかがでしょう。

注文コード、注文日時、お名前、メールアドレス、郵便番号1、郵便番号2、住所、電話番号、商品コード、数量

うんうん、何かよさそうですね。
例えば30件目の注文が「10月31日12:30:30に山里農子さんがアスパラを10皿購入」だったとしましょう。こんなレコードになりそうです。

30　20131031123030　山里農子　noko@yamasato.xx　101　0024　東京都千代田区神田和泉町1-2-6　03-1111-2222　5　10

これをINSET INTO で注文データのテーブルに追加すればよさそうです。 ん！？ちょっと待ってくださいよ！ アスパラを10皿だけなら、これでよさそうです。でももし、他の商品もたくさん買ってくれたらどうなるのでしょう？

30 20131031123030 山里農子 noko@yamasato.xx 101 0024 東京都千代田区神田和泉町 1-2-6 03-1111-2222 5 10
31 20131031123030 山里農子 noko@yamasato.xx 101 0024 東京都千代田区神田和泉町 1-2-6 03-1111-2222 1 6
32 20131031123030 山里農子 noko@yamasato.xx 101 0024 東京都千代田区神田和泉町 1-2-6 03-1111-2222 2 5
33 20131031123030 山里農子 noko@yamasato.xx 101 0024 東京都千代田区神田和泉町 1-2-6 03-1111-2222 3 5
34 20131031123030 山里農子 noko@yamasato.xx 101 0024 東京都千代田区神田和泉町 1-2-6 03-1111-2222 4 5
35 20131031123030 山里農子 noko@yamasato.xx 101 0024 東京都千代田区神田和泉町 1-2-6 03-1111-2222 6 3
36 20131031123030 山里農子 noko@yamasato.xx 101 0024 東京都千代田区神田和泉町 1-2-6 03-1111-2222 7 1

パッと見てどうですか？ 注文コードと商品と数量が違うだけで、あとはみんな同じです。これ、ムダだと思いませんか？ だって、全部データベースに保存されるのですよ。
本来、共通部分はひとつにまとめられるのに、それをしないことをITの世界では「データが冗長である」と言います。なるべくデータが冗長にならないようにするのがデータベースのセオリーです。では、どうやってまとめるのでしょうか。アナログな頭で考えてくださいね。
答えはこうです。テーブルを「注文」と「注文明細」に分ければいいのです。

・注文テーブル
　　注文コード　注文日時　お名前　メールアドレス　郵便番号1　郵便番号2　住所　電話番号

・注文明細テーブル
　　注文明細コード　注文コード　商品コード　数量

注文明細テーブルに「注文コード」フィールドがありますね。これがあることで、個々の明細データが、それぞれどの注文（どのお客様による、いつ時点の注文）に所属しているかが分かるのです。つまり明細がバラバラになったりしません。
先ほどのお買い物の例だと、こんなデータになります。

・注文レコード
30 20131031123030 山里農子 noko@yamasato.xx 101 0024 東京都千代田区神田和泉町 1-2-6 03-1111-2222

・注文明細レコード
512 30 5 10
513 30 1 6
514 30 2 5
515 30 3 5
516 30 4 5
517 30 6 3
518 30 7 1

いや〜、ずいぶんスッキリしましたね。でもテーブルを2つに分けちゃったら、後でどうやって見たらいいのでしょうか？　心配いりません。SQL文は複数のテーブルをくっつけてデータを返してくれるのが得意なのです。だから今は心配しないでください。

あった方がいい項目はもうないか、よ〜く考えよう！

さて、データベースに注文テーブルと注文明細テーブルを作成したいのですが、まだ足りないものがないか、よ〜く考えてみましょう。

「会員コード」なんてどうでしょう？　いちど会員登録しておけば、毎回、住所等を入力しなくても、すぐに注文できちゃうショッピングサイトに発展したら素敵ですね。そのときのために今から、注文テーブルに「会員コード」フィールドを仕込んでおきましょう。

今、こんなことを考えた方はいませんか？　「会員コードとか、今すぐ使わないフィールドなんか、後から追加すればいいじゃん」。お気持ちは分かります。Excelならそれでもいいでしょう。でもデータベースの世界では、先に考えられることは最初に徹底的に考えて、設計するのがセオリーなのです。あとからフィールドを追加したり変更したりするのは、できるかぎり避けたいのです。もし、どうしてもフィールドを追加しなければならない事情が後から発生してしまったら、どうするかご存知ですか？　システムのすべてを一旦停止させるのです。画面には「只今メンテナンス中です」とか出しておき、慎重にフィールドを追加します。そして動作テストをした上で、システムを再稼働させます。このような作業を深夜にやったりします。そのくらいデリケートで手間のかかるものなのです。

あと心配なのが、価格の改定です。
商品の価格は商品マスタに入っています。だから注文明細テーブルには、商品コードと数量があればいいはずですね。でも、商品の値段は、時間が経つと変わるものです。注文したその日によって、商品マスタにある価格は毎日変わるかもしれません。もし、注文明細に商品コードしかないと、買った時と違う値段になっていたり、様々なくい違いが生じる恐れがあります。
それを防ぐには、後々になって値段がブレないようにすることです。そのためには、注文が確定した瞬間に、その時点での価格（売価）を商品マスタから取得して、注文明細テーブルに記録しておけばいいのです。だから商品明細には「価格」の欄が必要なのです。
「でも冗長なデータは持たないのがセオリーでは？」　確かにそのとおりです。しかし実際には、このように冗長なデータを持った方がいい場合もあるのです。セオリーは絶対のルールではない、これは以前にもお伝えしましたね。セオリーは特別な事情がなければ守るべきですが、事情があるときは、絶対に従わなくてはいけないというものではないのです。

テーブル仕様を決めて新規に作ろう！

さて、いろいろ堅苦しいことをお伝えしましたが、そろそろテーブル仕様を決めましょうか。注文テーブルと注文明細テーブルを、こう設計してみました。

・注文テーブル
テーブル名：dat_sales

フィールドの意味	フィールド名	型	文字数	インデックス	A_I
注文コード	code	INT		PRIMARY	✓
注文日時	date	TIMESTAMP		---	
会員コード	code_member	INT		---	
お名前	name	VARCHAR	15	---	
メールアドレス	email	VARCHAR	50	---	
郵便番号1	postal1	VARCHAR	3	---	
郵便番号2	postal2	VARCHAR	4	---	
住所	address	VARCHAR	50	---	
電話番号	tel	VARCHAR	13	---	

・注文明細テーブル
テーブル名：dat_sales_product

フィールドの意味	フィールド名	型	文字数	インデックス	A_I
注文明細コード	code	INT		PRIMARY	✓
注文コード	code_sales	INT		---	
商品コード	code_product	INT		---	
価格	price	INT		---	
数量	quantity	INT		---	

新しいデータ型が出てきましたね。

●7-4-1

証拠を残せ！これがTIMESTAMP型だ！

レコードを追加するだけで、その瞬間の日時をデータベースエンジンが勝手にセットしてくれます。お客様が注文を確定した日時を、証拠として残せるのです。

データ種別	意味	文字数	表示
TIMESTAMP	日時	指定しない	YYYY-MM-DD HH:MM:SS 年　月　日　時　分　秒

それではphpMyAdminでテーブルを作成しましょう。作り方はもうお分かりですね。

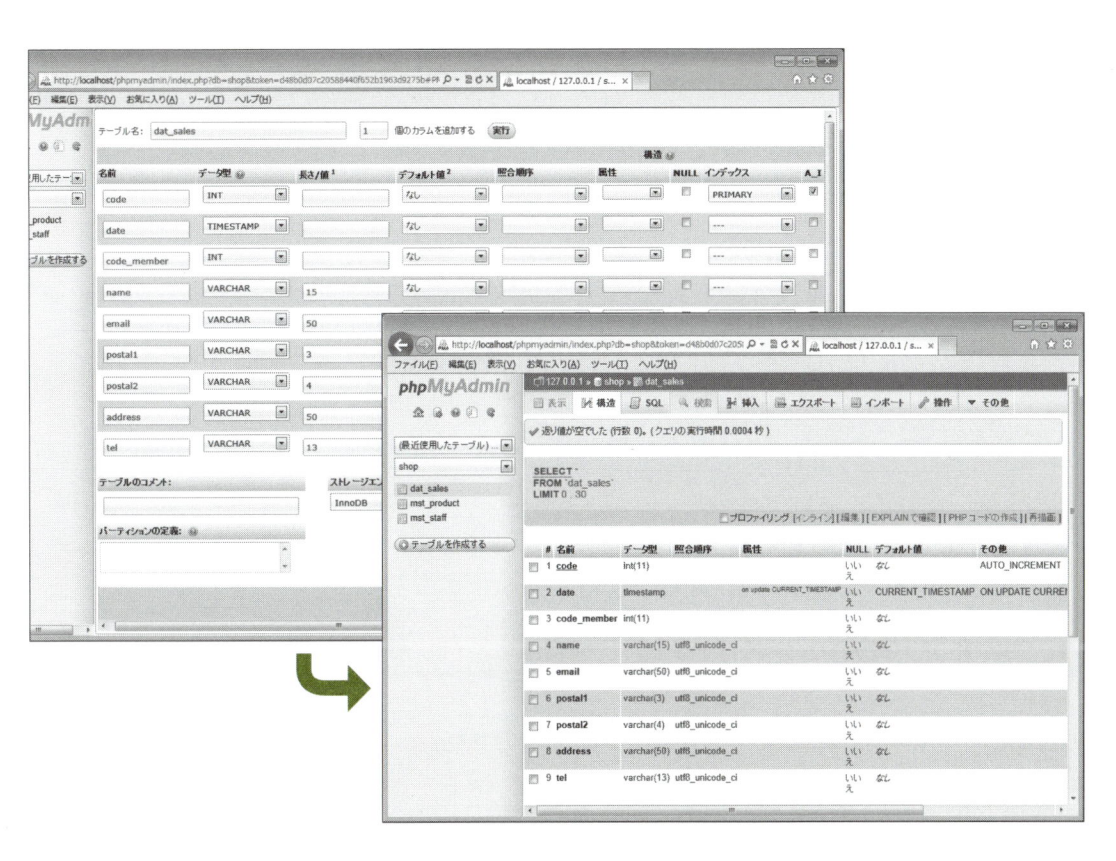

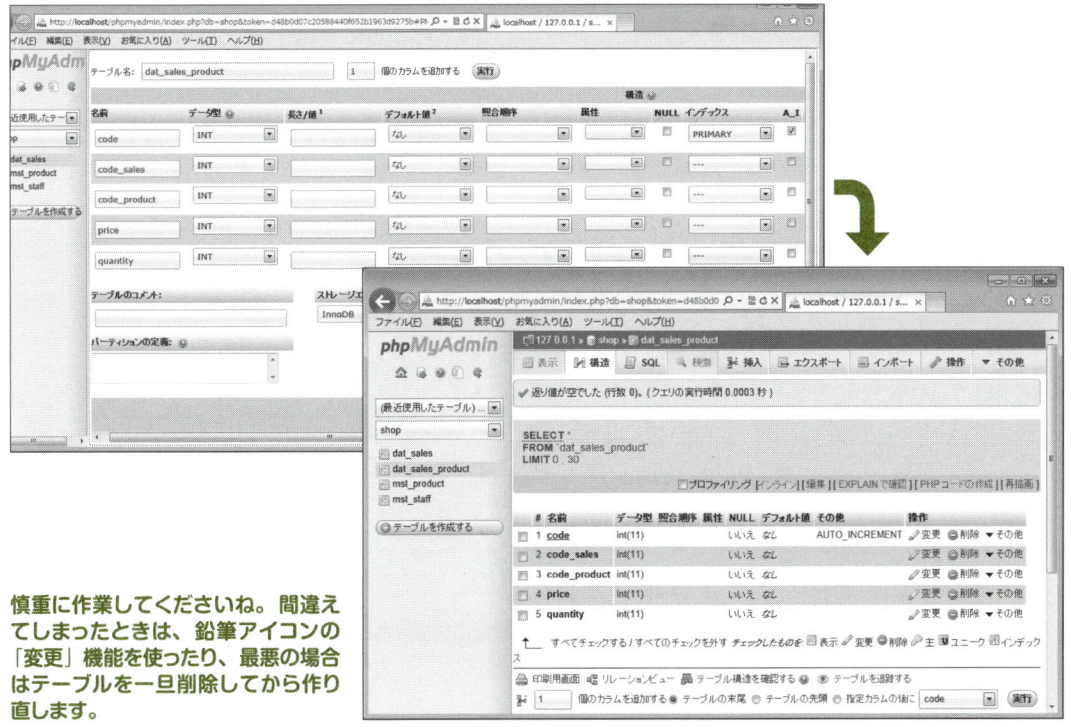

慎重に作業してくださいね。間違えてしまったときは、鉛筆アイコンの「変更」機能を使ったり、最悪の場合はテーブルを一旦削除してから作り直します。

7-4　注文情報をデータベースに追加しよう！

❖ データベースに注文データを保存しよう！

shop_form_done.phpに、さらにプログラムを追加していきます。流れはこうです。
1. 注文データを追加する。
2. 今追加されたばかりの注文コードを取得する。
3. 注文明細データを追加する。商品点数と同じ回数のループを組んで、次々に追加する。

「3.」で注文コードが必要ですね。そのために「2.」の工程が必要になります。
まずはINSERT INTOを使って、注文データをテーブルに追加するわけですが、すでに作ってあるプログラムで配列変数$dataを使っています。つまり$dataにすでにデータが入ってしまっているのです。これをクリアしてあげる必要があります。

● 7-4-2

これが配列をクリアする命令だ！

配列変数にすでに入っているデータをクリアしたい場合、こうします。

$data = array();

注文データを追加するプログラムはこんな感じになりますね。

shop_form_done.php   ● 7-4-3

```
71 |}
72 |
73 |$sql = 'INSERT INTO dat_sales (code_member,name,email,postal1,postal2,address,tel)
     VALUES (?,?,?,?,?,?,?)';
74 |$stmt = $dbh->prepare($sql);
75 |$data = array();
76 |$data[]=0;        ← 会員コードはまだ0を入れておきます。
77 |$data[]=$onamae;
78 |$data[]=$email;
79 |$data[]=$postal1;
80 |$data[]=$postal2;
81 |$data[]=$address;
82 |$data[]=$tel;
83 |$stmt->execute($data);
84 |
85 |$dbh = null;
```

まだプログラムは動かさないでくださいね！ 続いて、今追加したばかりの注文コードを取得します。

● 7-4-4

これが直近に発番された番号を取得するSQL文だ！

このSQL文を使うと、AUTO_INCREMENTで最も最近に発番された番号を取得できます。

SELECT LAST_INSERT_ID ()

今取得した注文コードをいったん、変数$lastcodeに入れておきましょう。こうします。

shop_form_done.php ●7-4-5

```
83|$stmt->execute($data);
84|
85|$sql = 'SELECT LAST_INSERT_ID()';
86|$stmt = $dbh->prepare($sql);
87|$stmt->execute();
88|$rec = $stmt->fetch(PDO::FETCH_ASSOC);
89|$lastcode=$rec['LAST_INSERT_ID()'];
90|
91|$dbh = null;
```

まだ動かしちゃダメですよ！ さあ、どんどんいきましょう。

次に商品明細を追加します。ここで気になるのが価格です。価格mst_productから読み込まなくてはならないですね。面倒ですね。でも！ 価格はすでに、画面に表示するときにデータベースから取得していましたね。あれを流用しちゃいましょう。

shop_form_done.php ●7-4-6

```
63|    $price = $rec['price'];
64|    $kakaku[]=$price;        ←──────── こっそりいただき!
65|    $suryo = $kazu[$i];
```

こうして、価格を配列変数$kakakuに保存しておきます。これで価格を再度読みに行く必要はなくなります。さあ、商品明細を追加するプログラムですよ。

shop_form_done.php ●7-4-7

```
 90|$lastcode=$rec['LAST_INSERT_ID()'];
 91|
 92|for($i=0 ; $i<$max ; $i++)
 93|{
 94|    $sql = 'INSERT INTO dat_sales_product (code_sales,code_product,price,quantity) VALUES (?,?,?,?)';
 95|    $stmt = $dbh->prepare($sql);
 96|    $data = array();
 97|    $data[]=$lastcode;
 98|    $data[]=$cart[$i];
 99|    $data[]=$kakaku[$i];
100|    $data[]=$kazu[$i];
101|    $stmt->execute($data);
102|}
103|
104|$dbh = null;
```

ずいぶん大きな追加を行いましたね。大丈夫でしょうか？　恐れずに動かしてみましょう。複数の商品をカートに入れて、注文してみてください。エラーが出ましたか？　出たなら直しましょう。エラーが出なかったら、phpMyAdminで、dat_salesテーブルの中身とdat_sales_productテーブルの中身を見てください。

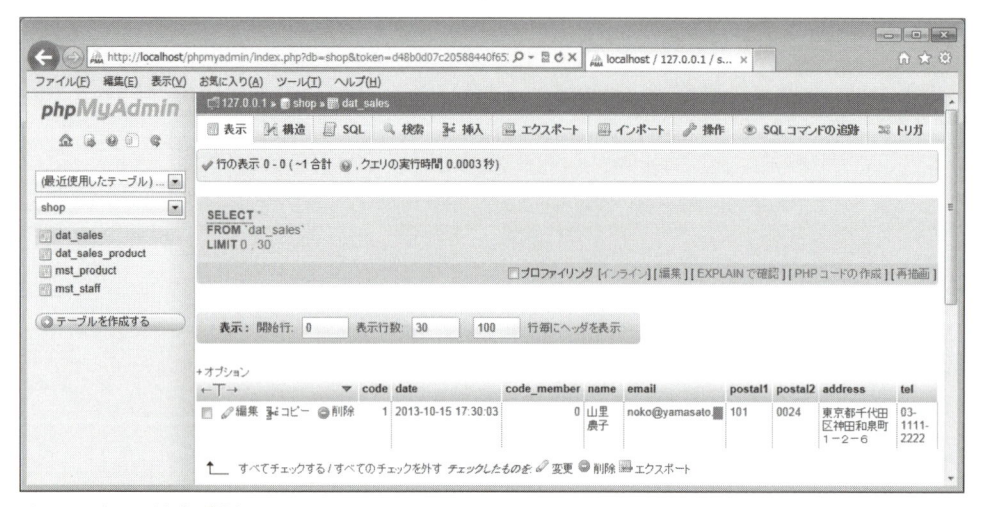

dat_salesに注文が追加されました!

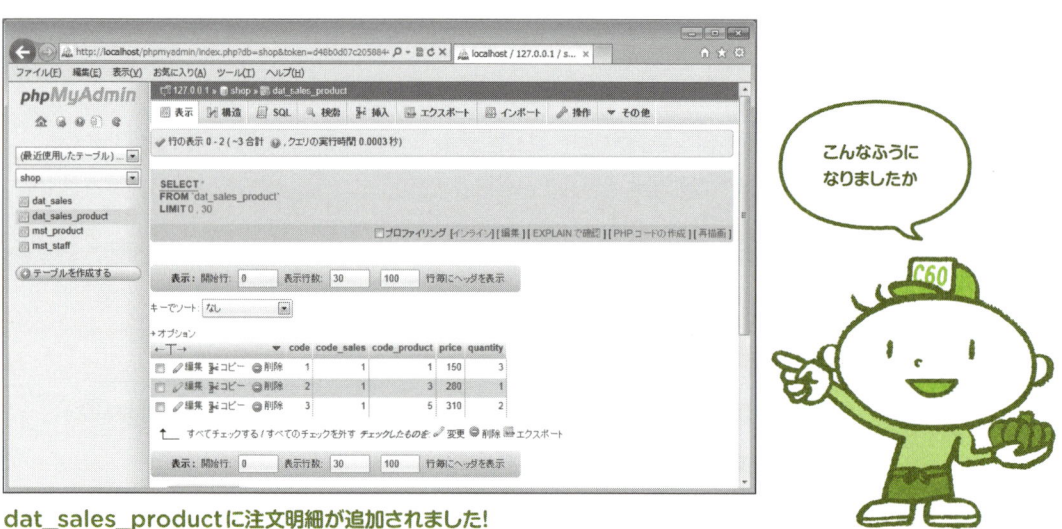

dat_sales_productに注文明細が追加されました!

こんなふうになりましたか

うまく追加されていますでしょうか？　追加されていない、価格が0になってる、その他あるはずのデータがないとしたら、どこかが間違っています。プログラムとにらめっこしながら直していきましょう。ほとんどの人は、直していく過程で変な注文がどんどん追加されてしまうと思います。それは仕方ないものと思ってください。プログラミングの過程では、このような細かい動作テストが必要なのです。動作テストで追加したレコードは削除できますから安心してください。うまくいったようでしたら次に進みましょう！

注文データをSQL文で見てみよう！

注文データが追加されていることは、phpMyAdminでなんとなく確認できました。でも2つのテーブルを行ったり来たりするのは面倒ですね。SQL文を使って一発で確認できないものでしょうか？

先ほど、「ここからがデータベースの真骨頂です」と言いました。それが「テーブルの結合」です！「SQL文は複数のテーブルをくっつけてデータを返してくれるのが大変得意」とも言いましたね。結合といっても、別々のテーブルに保存されたデータが、本当にひとつになってしまうワケではありませんのでご安心ください。SQL文に従って、各テーブルから必要なデータを自動で拾い集め、それらをひとまとまりのデータの形にして返してくれることを、「結合」と呼んでいるのです。

書き方は意外に簡単です。FROMに結合したいテーブルを2つ書き、WHEREにどのフィールド同士を結合させるかを書くだけです。さて「結合させる」といっても、具体的にはどうしたらいいのでしょうか？ 注文明細の各レコードには、注文明細コードのほかに注文コードも保管していますよね。つまり「このレコードはこの注文の明細だよ」と分かるようにするためでした。なので結合すべきは、注文テーブルの注文コードと、注文明細テーブルの中に保存した注文コードです。この2つが同じもの同士を結合させれば、注文ごとに明細がまとまるのです！

◉ 7-4-8

こうやってテーブル同士を結合する！

まず、結合させたい2つのテーブル名を書きます。次に、それぞれのテーブルに含まれていて、かつ、同一の意味を持つデータ同士（下の例では注文コード）のフィールド名を指定します。

「.」を使って「○○テーブルの△△フィールド」という表現ができます。

```
SELECT * FROM dat_sales, dat_sales_product WHERE dat_sales.code=dat_sales_product.code_sales
```

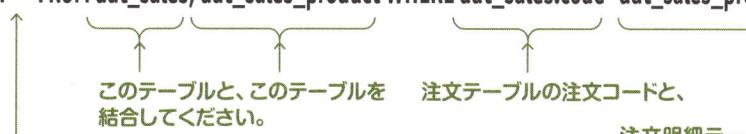

- このテーブルと、このテーブルを結合してください。
- 注文テーブルの注文コードと、注文明細テーブルに保管した注文コードが同じものを結合したい。
- ＊は「全フィールドをください」という意味です。

分かりやすい例で説明するとこんな感じです。
お客様のテーブルと、どのケーキがどのお客様のお好みかを示すテーブルがあったとします。
お客様のお好みが一目で分かるよう、両方のテーブルを結合するには、こんなSQL文を書きます。すると…

```
SELECT name,cake FROM okyaku,okonomi WHERE okyaku.code=okonomi.suki
```

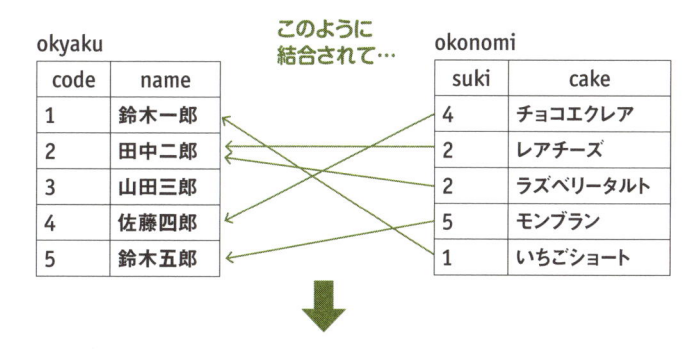

このように結合されて…

okyaku

code	name
1	鈴木一郎
2	田中二郎
3	山田三郎
4	佐藤四郎
5	鈴木五郎

okonomi

suki	cake
4	チョコエクレア
2	レアチーズ
2	ラズベリータルト
5	モンブラン
1	いちごショート

7-4 注文情報をデータベースに追加しよう！

こうなります!

鈴木一郎	いちごショート
田中二郎	レアチーズ
田中二郎	ラズベリータルト
佐藤四郎	チョコエクレア
鈴木五郎	モンブラン

このように結合されます。田中二郎さんはレアチーズとラズベリータルトが好きなので2回登場します。山田三郎さんの好きなケーキ情報がないので、山田さんは登場しません。

phpMyAdminの「SQL」タブをクリックしてください。ここに先ほどのSQL文を書いて、[実行]ボタンをクリックしてみてください。どうですか？ もしエラーが出たら、SQL文をよ～く見直して打ち直してください。

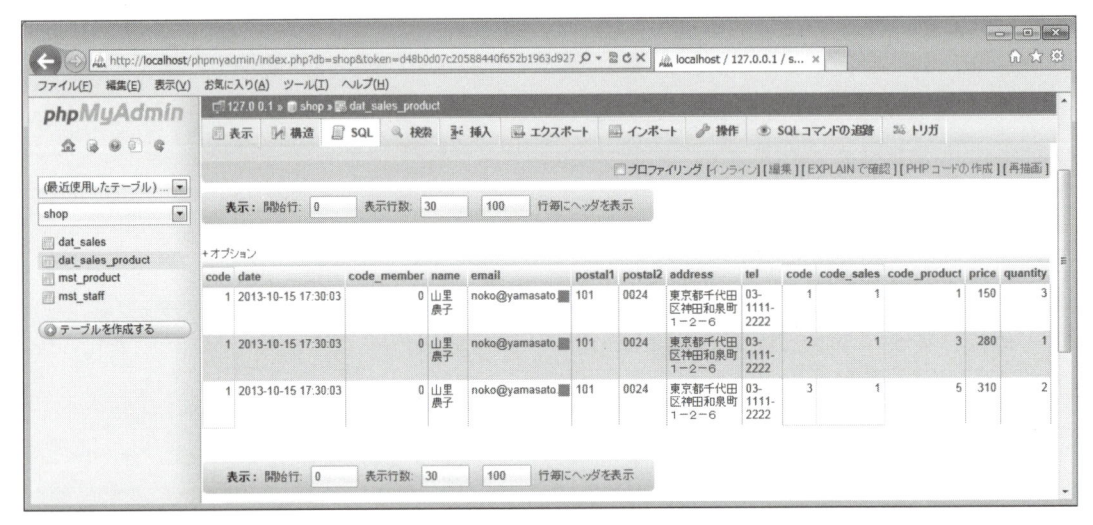

注文テーブルdat_salesと、
注文明細テーブルdat_sales_productが結合されました!

どうですか？ こんな画面になりましたか？ 見事に注文テーブルと注文明細テーブルが結合されましたね。実際のテーブルが結合されちゃってるわけではないのでご安心を。

7-5 もっと安全にしよう！

完成！と言いたいのですが、ちょっと危ない作りになっているので、安全策を講じます。

こんな危険があるのです！

注文の受け付けもできて、もうほとんど完成です。でもまだ危険なんです。いったい何が危険なのでしょう？　めったに起こらないのですが、これが起こると大変なことになるのです。データベースの整合性がめちゃくちゃになってしまうのですよ。
「脅かさないで早く教えてよ」
はい、お教えしましょう。
まず、注文データを追加しましたね。そして、その注文コードがいくつだったのかをLAST_INSERT_IDでもらいましたね。
ここです！
もし、北海道のお客様Aさんと九州のお客様Bさんが、たまたま偶然、ほぼ同じ時刻に注文した場合を考えてみてください。
　　1. Aさんの操作で注文データが追加されます。
　　2. Bさんの操作で注文データが追加されます（ほぼ同時に）。
　　3. Aさんから「今いくつだった？」と、LAST_INSERT_ID文が来ます。
　　4. Bさんから「今いくつだった？」と、LAST_INSERT_ID文が来ます（ほぼ同時に）。
LAST_INSERT_ID文に対して、データベースエンジンはAさんとBさんのどちらのコードを返すのでしょう？　少しでも早かった方でしょうね。でもほぼ同時なので、微妙なタイミングで入れ替わってしまうかもしれません。最悪の場合、両方に同じ番号が返されるかもしれません。これです。これがデータベースを扱う上で、とても危ないことなのです。この問題を回避する方法を伝授いたします。

「待った！私が先です！」

データベースへ注文データを追加する流れを再確認しましょう。
　　1. 注文データを追加
　　2. 今追加された注文コードを取得
　　3. 注文明細データを追加
やったばかりなので分かりますね？　これから伝授するワザは、この一連の流れが終わるまでの間、

他の人のアクセスに「待った！」をかけるというものです。それが「ロック」です。

> ● 7-5-1
>
> **これがロックだ!**
>
> こういうSQL文で「待った!」を掛けます。テーブルロックといいます。
> 自分以外の人はテーブルを使えないようにします。
>
> ●ロックをかけます。
> 「今は私がやり取りするんだから、ほかの人は待ってて!」という宣言です。
>
> **LOCK TABLES dat_sales,dat_sales_product WRITE**
>   ↑   ↑   ↑
>   ロックしたいテーブルを   追加の処理だけにロックを
>   複数指定できます。   かけるという意味です。
>
> ●ロックを解除します。
> 「私はもう終わりました。はい、お次の方どうぞ～」という宣言です。
>
> **UNLOCK TABLES**

これを一連のデータ処理の前に追加します。これでロックがかかり、安全に処理が行えるようになります。

shop_form_done.php　　　　　　　　　　　　　　　　　　　　　● 7-5-2

```
 72 |}
 73 |
 74 |$sql = 'LOCK TABLES dat_sales,dat_sales_product WRITE';
 75 |$stmt = $dbh->prepare($sql);
 76 |$stmt->execute();
 77 |
```

今、この2つのテーブルにアクセスできるのは、ロックをかけた人だけです。今のうちに一連のデータ処理をやってしまいます。その後にこれで、ロックを解除します。

shop_form_done.php　　　　　　　　　　　　　　　　　　　　　● 7-5-3

```
106 |}
107 |
108 |$sql = 'UNLOCK TABLES';
109 |$stmt = $dbh->prepare($sql);
110 |$stmt->execute();
111 |
112 |$dbh = null;
```

ロックが解除されると、待たされていた他の人の処理が実行されます。お行儀よく順番に処理されるのです。この待ち行列のことを専門用語で「キュー」といいます。
さあ、動かしてみましょう。何か注文して、決済まで進んでください。データが追加されているか、

先ほどのようにphpMyAdminでSQL文を使って確認してくださいね。普通にデータが追加されたと思います。でも、以前よりもずっと安全な動作で追加されたのです。

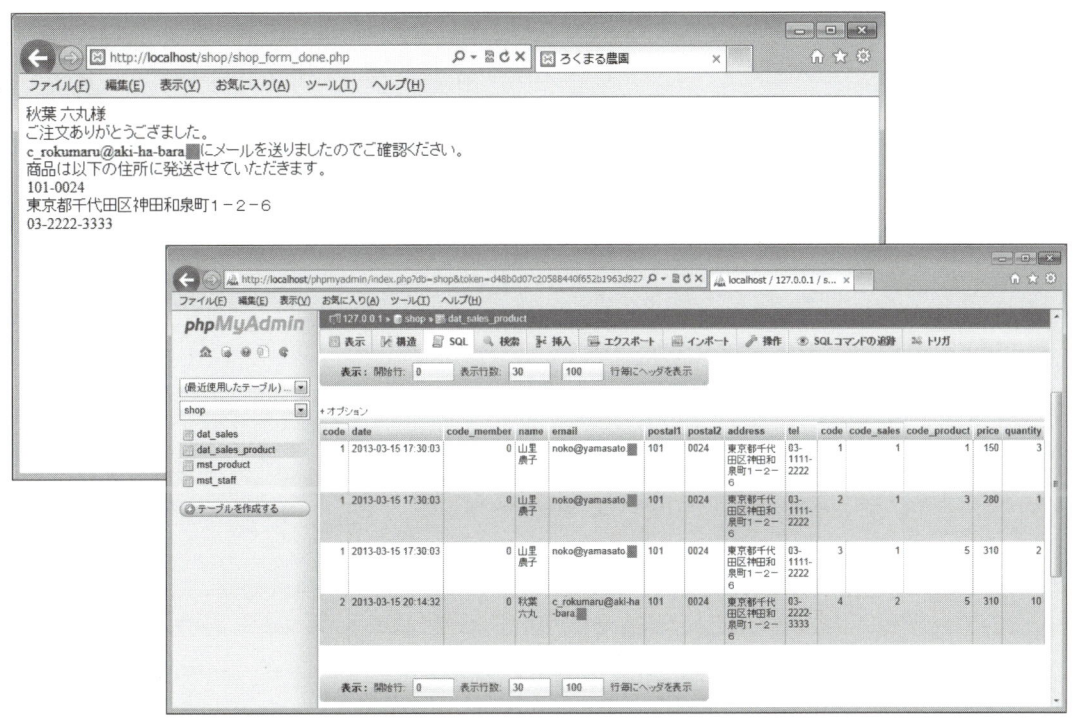

安全に注文データが追加されました。

これからも、テーブルに連続して書いたり読んだりする場合は、必ずロックをかけて下さいね。もちろんロックの解除も忘れずに。

そしてトップ画面へ！

注文を受け付けたら、お客様にはショッピングのトップ画面へ戻ってもらいましょう。もう簡単ですね。これを追加します。

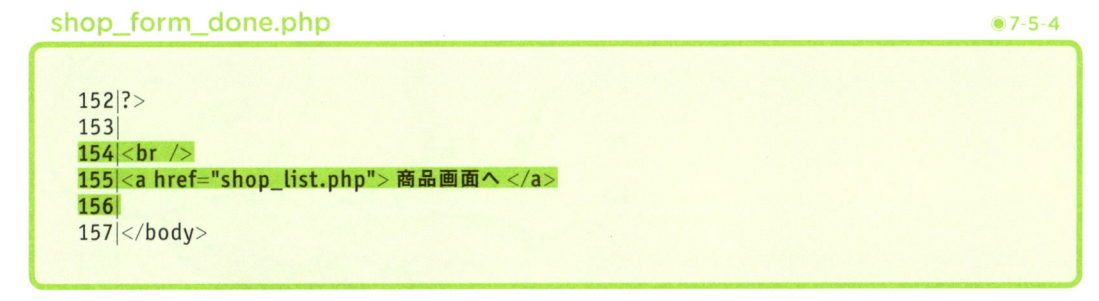

shop_form_done.php ●7-5-4

```
152|?>
153|
154|<br />
155|<a href="shop_list.php"> 商品画面へ </a>
156|
157|</body>
```

さあ、動かしてみてください。できましたね。

「商品画面へ」をクリックすると…

「商品一覧」画面へ戻りました!

　ショッピングカートの章で、「ショッピングカートの正体は、$cart[ ]=$pro_code;　というたった1行です」というお話をしました。でもその周囲を作っていくのが大変なのです。だから多くの皆さんが「自分で作ってみたい！」と思っても、そう簡単にはできないのです。
　でも！！！
　ついにあなたは夢のショッピングカートの仕組みを手にしたのです。しかもあなたの力で1から作り上げたのです。それぞれのフォルダの中身を見てください。今、こうして見てみると、実にたくさんのプログラムを作りましたね。すごいと思いませんか。そう、あなたはすごいことをやってきたんです。とうとうここまで到達したこと、本当におめでとうございます！
　さあ、もうあと少しですよ。

Chapter 8

Excelで
注文管理したい！

本章ではこれを作りますよ！

［order］注文データダウンロード

- **DL1** 注文日選択 → **DL2** ダウンロード

こんなキーワードが出てきますよ！

CSVファイル	変数への文字列追加
プルダウンメニュー	ファイルアクセス
substr	文字コード変換
独自のフィールド名	

注文データは
データベースの中…

**Excelで入金管理をしたい、
宛名ラベルはいつものソフトで印刷したい、など…、
どうしたらいいのでしょう?**

ついに注文受け付けまでできました。
でも、まだやるべきことがあります。
「Excelで入金の管理をしたい」
「宛名ラベルはいつものソフトを使いたい」など、
手元のパソコン上で処理したい場合です。
でも注文データはデータベースの中…
いったいどうすればいいのでしょう?
そうです。注文データを
ダウンロードしてしまえば
いいのです!

（行ってみましょう）

8-1 注文データを日付けで選べるようにしよう！

全てのデータがダウンロードされても困っちゃいます。
いつの注文データが欲しいのか指定したいですね。

DL1 — DL2

❖ CSVファイルって？

注文を受け付けた後、いろいろやることがありますね。代金の請求や入金確認、商品の梱包や発送などなど。そうした諸々をPHPでシステム化したいですか？ 正直、大変ですよ。紙や手作業など、アナログでやった方が楽な作業も多々あります。今、注文データはデータベースサーバーの中にありますね。それを手元のパソコンにダウンロードして、Excelで読めるようにしたらどうでしょう？ あとはExcelでどうにでも加工できます。管理もできます。また、印刷して手作業で処理することもできます。このときダウンロードするファイルの種類が「CSVファイル」なのです。

● 8-1-1

これがCSVファイルだ！

正体はただのテキストファイルです。ファイル名は○○.csvです。

test.csv

test.csvの中身を見ると、データがカンマ「,」で区切られています。
これがCSVファイルの形式です。

```
1,鈴木一郎,男,東京都,1978,済
2,田中次郎,男,千葉県,1965,未
3,山田三子,女,茨城県,1986,未
4,佐藤四美,女,栃木県,1981,済
5,佐々木五郎,男,埼玉県,1959,済
```

ExcelにはCSVファイルを読み込む機能があります。
他にもCSVファイルに対応したソフトはたくさんあります。なので、データベースからデータを読み出して、CSV形式のファイルにしてダウンロードすることができれば、パソコンソフトでいろいろなことができちゃうのです。

ダウンロードの仕様を決めよう！

ダウンロード画面の仕様を決めましょう。
- いつの注文データをダウンロードするのか、日付を指定できる。
- 日付はプルダウンメニューで選択できるようにする。
- 2月30日など、あり得ない日付を選択できてしまうが、今回は厳密にチェックしないこととする。
- CSVファイルの一行はこんな並びとする。
  注文コード,注文日時,会員番号,お名前,メール,郵便番号,住所,TEL,商品コード,商品名,価格,数量

スタッフ管理画面からダウンロード画面に飛べるようにしよう！

まずは、スタッフ管理画面にダウンロードのメニューを追加しましょう。
[staff_login]フォルダのstaff_top.phpをエディタで開いて改造しましょう。

staff_top.php ● 8-1-2

```
31|<br />
32|<a href="../order/order_download.php">注文ダウンロード</a><br />
33|<br />
34|<a href="staff_logout.php">ログアウト</a><br />
```

これでダウンロード画面へ飛ぶメニューが追加されました。

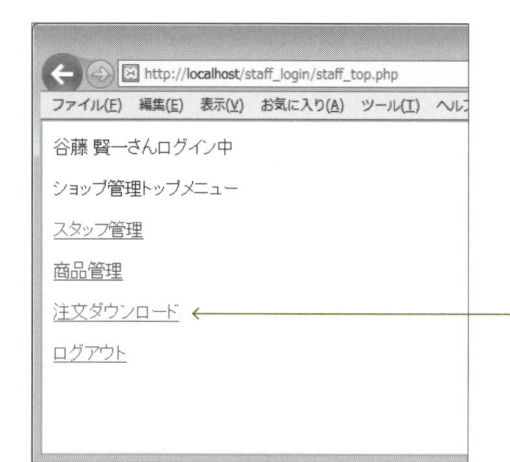

「注文ダウンロード」が追加されました。

❖ ダウンロードしたい注文日付を選択する画面を作ろう！ ▶▶ DL1

［htdocs］フォルダの中に［order］というフォルダを作りましょう。そのフォルダをUTF-8にするために、.htaccessをコピーしてください。［staff_login］フォルダの中のstaff_top.phpを［order］フォルダにコピーして、ファイル名をorder_download.phpに変えてください。エディタで開いたら、<body>の次の行から</body>の前の行までを全部削除してください。これで準備ができました。

これから日付を選択する画面を作ります。<input>タグで、typeをtextにして年月日を入力してもらえば簡単にできそうですが、ここではあえて違う方法でやってみましょう。年月日をそれぞれプルダウンメニューで選ぶようにするのです。2月30日や、4月31日など、あり得ない日付も選択できてしまいますが、そのチェックは大変難しいので、ここでは気にしないことにします。もしそのような日付を選んだとしても、データベースエンジンは何もデータを返してきません。それで問題ありませんので。

● 8-1-3

これがプルダウンメニューの出し方だ！

<select>タグでプルダウンメニューを作り出します。<input>タグと同じ仲間なので<form>と</form>の間に書きます。
以下は季節をプルダウンで選ぶ例です。<option>と</option>で挟んだ文字がプルダウンメニューに現れます。value="○○"の○○が次の画面へと引き渡されます。

```
<form method="post" action="tsugi.php">
<select name="season">
        <option value="haru">春</option>
        <option value="natsu">夏</option>
        <option value="aki">秋</option>
        <option value="fuyu">冬</option>
</select>
<input type="submit" value="OK">
</form>
```

tsugi.phpでは、こうして受け取ります。

```
$season = $_POST['season'];
print $season;
```

春を選んで［OK］ボタンをクリックすれば「haru」、夏なら「natsu」と画面に出るはずです。

ではorder_download.phpにプログラムを書いていきましょう。この画面からの飛び先はorder_download_done.phpにします。

order_download.php

●8-1-4

```
24|<body>
25|
26|ダウンロードしたい注文日を選んでください。<br />
27|<form method="post" action="order_download_done.php">
28|<select name="year">
29|    <option value="2013">2013</option>
30|    <option value="2014">2014</option>
31|    <option value="2015">2015</option>
32|    <option value="2016">2016</option>
33|</select>
34|年
35|<select name="month">
36|    <option value="01">01</option>
37|    <option value="02">02</option>
         ：（中略）
47|    <option value="12">12</option>
48|</select>
49|月
50|<select name="day">
51|    <option value="01">01</option>
52|    <option value="02">02</option>
         ：（中略）
81|    <option value="31">31</option>
82|</select>
83|日 <br />
84|<br />
85|<input type="submit" value=" ダウンロードへ ">
86|</form>
87|
88|</body>
```

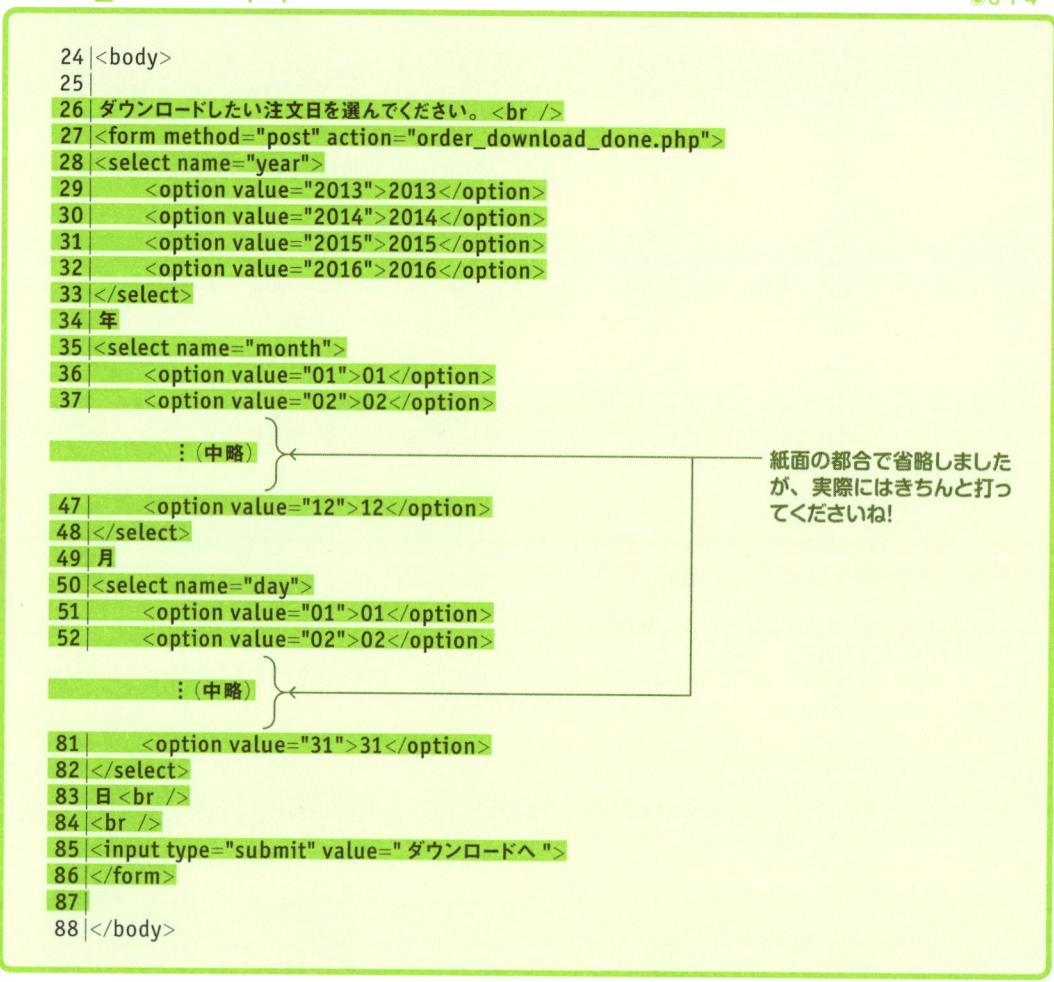

紙面の都合で省略しましたが、実際にはきちんと打ってくださいね！

　この画面を動かそうとしても、ログインしていませんから動きません。スタッフログインの画面から動かしてみましょう。まずスタッフとしてログインしてください。パスワードとか覚えてますか？確か最初の頃、「スタッフ1人分でいいから、ユーザーコードとパスワードを本書の片隅にメモしておいてくださいね」と言いましたね。本書のページを戻ってメモを探してください。メモするのを忘れてしまった？　その場合はスタッフを追加してください。今度はちゃんと、スタッフコードとパスワードを覚えていてくださいね。

　ログインできたら、「ショップ管理トップメニュー」になっているはずです。「注文ダウンロード」メニューが追加されていますね。クリックしてみましょう！

[ブラウザ画面: http://localhost/order/order_download.php]

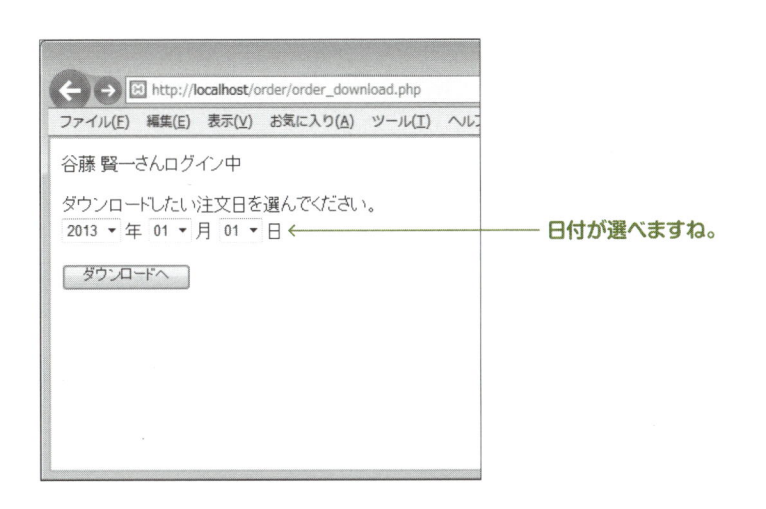

谷藤 賢一さんログイン中
ダウンロードしたい注文日を選んでください。
2013 ▼ 年 01 ▼ 月 01 ▼ 日 ← 日付が選べますね。
[ダウンロードへ]

こうなってますか？ 日付も選べますね。 ［ダウンロードへ］ボタンをクリックしましょう。まだ飛び先のorder_download_done.phpを作っていないので「Object not found!」エラーが出たらOKです。

せっかくなので関数にしよう！

年月日の入力プルダウンをorder_download.phpに直接書きました。でも、年月日の入力って、もしかしたら今後も時々使いそうですね。いかにも繰り返し使いそうな様子を「汎用的である」と言います。汎用的なプログラムを関数にしておくと、毎回いちいちプログラミングする必要がなくなります。せっかくなので、年月日のプルダウンメニューを画面に出す関数を作ってみましょう。年のプルダウン、月のプルダウン、日のプルダウンの3つの関数を作りましょう。関数名も決めましょう。

　　　年のプルダウン……pulldown_year()
　　　月のプルダウン……pulldown_month()
　　　日のプルダウン……pulldown_day()

さあ、あとは作るだけです。関数の作り方、覚えてますか？ ［common］フォルダの中のcommon.phpをエディタで開いてください。ここに3つの関数を作ります。

common.php ● 8-1-5

```
36
37  function pulldown_year()
38  {
39      print '<select name="year">';
40      print '<option value="2013">2013</option>';
41      print '<option value="2014">2014</option>';
42      print '<option value="2015">2015</option>';
43      print '<option value="2016">2016</option>';
```

もちろんorder_download.phpからコピーしてきて作ってもいいですよ。

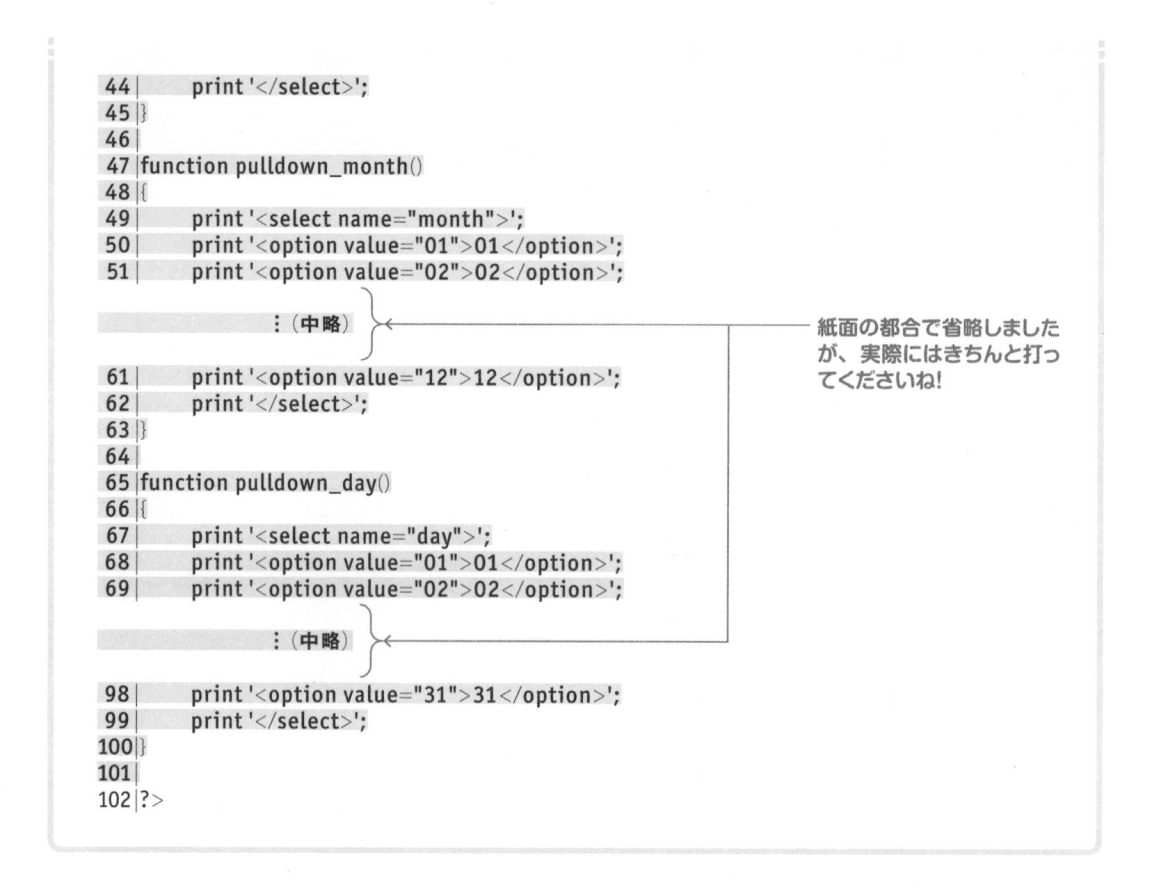

```
 44|        print '</select>';
 45|}
 46|
 47|function pulldown_month()
 48|{
 49|        print '<select name="month">';
 50|        print '<option value="01">01</option>';
 51|        print '<option value="02">02</option>';
            ：(中略)
 61|        print '<option value="12">12</option>';
 62|        print '</select>';
 63|}
 64|
 65|function pulldown_day()
 66|{
 67|        print '<select name="day">';
 68|        print '<option value="01">01</option>';
 69|        print '<option value="02">02</option>';
            ：(中略)
 98|        print '<option value="31">31</option>';
 99|        print '</select>';
100|}
101|
102|?>
```

紙面の都合で省略しましたが、実際にはきちんと打ってくださいね！

これで関数の完成です。実際に使ってみましょう。まずは関数の入っているcommon.phpをインクルードするのでしたね。覚えてますか？

order_download.php ●8-1-6

```
24|<body>
25|
26|<?php
27|require_once('../common/common.php');
28|?>
29|
30|ダウンロードしたい注文日を選んでください。<br />31|<br />
```

覚えてますか？

これでcommon.phpがインクルードされて、中に書かれている関数が使えるようになります。
次に、せっかく書いた<form>〜</form>の中をゴッソリ削除し、こんな感じに書き換えます。

order_download.php ●8-1-7

```
31|<form method="post" action="order_download_done.php">
32|<?php pulldown_year(); ?>
33|年
34|<?php pulldown_month(); ?>
35|月
36|<?php pulldown_day(); ?>
37|日 <br />
38|<br />
39|<input type="submit" value=" ダウンロードへ ">
40|</form>
```

あれ〜！？ずいぶんスッキリしちゃいましたね。これが関数の威力なんです。
さあ、動かしてみましょう。さっきと寸分違わぬ動きをしていますか？　エラーが出たら直しましょう。動いてるけど何をしてるのか分からない方は、関数について解説したページに戻って、思い出してください。分からないまま「動いたから、ま、いっか」で先に行ってはダメです。だって、ここ、感動するところなんですよ。「関数ってスゲー！」って。

8-2 注文データをダウンロードしよう！

選んだ日付の注文データをCSVファイルの形でダウンロードする画面を作りましょう。

◆ どうやってダウンロードするの？

いったいどうやって、データベースの内容をダウンロードするのでしょうか？ 「ダウンロードせよ！」とか「CSV形式に変換せよ！」といった命令があるのでしょうか？ いいえ、そんな命令はありません。泥臭いプログラムを組んで実現するのです。こんな感じです。

1. SQL文を使って、指定した日付の注文データを取得する。
2. 間にカンマを挟みながら、取得したデータをある変数に結合して数珠つなぎにしていく。
3. その変数をファイルとして書き込む。
4. htmlの<a>タグでそのファイルにリンクを張る。

◆ どんなSQL文にしたらいいのでしょうか？

まずは最初のSQL文を考えてみましょう。以前やったSQL文はこうでした。
SELECT * FROM dat_sales, dat_sales_product WHERE dat_sales.code=dat_sales_product.code_sales
これだと、全部の注文データが取り出されてしまいます。これを日付で絞り込みたいのですよね。WHEREに絞り込み条件として日付を追加すればよさそうです。でもどうやって？ ここからはちょっと難しくなりますので、じっくりと理解してくださいね。

まず、dat_salesのdateフィールドに注文日付が入ってますね。この注文日付と、画面のプルダウンで選択した日付が同じであるデータだけに絞り込むのです。dateフィールドはTIMESTAMP型ですので、年月日時分秒がこんな形で入っています。
　　　9999-99-99 99:99:99

年は、1桁目から4文字
月は、6桁目から2文字
日は、9桁目から2文字

ですね。分かりますか？

上記のようにデータを切り取って、それぞれ「プルダウンで選択した年、月、日、と同じだったら」という条件で絞り込むのです。でも、何桁目から何文字を切り出すという処理は、どうやったらいいのでしょう？　実はSQL文にはいろんな関数が用意されているのです。ここで「文字を切り出す」技術を伝授いたします！　これはPHPではなくてSQL文ですから、混乱しないようにしてくださいね。

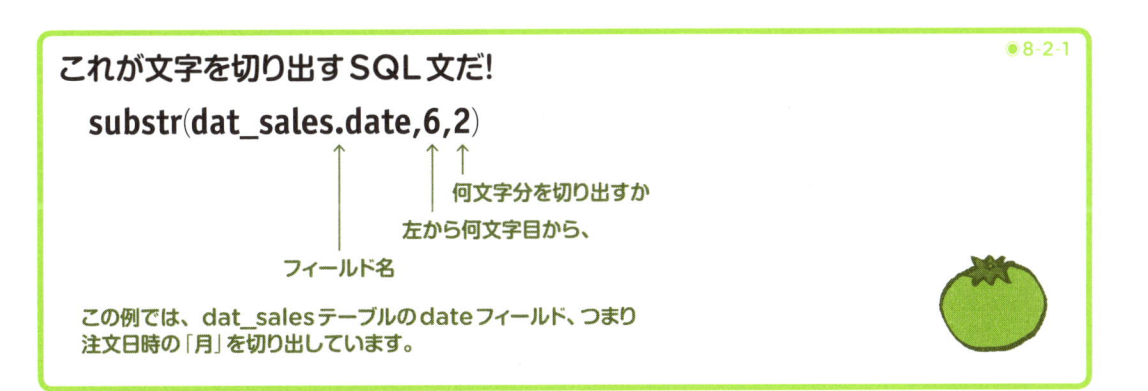

●8-2-1

これが文字を切り出すSQL文だ!

substr(dat_sales.date,6,2)

↑フィールド名
↑左から何文字目から、
↑何文字分を切り出すか

この例では、dat_salesテーブルのdateフィールド、つまり注文日時の「月」を切り出しています。

さあ、これからSQL文が長くなりそうですね。長くなっていいんです。ただし、だんだん見づらくなってきますので、行を分けて書きましょう。行を分けても、1行の文であることは変わりませんのでご安心を。SQL文はこんな感じになります。WHEREに書く条件は、ANDで複数書くことができるんですよ。

例：2013年12月31日の注文、注文明細を取り出したい。

●8-2-2

```
SELECT
    *
FROM
    dat_sales, dat_sales_product
WHERE
    dat_sales.code=dat_sales_product.code_sales
    AND substr(dat_sales.date,1,4)="2013"
    AND substr(dat_sales.date,6,2)="12"
    AND substr(dat_sales.date,9,2)="31"
```

実際にphpMyAdminで実験してください。ただし日付は、あなたのdat_salesテーブルに今入っている注文データの日付にしてくださいね。

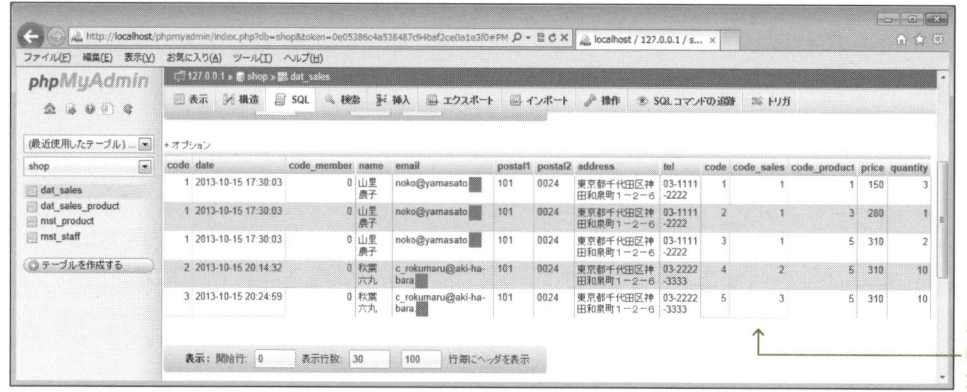

こんな感じに出ましたか？

これだと、商品コードで表示されているので、どの商品か分かりませんね。商品名は商品マスタmst_productテーブルに入っています。ではテーブルを3つ連結してみましょう。そんなことができるのでしょうか？　それができてしまうからSQLってスゴイのです。ここから先は入力場所を変えましょう！　画面の左上に実行されたSQL文がカラフルに表示されていますね。その右下あたりに［編集］というリンクがあります。そこをクリックすると、SQL文を入力する独立したウインドウが開きます。こちらを使いましょう。なぜこちらのほうが良いかと言いますと、［実行］ボタンをクリックしても入力したSQL文が消されないですむからです！

● 8-2-3

```
SELECT
    *
FROM
    dat_sales, dat_sales_product, mst_product
WHERE
    dat_sales.code=dat_sales_product.code_sales
    AND dat_sales_product.code_product=mst_product.code
    AND substr(dat_sales.date,1,4)="2013"
    AND substr(dat_sales.date,6,2)="12"
    AND substr(dat_sales.date,9,2)="31"
```

分かりますか？　FROMにmst_productを加えました。そしてWHEREにmst_productとの接続条件を加えました。さあ、実際にphpMyAdminでやってみてください。しつこいようですが、日付はあなたのdat_salesテーブルに今入っている注文データの日付にしてくださいね。

商品名まで出ましたね!

どうですか?すごいでしょう! これでデータの取り出しはなんとかなりそうです。ただし3つもテーブルを連結しましたので、「*」で全フィールドのデータをもらうのではムダが生じます。データベースのセオリーとしては、「*」を使わず、必要なフィールドだけをズラズラと並べて書く方が正解です。面倒ですか? はい、面倒でもやるんです。

● 8-2-4

```
SELECT
    dat_sales.code,
    dat_sales.date,
    dat_sales.code_member,
    dat_sales.name,
    dat_sales.email,
    dat_sales.postal1,
    dat_sales.postal2,
    dat_sales.address,
    dat_sales.tel,
    dat_sales_product.code_product,
    mst_product.name,
    dat_sales_product.price,
    dat_sales_product.quantity
FROM
    dat_sales, dat_sales_product, mst_product
WHERE
    dat_sales.code=dat_sales_product.code_sales
    AND dat_sales_product.code_product=mst_product.code
    AND substr(dat_sales.date,1,4)="2013"
    AND substr(dat_sales.date,6,2)="12"
    AND substr(dat_sales.date,9,2)="31"
```

*を使うのをやめて、必要なフィールドを全部書きます。

うわ〜、なんか壮観ですね。実際にphpMyAdminでやってみてください。

8-2 注文データをダウンロードしよう! 261

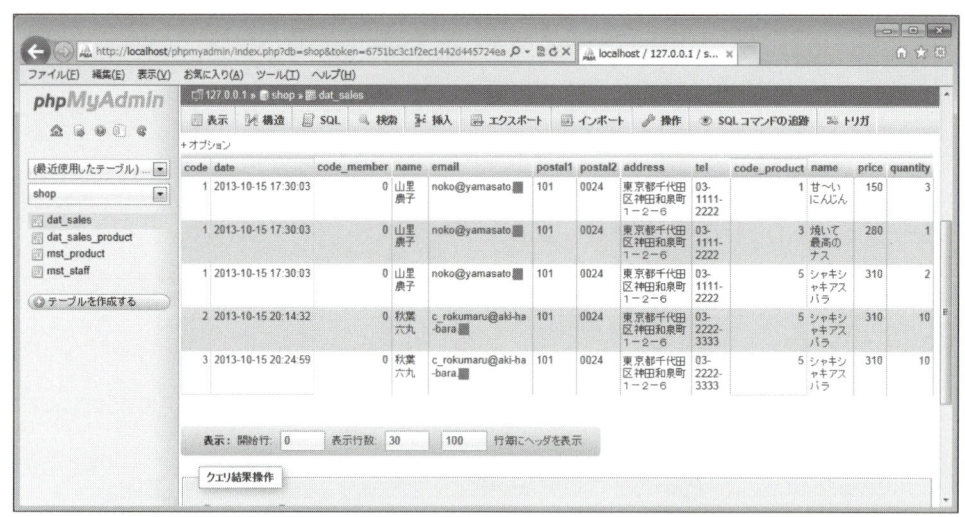

必要なフィールドだけになりました。

これで必要なフィールドだけになりましたね。もうプログラムが組めそうですが…、またもや困ったことが起こります。例えば、お客様のお名前は、どうやって取り出すのでしょうか？
　　　$onamae=$rec['name'];
今まではこれでよかったですね。でも、注文データにも商品マスタにも「name」と名付けたフィールドがあります。いったいどうやって区別して取り出すのでしょう？
　　　$onamae=$rec['dat_sales.name'];
　　　$shohinmei=$rec['mst_product.name'];

これでいけそうかな、と考えた方も多いでしょう。でも残念！これではダメなんです。「理由は？」と訊かれても、「テーブル名.フィールド名」の形で連想配列として取り出せないようになっている、としか言えません。このくらいできてもよさそうなものですけどね。
「え～～！ではどうするのさ！？」
大丈夫、ちゃんと方法があります。

焦らないでね

●8-2-5

これが独自のフィールド名を設定する方法だ!

こうして、独自のフィールド名を自由に名付けることができるのです。

SELECT
 table.name AS onamae
   ↑   ↑   ↑
テーブル名　フィールド名　自由に付けた名前

独自のフィールド名を設定したことで、データが取り出せるようになります。

✗ **$onamae = $rec['table.name'];** ← これはできません…
○ **$onamae = $rec['onamae'];** ←──── これで取り出せます!

違うテーブルで同じフィールド名はどれでしょう？　どうやら、dat_salesテーブルのnameフィールドと、mst_productテーブルのnameフィールドがそうですね。では、どんな仮の名前を付けましょうか。もう考えても面倒なので、テーブル名とフィールド名をくっつけて、
dat_sales_name
mst_product_name
でいきましょう。SQL文はこうなります。

●8-2-6

```
SELECT
    dat_sales.code,
    dat_sales.date,
    dat_sales.code_member,
    dat_sales.name AS dat_sales_name,
    dat_sales.email,
    dat_sales.postal1,
    dat_sales.postal2,
    dat_sales.address,
    dat_sales.tel,
    dat_sales_product.code_product,
    mst_product.name AS mst_product_name,
    dat_sales_product.price,
    dat_sales_product.quantity
FROM
    dat_sales, dat_sales_product, mst_product
WHERE
    dat_sales.code=dat_sales_product.code_sales
    AND dat_sales_product.code_product=mst_product.code
    AND substr(dat_sales.date,1,4)="2013"
    AND substr(dat_sales.date,6,2)="12"
    AND substr(dat_sales.date,9,2)="31"
```

実際にphpMyAdminでやってみてください。どうですか、表の上のフィールド名が変わりましたね。

フィールド名がdat_sales_nameと、mst_product_nameにそれぞれ変わりました!

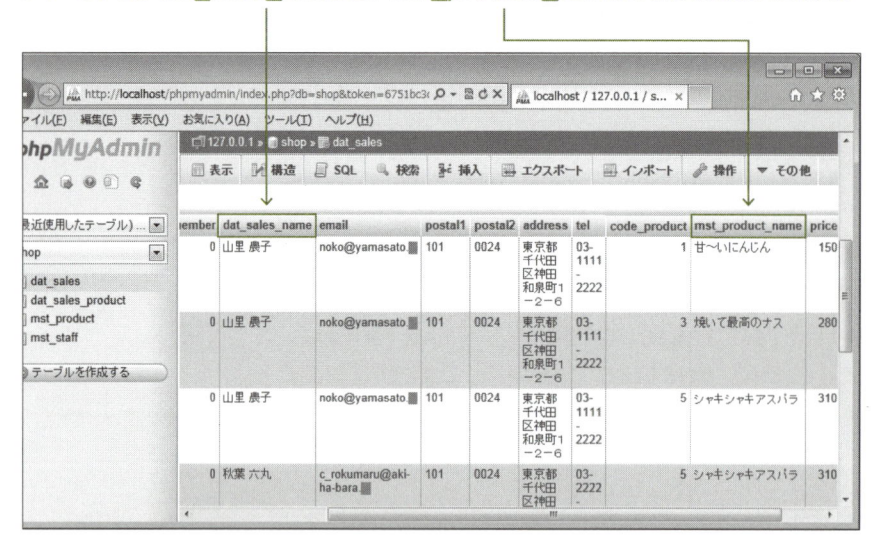

これでSQL文はできました! この後、プログラムで使いますので、どこかにコピーしていつでも使えるようにしておいてくださいね。

文字データを変数に数珠つなぎにするには?

CSVファイルを作るには、まず変数にファイルの内容を構築してから、ファイルとしてフォルダ内に書き込みます。では変数にCSVデータを数珠つなぎに構築していくには、どうしたらいいのでしょうか？変数に文字や記号をどんどん追加する方法は、メール本文を作るところですでにお伝えしましたよね。覚えてますか？ あれを応用するんです。最初だけ普通にコピーして、あとは「.=」で追加していけばいいんです。こんなかんじです。

●8-2-7

これが文字データを数珠つなぎにする方法だ!

```
$csv = ' 社員番号 , 氏名 , 部署 ';
$csv .= "¥n";
$csv .= '1001';
$csv .= ',';
$csv .= ' 鈴木一郎 ';
$csv .= ',';
$csv .= ' 販売部 ';
$csv .= "¥n";
$csv .= '1002';
$csv .= ',';
$csv .= ' 田中次郎 ';
$csv .= ',';
$csv .= ' 経理部 ';
$csv .= "¥n";
```

- 最初だけ「=」でコピーします。次から「.=」でどんどん追加していけます。
- 改行マーク（¥n）だけはほかと異なり、ダブルクォーテーション「"」でくくってください。Macの方は「¥n」ではなく「\n」になります。
- CSVの区切り記号のカンマは、このように追加します。
- 改行です。
- 2人目以降も同じように追加していけます。
- 改行です。

これでCSVファイルが作れそうですね。

ダウンロードを実行する画面を作ろう！ ▶▶ DL2

また楽をして作るために、すでに作ったプログラムをコピーして改造しちゃいましょう。そうですね、[staff]フォルダのstaff_list.phpを拝借しましょうか。[order]フォルダにコピーして、ファイル名をorder_download_done.phpに変えてください。

エディタで開いたら、print 'スタッフ一覧

';から、print '</form>';までを削除しちゃってください。

まずは、変数$csvにCSVファイルの中身となるデータを構築するプログラムを作り、画面に出して確認するところから始めましょう。実際にCSVファイルを生成するのはその後です。

order_download_done.php ● 8-2-8

```php
29 {
30
31 $year=$_POST['year'];
32 $month=$_POST['month'];      ← プルダウンメニューで選ばれた年月日です。
33 $day=$_POST['day'];
34
     :
41 $sql = '                     ← このようにシングルクォーテー
42 SELECT                          ションで大きく
43     dat_sales.code,             くくることもで
44     dat_sales.date,             きます。
45     dat_sales.code_member,
46     dat_sales.name AS dat_sales_name,
47     dat_sales.email,
48     dat_sales.postal1,
49     dat_sales.postal2,
50     dat_sales.address,
51     dat_sales.tel,
52     dat_sales_product.code_product,
53     mst_product.name AS mst_product_name,   先ほどphpMy
54     dat_sales_product.price,                Adminで実験し
55     dat_sales_product.quantity              たSQL文をコ
56 FROM                                        ピーすれば楽です
57     dat_sales, dat_sales_product, mst_product  ね。最後の日付
58 WHERE                                       けはそのままでは
69     dat_sales.code=dat_sales_product.code_sales  ダメですよ。
60     AND dat_sales_product.code_product=mst_product.code
61     AND substr(dat_sales.date,1,4)=?
62     AND substr(dat_sales.date,6,2)=?
63     AND substr(dat_sales.date,9,2)=?
64 ';
```

```php
 65 |$stmt = $dbh->prepare($sql);
 66 |$data[]=$year;
 67 |$data[]=$month;
 68 |$data[]=$day;
 69 |$stmt->execute($data);
 70 |
 71 |$dbh = null;
 72 |
 73 |$csv='注文コード,注文日時,会員番号,お名前,メール,郵便番号,住所,TEL,商品コード,商品名,価格,数量';
 74 |$csv.="\n";
 75 |while(true)
 76 |{
 77 |    $rec = $stmt->fetch(PDO::FETCH_ASSOC);
 78 |    if($rec==false)
 79 |    {
 80 |        break;
 81 |    }
 82 |    $csv .= $rec['code'];
 83 |    $csv .= ',';
 84 |    $csv .= $rec['date'];
 85 |    $csv .= ',';
 86 |    $csv .= $rec['code_member'];
 87 |    $csv .= ',';
 88 |    $csv .= $rec['dat_sales_name'];
 89 |    $csv .= ',';
 90 |    $csv .= $rec['email'];
 91 |    $csv .= ',';
 92 |    $csv .= $rec['postal1'].'-'.$rec['postal2'];
 93 |    $csv .= ',';
 94 |    $csv .= $rec['address'];
 95 |    $csv .= ',';
 96 |    $csv .= $rec['tel'];
 97 |    $csv .= ',';
 98 |    $csv .= $rec['code_product'];
 99 |    $csv .= ',';
100 |    $csv .= $rec['mst_product_name'];
101 |    $csv .= ',';
102 |    $csv .= $rec['price'];
103 |    $csv .= ',';
104 |    $csv .= $rec['quantity'];
105 |    $csv .= "\n";
106 |}
107 |
108 |print nl2br($csv);
109 |
```

- 73行目: あとでExcelで開いたときにこれが列のタイトルになります。
- 92行目: 郵便番号はこうして「-」を挟んで3桁部と4桁部を連結しちゃいましょう。
- 82〜105行目: こうしてデータを連結してCSVファイルの本体を作っていきます。
- 108行目: 確認用に画面に表示してみます。

さあ、動かしてみましょう。画面にCSVのようなテキストが表示されていますか？

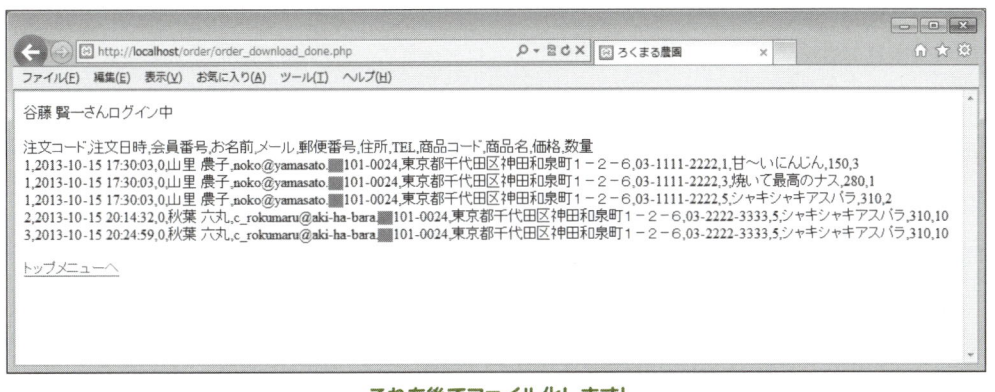

これを後でファイル化します！

この内容を、あとでそのままファイル化します。
出ていない項目はないですか？　ちゃんとカンマで区切られていますか？　カンマの抜けはないですか？　余分なカンマはないですか？　大丈夫なら、いよいよこれをCSVファイルにします！

CSVファイルを生成するプログラムを追加しよう！

今、$csvの中にCSVファイルとなるべきデータが収まっていますね。これを本当のCSVファイルとして生成します。どうしたらいいのでしょう？　伝授しましょう！それが「ファイルアクセス」です。

●8-2-9

これがファイルアクセスだ!

ファイルアクセスとは、ファイルを読み込んだり書き込んだりすることを意味します。そしてかならず3ステップを辿ります！

1. ファイルを開く

$file = fopen('ファイル名','w');

　　　　↑　　　　　　　　　　　↑
　ファイルを開く命令　　　　r…読み込みモード w…書き込みモード
ファイルそのものを指す（ファイルポインタと呼びます）

2. ファイルを書き込む（読み込みモードのときは使えません）

fputs($file, $csv);

　　↑　　　　↑　　↑ファイルに書き込みたいデータ
　　　　　ファイルポインタ
ファイルを書き込む命令

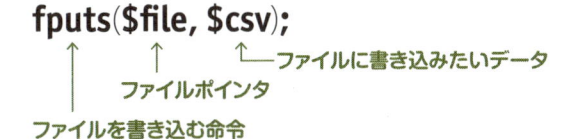

3. ファイルを閉じる

fclose($file);

　　↑　　　　↑
　　　　　ファイルポインタ
ファイルを閉じる命令

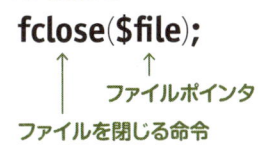

> Macの方は、うまくいかなくて画面にエラーメッセージが出る場合があります。そのときは［order］フォルダのアクセス権を3つとも「読み／書き」にしてください。

ここでまた文字コードの問題が出てきます。サーバー上ではUTF-8でしたが、Windowsでは Shift-JISです。ファイルに書き込む前にShift-JISに変換する必要があります。

● 8-2-10

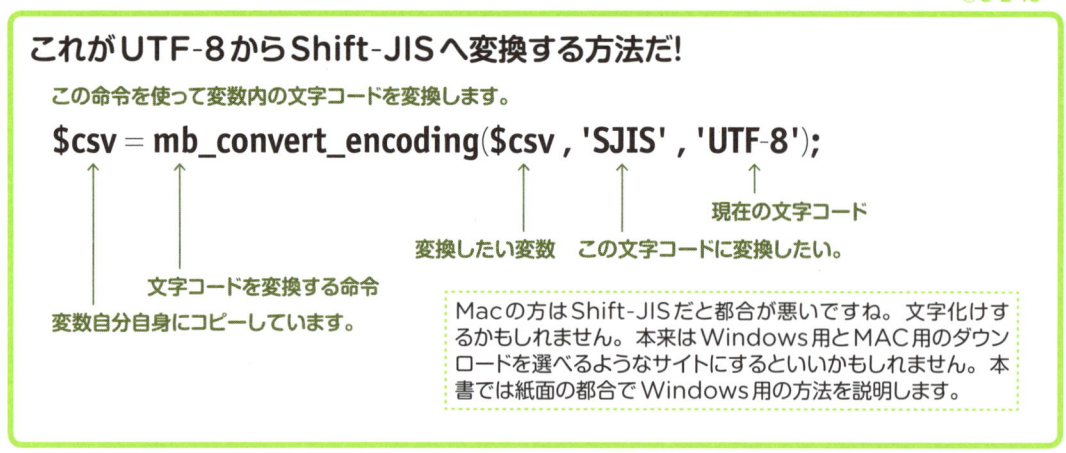

これがUTF-8からShift-JISへ変換する方法だ!

この命令を使って変数内の文字コードを変換します。

$csv = mb_convert_encoding($csv , 'SJIS' , 'UTF-8');

↑ 変数自分自身にコピーしています。
↑ 文字コードを変換する命令
↑ 変換したい変数
↑ この文字コードに変換したい。
↑ 現在の文字コード

Macの方はShift-JISだと都合が悪いですね。文字化けするかもしれません。本来はWindows用とMAC用のダウンロードを選べるようなサイトにするといいかもしれません。本書では紙面の都合でWindows用の方法を説明します。

それでは改造してみましょう!

order_download_done.php

● 8-2-11

```
106 |}
107 |
108 |//print nl2br($csv);          ← もう使わないのでコメントアウトします。
109 |
110 |$file=fopen('./chumon.csv' , 'w');   ← 同じフォルダ内に書き込みモードで開く。
111 |$csv = mb_convert_encoding($csv,'SJIS','UTF-8');  ← 文字コードをShift-JISに変換。
112 |fputs($file, $csv);           ← ファイル書き込み
113 |fclose($file);                ← ファイルを閉じる。
114 |
115 |}
        ⋮
122 |?>
123 |
124 |<a href="chumon.csv"> 注文データのダウンロード </a><br />
125 |<br />
126 |<a href="order_download.php"> 日付選択へ </a><br />
127 |<br />
128 |<a href="../staff_login/staff_top.php">トップメニューへ </a><br />
129 |
130 |</body>
```

では、ダウンロードを実行してみましょう!

デスクトップ等にダウンロードしてみてください。そしてExcelで開いてみましょう！

デスクトップとかに保存してみてください。chumon.csvというファイルが現れるはずです。これをExcelなどで開いてみてください。

…どうでしょうか。ついにデータベース内のデータをパソコンに持ってくることに成功しました！　これでいろんな処理が可能になりますね。宛名ラベルの印刷、入金のチェック、発送の控えにと、もうあなたのアイデア次第です。

ここまでできれば、基本的なショッピングサイトの骨格は完成です！　本書はプログラミングの本ですので、見た目のデザインにまでは触れません。この骨格にデザインを着せれば、もうショッピングカート付きの立派な物販サイトになりますよ！

「ここまででOK！」という方は、次の章を飛ばして、あとがきへ進んでもいいですよ。次の章は、お客様向けの会員登録機能です。会員になってくださった方は、ログインすることで、より簡単にショッピングができるようになる。そんな本格的な機能を実現させます！

Chapter **9**

お客様に会員になってもらおう！

本章ではこれを作りますよ！

[shop] 会員登録・かんたん注文

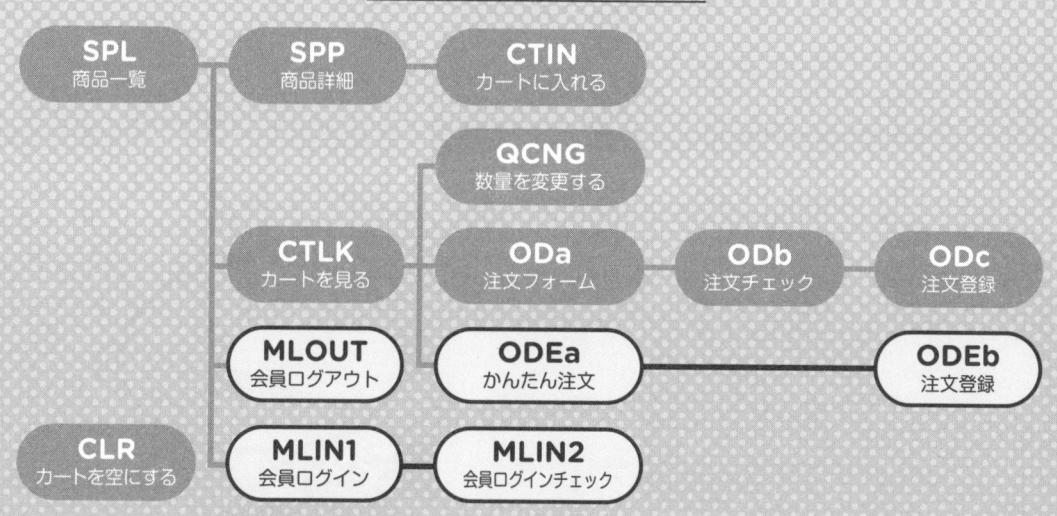

- **SPL** 商品一覧
- **SPP** 商品詳細
- **CTIN** カートに入れる
- **QCNG** 数量を変更する
- **CTLK** カートを見る
- **ODa** 注文フォーム
- **ODb** 注文チェック
- **ODc** 注文登録
- **MLOUT** 会員ログアウト
- **ODEa** かんたん注文
- **ODEb** 注文登録
- **CLR** カートを空にする
- **MLIN1** 会員ログイン
- **MLIN2** 会員ログインチェック

こんなキーワードが出てきますよ！

ラジオボタン

お客様に会員になってもらおう!

会員にならなくてもショッピングができて、
会員になるともっと便利に利用できる、
そんなサイトになったら素晴らしいですね。

ここからはかなり高度になります。
「会員登録まではいらない」という方は、
飛ばしていただいても構いません。
「是非、お客様を会員にしたい!」
「いや、特にそうする必要はないけど、
もっとプログラミングの力をつけたい!」
という方、お付き合いいたします。
そしてとても素晴らしい世界に
ご招待します。
その代わり覚悟を決めてくださいね。
頭をフル回転させる覚悟です!

(行ってみましょう)

9-1 会員登録の画面を作ろう！

今まで作ったプログラムの改造だけでできます！　でも、とても頭を使いますよ。

会員登録の仕様を決めよう！

「ネットショッピングはリピーターが付くと強い」と言われますね。お客様側だって、住所氏名を毎回入力するのは面倒です。会員登録してもらってログインすれば、商品をカートに入れた後、すぐにご購入手続きが完了したら便利ですよね。そんな仕組みを今回は、「会員かんたん注文」とでも呼びましょうか。

それを作る前に、どんなシチュエーションが起こりうるか、ちょっと考えてみましょう。
　　　　・会員になって次から楽に買い物をしたい人がいます。
　　　　・これまでどおり、会員登録せずに買い物をしたい人もいます。
　　　　・後でメルマガやお知らせを発行したいので、性別や大まかな年齢も知りたいですね。
　　　　・会員はメールアドレスとパスワードでログインします。
これらの場面に対応する仕様を考えます。
こんな仕様ではいかがでしょうか。

(1) 注文フォームshop_form.htmlの改造
　　　　・今回だけの注文か、会員登録しての購入かを選ぶためのラジオボタンを追加する。
　　　　・会員登録を希望するお客様のために、以下の項目を追加する。
　　　　　　　a．パスワード（ログインに必要）
　　　　　　　b．性別（マーケティングに使える）
　　　　　　　c．西暦何十年代生まれか（マーケティングに使える）

(2) 注文チェック画面shop_form_check.phpの改造
　　　　・もし会員登録希望だったら、追加項目も入力チェックする。
　　　　・今回だけの注文なら、追加項目の入力チェックはしない。
　　　　・会員登録希望の有無や追加項目を注文完了画面shop_form_done.phpにhiddenで渡す。
　　　　・もし会員ログイン後の「会員かんたん注文」だったら、お客様情報はデータベースから読み出す。

(3) 注文登録画面 shop_form_done.php の改造
・もし会員登録希望だったら…
　　　a. データベースに会員登録をする。
　　　b. メールの本文に、会員登録した旨のメッセージを加えたい。
・もし今回だけの注文だったら、現在のプログラムと同じ動作をさせる。

(4) 商品一覧 shop_list.php の改造
・「会員ログイン」画面へのリンクを付ける。

(5) 会員向けのログイン画面を新たに作る
・member_login.html で、メールアドレスとパスワードを使いログインできるようにする。
・会員ログイン時の認証画面 member_login_check.php を作る。
　　　a. ログイン失敗なら member_login.html に戻ってもらう。
　　　b. ログイン成功ならログイン状態にして、shop_list.php に戻ってもらう。

(6) カートを見る画面 shop_cartlook.php の改造
・ログインしていれば「会員かんたん注文へ進む」が表示されて、shop_kantan_check.php へ飛べるようにする。

(7)「会員かんたん注文」での注文を登録する
・shop_kantan_check.php から、shop_kantan_done.php へ飛んで、注文データを注文テーブルに登録する。

いや〜、けっこう複雑ですね。これでも最低限の仕様に抑えたのですよ。会員機能付きのショッピングカートって、とても難しいのです。作りたくてもできないはずですよね。でも、もうすぐあなたは、それを完成させるのです。これはスゴイことなんです！

「会員登録して購入」の機能を追加しよう！

注文フォームshop_form.htmlに、「今回だけの注文」か「会員登録しての注文」かを選んでもらうための改造をしましょう。そうした選択にはラジオボタンを用います。

● 9-1-1

これがラジオボタンを出す方法だ！

ラジオボタンは、複数ある選択肢の中から1つだけ選ぶ形式のボタンです。
おなじみ＜input＞タグですので、＜form＞～＜/form＞の間に書きます。

ラジオボタンは、必ずどれか1つを選ぶ仕組みなので、1箇所だけ「checked」を入れます。下の例では、「東」が最初から選択されている状態になります。

```
<input type="radio" name="houi" value="east" checked>東<br />
<input type="radio" name="houi" value="west">西<br />
<input type="radio" name="houi" value="south">南<br />
<input type="radio" name="houi" value="north">北<br />
```

飛び先では、PHPでこう受け取ります。

```
$houi=$_POST['houi'];
print $houi;
```

ラジオボタンで東を選べば「east」、西を選べば「west」などと表示されます。

会員登録では、パスワード、性別、生まれ年も入力してもらうことにしましたね。パスワードは以前やったように、type="password"で実現します。性別はラジオボタンでいきましょう。生まれ年はプルダウンの中から選べるようにしてみましょうか。関数にしたいところですが、この画面は.htmlなのでPHPが使えませんから、ベタに書くことにします。では、shop_form.htmlを改造しましょう。

shop_form.html

● 9-1-2

```
21|<input type="text" name="tel" style="width:150px"><br />
22|<br />
23|<input type="radio" name="chumon" value="chumonkonkai" checked> 今回だけの注文 <br />
24|<input type="radio" name="chumon" value="chumontouroku"> 会員登録しての注文 <br />
25|<br />
26|※会員登録する方は以下の項目も入力してください。 <br />
27|パスワードを入力してください。 <br />
28|<input type="password" name="pass" style="width:100px"><br />
29|パスワードをもう1度入力してください。 <br />
30|<input type="password" name="pass2" style="width:100px"><br />
31|性別 <br />
32|<input type="radio" name="danjo" value="dan" checked> 男性 <br />
33|<input type="radio" name="danjo" value="jo"> 女性 <br />
34|生まれ年 <br />
35|<select name="birth">
36|<option value="1910">1910 年代 </option>
37|<option value="1920">1920 年代 </option>
```

9-1 会員登録の画面を作ろう！

```
38|<option value="1930">1930 年代 </option>
39|<option value="1940">1940 年代 </option>
40|<option value="1950">1950 年代 </option>
41|<option value="1960">1960 年代 </option>
42|<option value="1970">1970 年代 </option>
43|<option value="1980" selected>1980 年代 </option>
44|<option value="1990">1990 年代 </option>
45|<option value="2000">2000 年代 </option>
46|<option value="2010">2010 年代 </option>
47|</select>
48|<br />
49|<br />
50|
51|<input type="button" onclick="history.back()" value=" 戻る ">
```

43行目 ← **selected**を付けることで、あらかじめこの項目を選択状態にできます。

shop_form.htmlを動かしてみましょう。

こんなふうになりましたか

会員登録のための項目が追加されましたね。

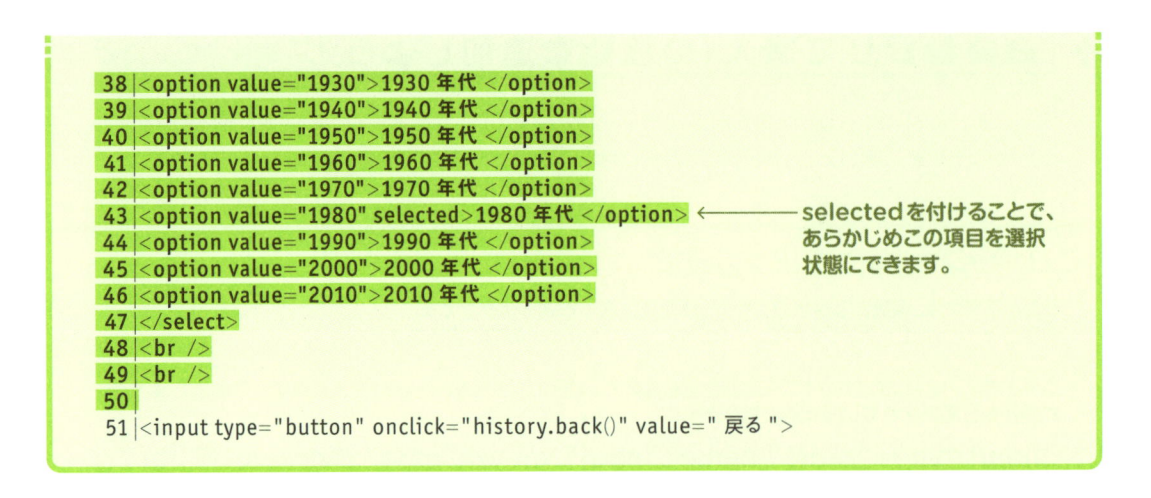

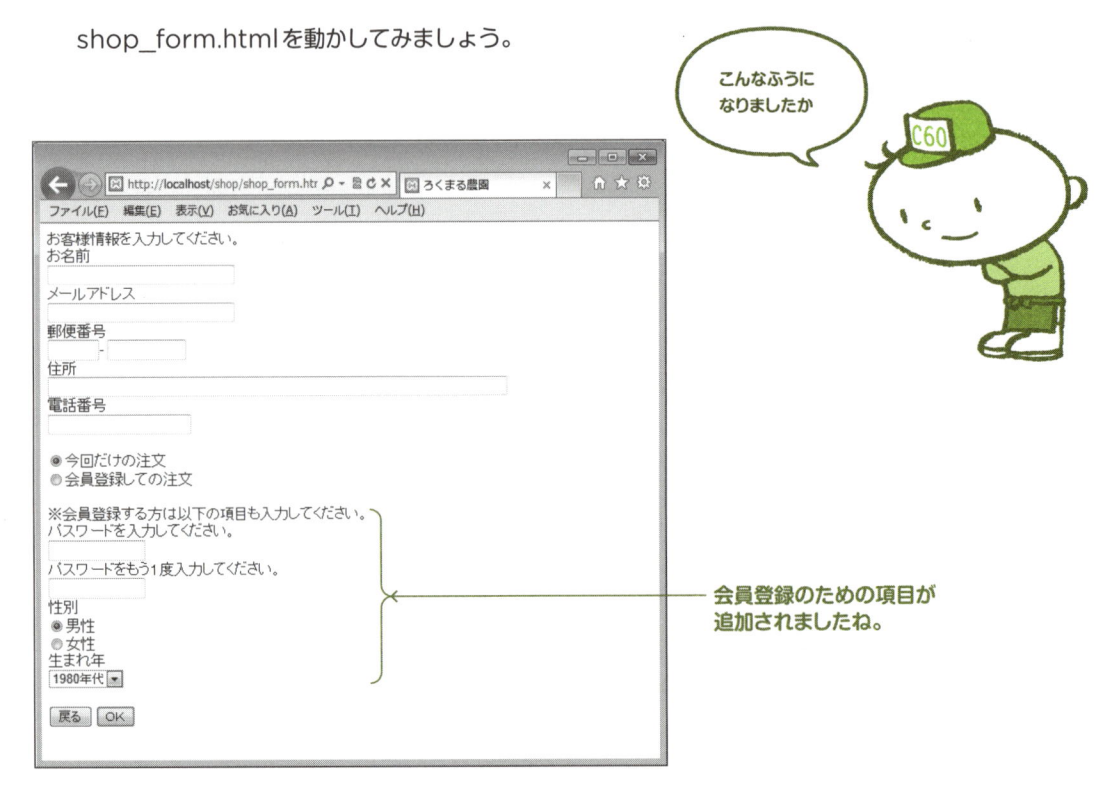

こんな画面になりましたか？ 「今回だけの注文」の方が選択されていますか？ 性別は選択されていますか？ ラジオボタンが両方白丸ではダメですよ。生まれ年の初期値は1980年代になっていますか？ 1910年代になっていたら何かが間違っています。おかしなところがあったらキッチリ修正してくださいね。

会員登録のチェックを追加しよう！

注文チェック画面shop_form_check.phpに、会員情報のチェック機能を追加しましょう。すでに関数でサニタイジングされていますので、$_POSTではなくて$postから取り出します。追加項目については「会員登録しての注文」が選ばれた場合だけチェックします。「今回だけの注文」のお客様には関係ないですからね。チェックしてOKなら、パスワード、性別、生まれ年も、飛び先であるshop_form_done.phpにhiddenで渡すようにします。それではshop_form_check.phpを改造しましょう。

shop_form_check.php ●9-1-3

```php
 20 |$tel=$post['tel'];
 21 |$chumon=$post['chumon'];
 22 |$pass=$post['pass'];
 23 |$pass2=$post['pass2'];
 24 |$danjo=$post['danjo'];
 25 |$birth=$post['birth'];
 26 |
        ：
 95 |}
 96 |
 97 |if($chumon=='chumontouroku')
 98 |{
 99 |     if($pass=='')
100 |     {
101 |             print 'パスワードが入力されていません。<br /><br />';
102 |             $okflg=false;
103 |     }
104 |
105 |     if($pass!=$pass2)
106 |     {
107 |             print 'パスワードが一致しません。<br /><br />';
108 |             $okflg=false;
109 |     }
110 |
111 |     print '性別 <br />';
112 |     if($danjo=='dan')
113 |     {
114 |             print '男性';
115 |     }
116 |     else
117 |     {
118 |             print '女性';
119 |     }
120 |     print '<br /><br />';
121 |
122 |     print '生まれ年 <br />';
123 |     print $birth;
124 |     print '年代';
125 |     print '<br /><br />';
126 |
```

```
127|}
128|
129|if($okflg==true)
         ⋮
137|    print '<input type="hidden" name="tel" value="'.$tel.'">';
138|    print '<input type="hidden" name="chumon" value="'.$chumon.'">';
139|    print '<input type="hidden" name="pass" value="'.$pass.'">';
140|    print '<input type="hidden" name="danjo" value="'.$danjo.'">';
141|    print '<input type="hidden" name="birth" value="'.$birth.'">';
142|    print '<input type="button" onclick="history.back()" value=" 戻る ">';
```

shop_form.htmlから動かしてみましょう。今回だけの注文、会員登録しての注文、両方やってみてください。ただし、チェック画面から先には行かないようにしてくださいね。まだ改造の途中ですから。

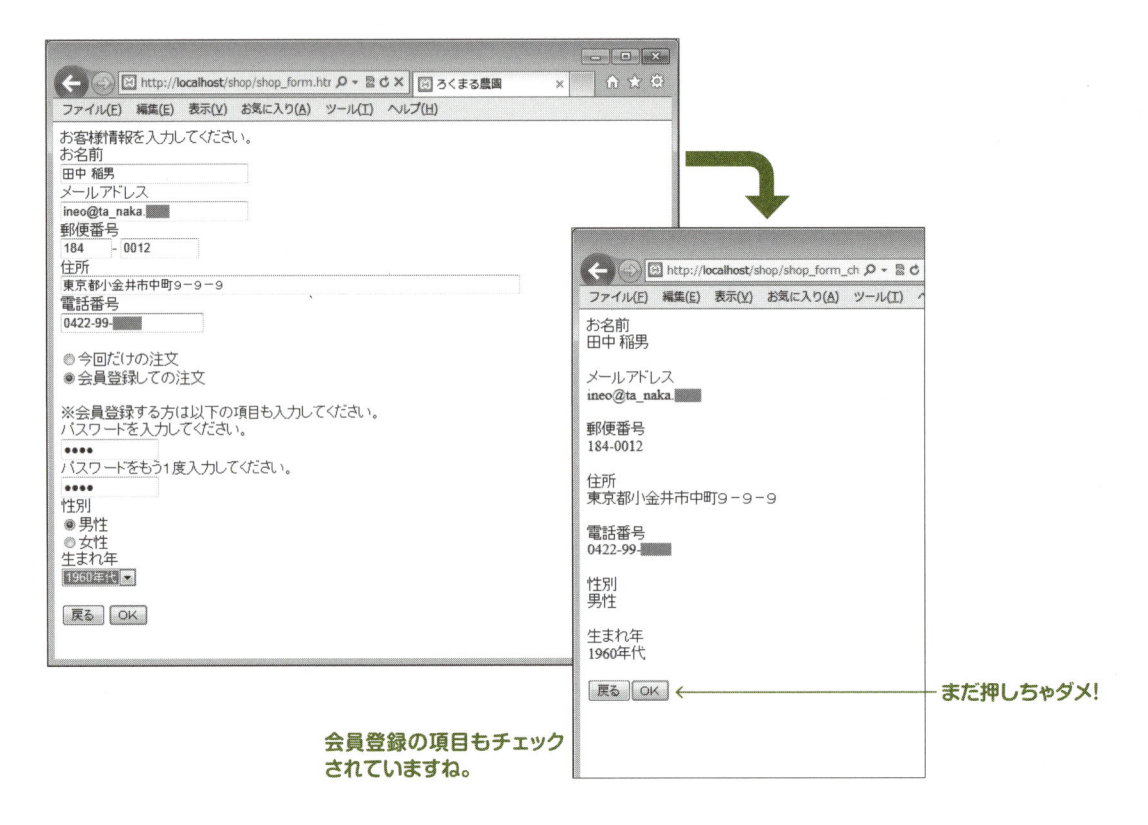

会員登録の項目もチェックされていますね。

まだ押しちゃダメ!

ちゃんとチェックされていますか？ 今回だけの注文なのに、会員登録用の追加項目までチェックされたりしませんか？ いろいろ操作してみてください。

会員データを保存するテーブルを作ろう！

会員登録を実現するには、会員情報を保存するための新しいテーブルが必要ですね。下の仕様書を見ながら、phpMyAdminで会員テーブルを作りましょう。

テーブル名：dat_member

フィールドの意味	フィールド名	型	文字数	キー	A_I
会員コード	code	INT		PK	✓
会員登録日時	date	TIMESTAMP			
パスワード	password	VARCHAR	32		
お名前	name	VARCHAR	15		
メールアドレス	email	VARCHAR	50		
郵便番号1	postal1	VARCHAR	3		
郵便番号2	postal2	VARCHAR	4		
住所	address	VARCHAR	50		
電話番号	tel	VARCHAR	13		
性別	danjo	INT			
生まれ年	born	INT			

性別を見てください。INT型ですね。VARCHARにして「dan」とか「jo」とかにするのは、あまりよろしくありません。基本は男女どちらかなので、整数型で1を男性、2を女性などと決めてしまった方がよいのです。これもまたセオリーです。

データベースに会員を登録しよう！

会員を新規登録するには、会員テーブルに会員情報を追加するプログラムが必要です。これは受注登録画面shop_form_done.phpを改造すれば作れますが、このとき、以下の4点に気を付けてください。

1. 「今回だけの注文」だったら、会員テーブルには何も登録しない。
2. パスワードは暗号化する。
3. 会員情報を追加したら、その会員コードは何番になったのかを、すぐに調べる。
4. これまでは、code_memberフィールド（会員コード）に0をセットしていたが、
もし「今回だけの注文」だったら、今までどおり0をセット。
もし「会員登録して注文」だったら、新規登録したその会員のコードをセット。

では、改造しましょう！

shop_form_done.php

```php
27 |$tel=$post['tel'];
28 |$chumon=$post['chumon'];
29 |$pass=$post['pass'];
30 |$danjo=$post['danjo'];
31 |$birth=$post['birth'];
32 |
33 |print $onamae.' 様 <br />';
```

  ⋮

```php
80 |$stmt->execute($data);
81 |
82 |$lastmembercode=0;  ←──────────── この変数の使い方、しっかり理解してくださいね。
83 |if($chumon=='chumontouroku')
84 |{
85 |      $sql = 'INSERT INTO dat_member (password,name,email,postal1,postal2,address,tel,danjo,born) VALUES (?,?,?,?,?,?,?,?,?)';
86 |      $stmt = $dbh->prepare($sql);
87 |      $data = array();
88 |      $data[]=md5($pass);
89 |      $data[]=$onamae;
90 |      $data[]=$email;
91 |      $data[]=$postal1;
92 |      $data[]=$postal2;
93 |      $data[]=$address;
94 |      $data[]=$tel;
95 |      if($danjo=='dan')
96 |      {
97 |            $data[]=1;
98 |      }
99 |      else
100|      {
101|            $data[]=2;
102|      }
103|      $data[]=$birth;
104|      $stmt->execute($data);
105|
106|      $sql = 'SELECT LAST_INSERT_ID()';
107|      $stmt = $dbh->prepare($sql);
108|      $stmt->execute();
109|      $rec = $stmt->fetch(PDO::FETCH_ASSOC);
110|      $lastmembercode=$rec['LAST_INSERT_ID()'];
111|}
112|
113|$sql = 'INSERT INTO dat_sales (code_member,name,email,postal1,postal2,address,tel) VALUES (?,?,?,?,?,?,?)';
114|$stmt=$dbh->prepare($sql);
115|$data = array();
116|$data[]=$lastmembercode;
117|$data[]=$onamae;
```

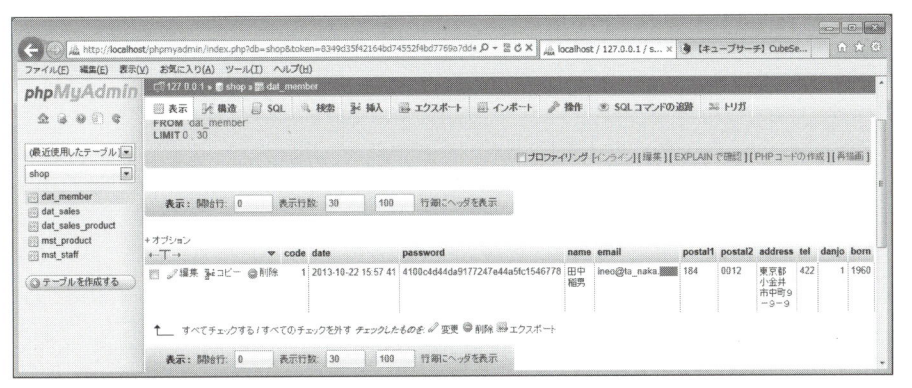

さあ、shop_list.phpにアクセスし、お客様になったつもりで、カートにいくつか商品を入れたら「会員登録して注文」をしてみてください。あとで会員ログインの動作テストで使うので、メールアドレスとパスワードをメモしておいてくださいね。動作はどうですか？ 画面はほとんど変わりませんが、会員登録されているはずです。正常に会員登録されているか、phpMyAdminで確認してください。

正常に会員登録されていれば、こう見えるはずです!

会員情報は追加されていますか？ 何も追加されない場合は、SQL文のフィールド名があっているか、phpMyAdminの画面でよ～く見直してください。 SQL文は正しいのに、テーブルを作るときにフィールド名を間違ってしまうことがあるので確認してください。まだおかしいですか？ プリペアードステートメントの「?」の数はあっていますか？ パスワードは暗号化されていますか？ 性別には1か2が入っていますか？

画面とメールのメッセージも変更しよう！

会員登録をしてくださったお客様向けには、画面とメールのメッセージも変更しましょう。shop_form_done.phpをさらに改造します。

shop_form_done.php ● 9-1-5

```
147 $dbh = null;
148
149 if($chumon=='chumontouroku')
150 {
151     print '会員登録が完了いたしました。<br />';
152     print '次回からメールアドレスとパスワードでログインしてください。<br />';
153     print 'ご注文が簡単にできるようになります。<br />';
154     print '<br />';
155 }
156
157 $honbun.=" 送料は無料です。¥n";
     :
```

9-1 会員登録の画面を作ろう! 281

```
163|$honbun.="\n";
164|
165|if($chumon=='chumontouroku')
166|{
167|    $honbun.=" 会員登録が完了いたしました。\n";
168|    $honbun.=" 次回からメールアドレスとパスワードでログインしてください。\n";
169|    $honbun.=" ご注文が簡単にできるようになります。\n";
170|    $honbun.="\n";
171|}
172|
173|$honbun.=" □□□□□□□□□□□□ \n";
        ⋮
180|print '<br />';
181|print nl2br($honbun);
```

→ 画面で確認できるように、コメントアウトを一旦外します。

カートにいくつか商品を入れ、別のお客様として「会員登録して注文」をやってみてください。

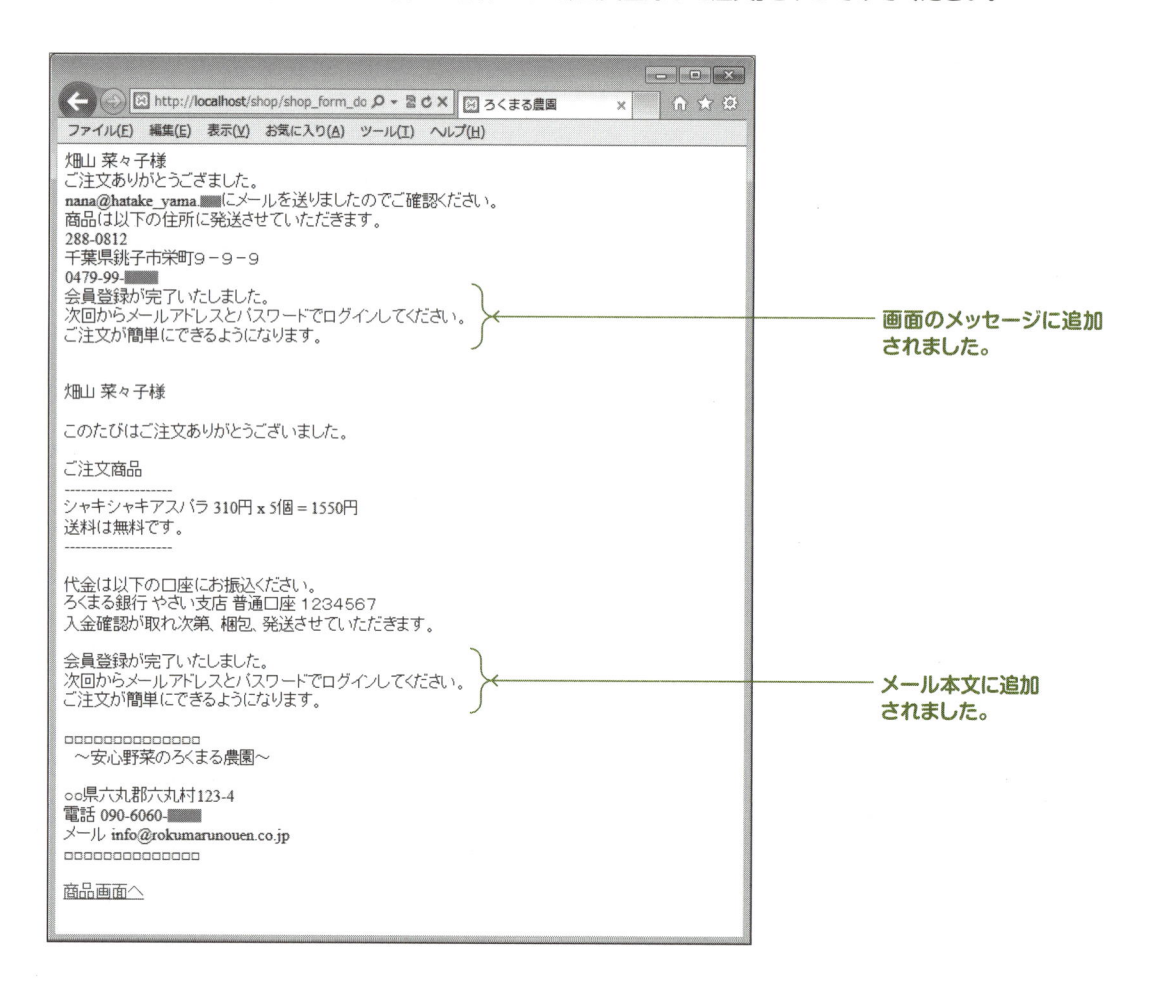

```
畑山 菜々子様
ご注文ありがとうございました。
nana@hatake_yama.■■■■にメールを送りましたのでご確認ください。
商品は以下の住所に発送させていただきます。
288-0812
千葉県銚子市栄町9-9-9
0479-99-■■■■
会員登録が完了いたしました。
次回からメールアドレスとパスワードでログインしてください。
ご注文が簡単にできるようになります。
```
→ 画面のメッセージに追加されました。

```
畑山 菜々子様

このたびはご注文ありがとうございました。

ご注文商品
--------------------
シャキシャキアスパラ 310円 x 5個 = 1550円
送料は無料です。
--------------------

代金は以下の口座にお振込ください。
ろくまる銀行 やさい支店 普通口座 1234567
入金確認が取れ次第、梱包、発送させていただきます。

会員登録が完了いたしました。
次回からメールアドレスとパスワードでログインしてください。
ご注文が簡単にできるようになります。

□□□□□□□□□□
  ～安心野菜のろくまる農園～

○○県六丸郡六丸村123-4
電話 090-6060-■■■■
メール info@rokumarunouen.co.jp
□□□□□□□□□□

商品画面へ
```
→ メール本文に追加されました。

どうですか？　間違ってなさそうですか？　OKなら、メール本文の確認用表示を再びコメントアウトしましょう。

shop_form_done.php　　　　　　　　　　　　　　　　　　　　　　　●9-1-6

```
180|//print '<br />';
181|//print nl2br($honbun);
```

これで会員登録ができました。すごいですね。いよいよこの本も終盤です。次は「かんたん注文」の機能です。会員のお客様はログインすることで、住所が自動で入力されて簡単に注文ができる、そんな仕組みを作っていきましょう。

9-2 会員ログインの仕組みを作ろう！

会員登録ができました。登録した会員だけがログインできる画面をこれから作っていきます。これが「会員」と「一般」のお客様を差別化するサービスへの第一歩となるでしょう。

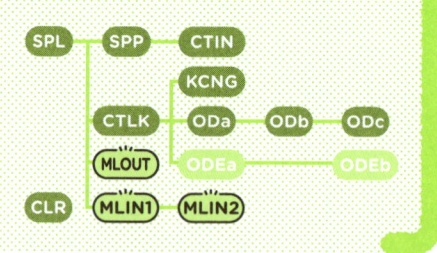

会員専用のログイン画面を作ろう！ ▶▶ MLIN1

これから新しく「会員ログイン画面」を作ります。その画面へ飛ぶために、商品一覧shop_list.phpに、「会員ログイン」のリンクを付けたのを覚えていますか？　いよいよあの飛び先の画面member_login.htmlを作ります！　スタッフ用のログインをコピーして改造すれば楽ができそうですね。[staff_login]フォルダ内にあるstaff_login.htmlを[shop]フォルダにコピーしてください。ファイル名をmember_login.htmlに変えたら、エディタで開いて改造しましょう！

member_login.html　　●9-2-1

```
 9 | 会員ログイン <br />
10 |<br />
11 |<form method="post" action="member_login_check.php">
12 |登録メールアドレス <br />
13 |<input type="text" name="email" ><br />
14 |パスワード <br />
15 |<input type="password" name="pass"><br />
16 |<br />
17 |<input type="submit" value=" ログイン ">
18 |</form>
```

焦らないでね

商品一覧shop_list.phpからちょっと動かしてみましょうか。「会員ログイン」をクリックしてみてください。

会員ログインの画面に飛びましたね。

なんとなくよさそうですね。

会員ログインのチェック画面を作ろう！ ▶▶ MLIN2

では、ログイン処理の本体を作りましょう。これもスタッフ用をコピーして楽をしましょう。[staff_login]フォルダ内にあるstaff_login_check.phpを、[shop]フォルダにコピーしてください。ファイル名をmember_login_check.phpに変えます。では改造しましょう。

member_login_check.php　　9-2-3

```
 8|$post=sanitize($_POST);
 9|$member_email=$post['email'];
10|$member_pass=$post['pass'];
11|
12|$member_pass=md5($member_pass);
13|
       :
19|
20|$sql = 'SELECT code,name FROM dat_member WHERE email=? AND password=?';
21|$stmt = $dbh->prepare($sql);
22|$data[]=$member_email;
23|$data[]=$member_pass;
24|$stmt->execute($data);
25|
```

9-2　会員ログインの仕組みを作ろう!　　285

```
        ：
30 |if($rec==false)
31 |{
32 |    print 'メールアドレスかパスワードが間違っています。<br />';
33 |    print '<a href="member_login.html">戻る</a>';
34 |}
35 |else
36 |{
37 |    session_start();
38 |    $_SESSION['member_login']=1;
39 |    $_SESSION['member_code']=$rec['code'];
40 |    $_SESSION['member_name']=$rec['name'];
41 |    header('Location: shop_list.php');
42 |}
43 |
```

さあ、お客様会員になったつもりでログインするのですが、パスワードちゃんと覚えてますか？忘れちゃった方は、もう一度「会員登録して注文」をしてください。今度はどこかにメモしておいてくださいね。

商品一覧shop_list.phpから動かしてみましょう。「会員ログイン」をクリックして、まずはそのまま何もせずに［ログイン］ボタンをクリックしてみてください。「メールアドレスかパスワードが間違っています。」が出ましたね。

では「戻る」で戻って、今度はメールアドレスとパスワードを入力してから、［ログイン］ボタンをクリックしてください。商品一覧shop_list.phpに飛びましたか？

画面上部を見てください！　「ようこそゲスト様」だったのが、お客様の名前に変わっていますね！

ここがお客様の名前になっています！

会員としてログインできたようですね。

会員ログアウトの画面を作ろう！　▶▶ MLOUT

ログインができたので、次にログアウトを作りましょう。
これも簡単です。スタッフ用のログアウトをコピーして改造しちゃいましょう。[staff_login]フォルダ内にあるstaff_logout.phpを[shop]フォルダにコピーして、ファイル名をmember_logout.phpに変えてから改造します。

member_logout.php　　●9-2-4

```
19 |<br />
20 | <a href="shop_list.php"> 商品一覧へ </a>
21 |
22 |</body>
```

ではログアウトしてみましょう。

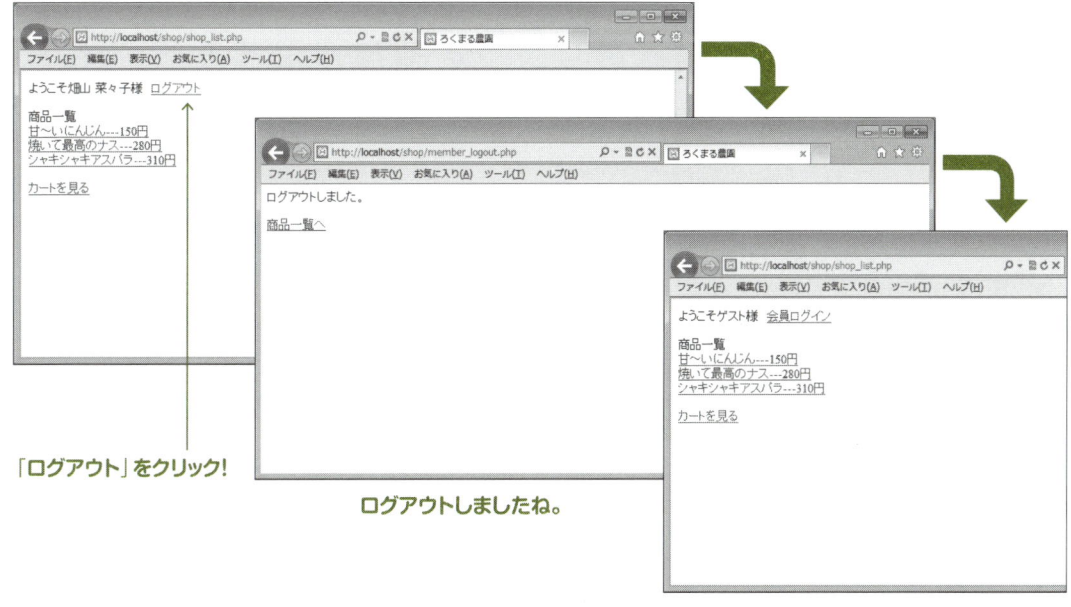

「ログアウト」をクリック！

ログアウトしましたね。

「ゲスト様」に戻っています！

画面上の表示は「ようこそゲスト様」に戻りましたね。カートの中を見てください。カートの中身も消えていますね。これで会員のログアウトの仕組みができました。
次はいよいよ大詰め…、会員だけの「かんたん注文」の仕組みを作ります！

9-3 会員だけの特典「かんたん注文」の仕組みを作ろう!

さあ、大詰めですよ。お客様会員としてログインすれば、名前や住所の入力をしなくても注文できちゃう仕組みを作ります。その名も「会員かんたん注文」です!

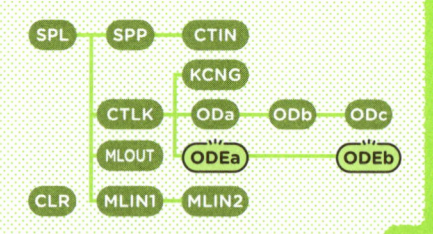

●「会員かんたん注文」へのリンクを追加しよう!

「カートを見る」画面に「ご購入手続きへ進む」がありましたね。もし登録済み会員としてログインをしていたら、そこに「会員かんたん注文へ進む」もいっしょに表示しましょう。飛び先はこれから作るshop_kantan_check.phpです。ではshop_cartlook.phpをエディタで開いて、こう改造してください。

shop_cartlook.php ●9-3-1

```
121|<a href="shop_form.html"> ご購入手続きへ進む </a><br />
122|
123|<?php
124|    if(isset($_SESSION["member_login"])==true)
125|    {
126|        print'<a href="shop_kantan_check.php"> 会員かんたん注文へ進む </a><br />';
127|    }
128|?>
129|
130|</body>
```

ここまで来たあなたなら、もう分かりますね? もしログインしていたら「会員かんたん注文の画面へ進む」を表示する、という改造をしたのです。

●「会員かんたん注文」の仕組みはこうだ!

これから画面shop_kantan_check.phpを新たに作るのですが、何をしたらいいのでしょうか? 考えてみれば簡単なことなんです。これから説明することをよ〜くイメージしながら、頭の中でシミュレーションしてください。いいですか、いきますよ。

「今回だけの注文」と「会員登録しての注文」ではこんな動きをしました。
1. 注文フォームshop_form.htmlでお名前や住所などを入力し、
2. 注文チェック画面shop_form_check.phpに飛んで入力ミスをチェックし、
3. 注文登録画面shop_form_done.phpに飛んで、注文データの登録とそれに関連するいろんな処理を実行しました。

「会員かんたん注文」では、こうです。
1. 入力不要ですから入力フォームはなく、そのままチェック画面shop_kantan_check.phpに飛びます。
2. shop_kantan_check.phpでは、$_POSTではなくてデータベースから、登録済みのお客様情報を読み出します。
3. 注文登録画面shop_kantan_done.phpに飛んで、注文データの登録とそれに関連するいろんな処理を実行します。

こうして、通常の注文と会員かんたん注文の場合とで、それぞれに別のプログラムの流れを作るのです。

かんたん注文のチェック画面を作ろう！

shop_form_check.phpをコピーして、ファイル名をshop_kantan_check.phpに変更してください。$_POSTからではなく、データベースからお客様の情報を読み込むように改造しましょう。
まず、以下の3箇所を削除してください。
1. <?php の次の行から、print '<form method="post" action="shop_form_done.php">';の前の行まで（かなり思い切った削除ですよ）
2. 最初に出てくるprint '</form>';　の次の行から、?>の前の行まで
3. print '<input type="hidden" name="chumon" value="'.$chumon.'">';の行

そしてこう追加しましょう。

shop_kantan_check.php

```php
1  <?php
2  session_start();
3  session_regenerate_id(true);
4  if(isset($_SESSION['member_login'])==false)
5  {
6      print 'ログインされていません。<br />';
7      print '<a href="shop_list.php">商品一覧へ</a>';
8      exit();
9  }
10 ?>
11
12 <!DOCTYPE html>
```

会員としてログインしていなければ、商品一覧へ戻ってもらいます。

⋮

```php
21 $code=$_SESSION['member_code'];
22
23 $dsn = 'mysql:dbname=shop;host=localhost';
24 $user = 'root';
25 $password = '';
26 $dbh = new PDO($dsn, $user, $password);
27 $dbh->query('SET NAMES utf8');
28
29 $sql = 'SELECT name,email,postal1,postal2,address,tel FROM dat_member WHERE code=?';
30 $stmt = $dbh->prepare($sql);
31 $data[]=$code;
32 $stmt->execute($data);
33 $rec = $stmt->fetch(PDO::FETCH_ASSOC);
34
35 $dbh = null;
36
37 $onamae=$rec['name'];
38 $email=$rec['email'];
39 $postal1=$rec['postal1'];
30 $postal2=$rec['postal2'];
41 $address=$rec['address'];
42 $tel=$rec['tel'];
43
44 print 'お名前 <br />';
45 print $onamae;
46 print '<br /><br />';
47
48 print 'メールアドレス <br />';
49 print $email;
50 print '<br /><br />';
51
52 print '郵便番号 <br />';
53 print $postal1;
54 print '-';
55 print $postal2;
56 print '<br /><br />';
57
58 print '住所 <br />';
```

データベースから会員情報を取り出します。

```
59 |print $address;
60 |print '<br /><br />';
61 |
62 |print ' 電話番号 <br />';
63 |print $tel;
64 |print '<br /><br />';
65 |
66 |print '<form method="post" action="shop_kantan_done.php">';
67 |print '<input type="hidden" name="onamae" value="'.$onamae.'">';
68 |print '<input type="hidden" name="email" value="'.$email.'">';
69 |print '<input type="hidden" name="postal1" value="'.$postal1.'">';
70 |print '<input type="hidden" name="postal2" value="'.$postal2.'">';
71 |print '<input type="hidden" name="address" value="'.$address.'">';
72 |print '<input type="hidden" name="tel" value="'.$tel.'">';
削除  print '<input type="hidden" name="pass" value="'.$pass.'">';
削除  print '<input type="hidden" name="danjo" value="'.$danjo.'">';
削除  print '<input type="hidden" name="birth" value="'.$birth.'">';
73 |print '<input type="button" onclick="history.back()" value=" 戻る ">';
74 |print '<input type="submit" value=" OK "><br />';
75 |print '</form>';
76 |?>
```

もう解説は不要ですね。

注文データの登録画面を作ろう！ ▶▶ ODEb

次に、かんたん注文の場合の注文登録画面shop_kantan_done.phpを作ります。やることは、「今回だけの注文」とほとんど同じです。1つだけ違うのは、注文テーブルdat_salesの会員コードフィールドcode_memberに、0ではなくて、会員コードを入れることです。ログインしていれば、0ではなく会員コードが入るプログラムに既になっているはずです。ですので、shop_form_done.phpをコピーしてちょっとだけ改造すれば、とても簡単にできちゃいます。

では、shop_form_done.phpをコピーし、ファイル名をshop_kantan_done.phpに変えて改造しましょう。まず、以下を削除してください。

1. $chumon=$post['chumon']; の行
2. $pass=$post['pass']; の行
3. $danjo=$post['danjo']; の行
4. $birth=$post['birth']; の行
5. 3箇所ある if($chumon=='chumontouroku') のブロックすべて

そしてこう改造しましょう。

shop_kantan_done.php ● 9-3-3

```php
 1 |<?php
 2 |session_start();
 3 |session_regenerate_id(true);
 4 |if(isset($_SESSION['member_login'])==false)
 5 |{
 6 |    print 'ログインされていません。<br />';
 7 |    print '<a href="shop_list.php">商品一覧へ</a>';
 8 |    exit();
 9 |}
10 |?>
11 |
12 |<!DOCTYPE html>
        :

85 |$lastmembercode=$_SESSION['member_code'];
```

さあ、動かしてみましょう。登録済みの既存会員として買い物をしてみてください。

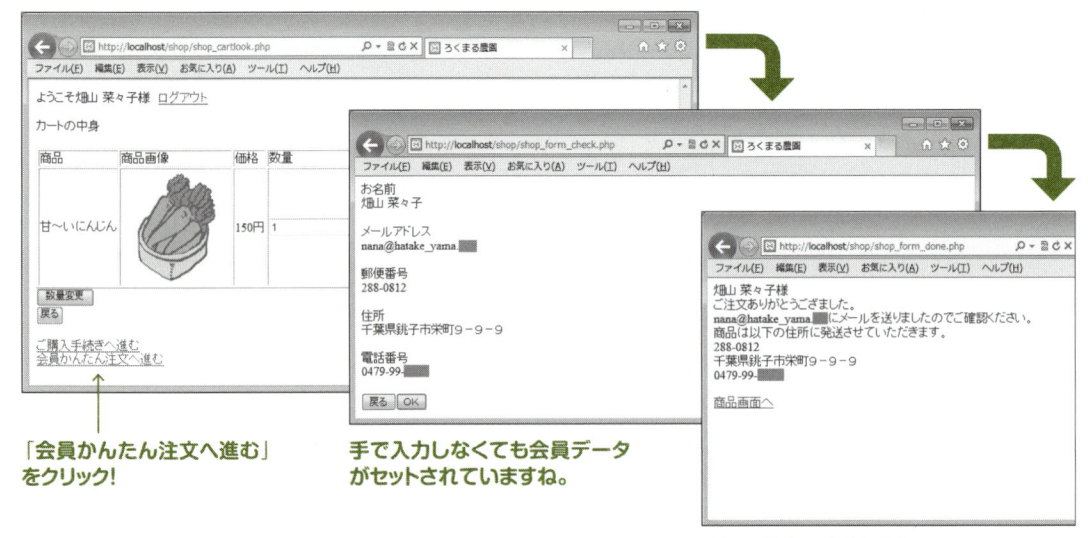

「会員かんたん注文へ進む」をクリック！

手で入力しなくても会員データがセットされていますね。

そして注文できました！

会員として正常に注文データが追加されているかどうか、phpMyAdminで確認してください。dat_salesには、ちゃんと会員コードが入っていますか？ dat_sales_productも正常に追加されていますか？ 「今回だけの注文」をしてみたり、別のお客様になりきって「会員登録して注文」してみたり、しつこいくらいにいろいろやってみては、注文データが正常に追加されていく様をphpMyAdminで確認してください。CSVにダウンロードして確認するのも"あり"ですね。

お疲れさまでした!

よくここまで辿り着きましたね。あなたはとうとう
ショッピングカートを手に入れたのです!
ご自分でゼロから作ったのですよ。
フレームワークもテンプレートも使わずに、
何もない"無"から創造したのです。
あれほど遠い遠い夢のことのように思っていたのに
今、あなたの目の前にそれがあります。
この先どう応用するかは、あなたの自由です。
さぁ、何を作りますか?
そのワクワク感を、
心から応援しています!!

あとがき

　就職活動に失敗した大学生の自殺者数が1,000人を超える世の中になりました。過去5年間で約3倍に急増したそうです。1998年ごろ、「将来の日本の姿」について友人とよく話していたんです。そのときの予測が次々と当たっていくので、正直恐いです。

　　　・本格的就職困難の時代がもうすぐやって来る……超氷河期
　　　・働けない、働かない若者が増える……ニート
　　　・ホームレスの人々に若者の姿が混じるようになる……若年貧困層
　　　・そして次に来るのが……若者の自殺増

　この筋書きには根拠がありました。就職が困難になると、社会への所属が難しくなります。ベクトルで考えると、所属の反対側、社会への非所属へと向かうことになります。だから引きこもり、ホームレス化であり、その先にあるのは究極の非所属、つまり"死"です。

　今日、「就活の数カ月間で一生が決まってしまう」と思い込んでいる学生は少なくありません。馬鹿げていますか？　そう仰る社会人のみなさんも、学生時代には大して情報を持っていなかったのではないでしょうか。特に1992年以前に就職された方は、なんとかなってしまう時代でした。今の若者はどうにもならないのです。100社受けても内定が出ない、なんて話はザラです。思い詰めてしまう若者が出ないはずありません。

　IT業界では2000年頃からメンタル疾患が激増しました。「忙しい業界だから」と言われたりしますが、昔の方が忙しかったはずです。連日の徹夜が当たり前のあの時代、病気になる人は今よりはるかに少なかったのです。何が違ったのでしょう？

　「だってそういうものだから」という思い込み、私はこれこそが根源にある問題ではないかと考えています。

　「だって大手の正社員にならないと、不安定で親が心配するから」とか、「だってプログラムはこう書けと先輩から教わったから」といった台詞です。「本当にそう？」「もっといい方法があるのでは？」と疑う楽しさは、人生やプログラミングの醍醐味でもあります。自分で考えて自分で作り出す楽しさが、徐々に日本社会から失われていった気がします。

　一方で、彼らは何かに気がついたのでしょうか。不毛なシューカツに背を向け、起業を目指す、農業を始める、社会企業家になる、そんな若者も登場してきました。昔の楽しさを保っているIT企業が今も存在するのも事実です。私自身、休日も喜んで会社に行っていた頃を思い出します。早く仲間にアイデアをぶつけ、反応を見たい。逆にアイデアをぶつけられて「スゲ〜ッ！」と驚きたい。そんな会社から病人は出ません。

　「だってそういうものだから」から「そもそも本当はどうなの？」に考え方を変えるだけで、

世界の見え方は違ってきます。3.11の震災以降、絆について考える人が増えたそうです。なるほど、あんな事態に直面したら、「そもそも」を考えざるをえませんね。でも、大災害を待つ必要はありません。ちょっとだけです。ちょっとだけ考え方を「そもそも」に変えてみるのです。そもそも就職と命の、どちらが重いのか。そもそもベテランエンジニアは、なぜ楽しそうに技術を語るのか。そもそも、そもそも…

　この本は他の入門書と比べ、かなり非常識な展開で書かれています。「そもそも今の入門書は正しい姿なのか？」から考えました。参考文献は80年代以前の本ばかりです。書き手である私自身が「そうか、最近の本はこう書くのか」と、引っ張られないためでした。不安もありましたが、常に「そもそも」に立ち返り、いったん話を白紙に戻してから執筆することに集中しました。

　「そもそも初心者にはこう見えるのではないか？」、「そもそもベテランならこうするでしょう」…前著『いきなりはじめるPHP』では、たくさんの方をプログラミングの世界にご招待できました。そして「もっと知りたい！」という方が続々と秋葉原の教室を訪れています。「そもそも」から80年代の「ワクワク」を再現できたと確信しています。

　この本も同じテイストを目指しました。秋葉原の教室のみなさんとのやりとりを通じ、まだ伝え切れていないことをコツコツと記録しました。その記録からストーリーを組み上げ、ショッピングカートの仕組み作りを目標と定めました。プログラミングのセオリーも、できる限り盛り込みました。

　「そもそも」は「ワクワク」を誘発します。ワクワクの正体は知的好奇心であり、大きな力になります。ガリガリ「お勉強」をしなくても、「知りたい」という欲求は人をどんどん引っ張ってくれます。その力を利用してプログラミングを習得できたら、どんなに素晴らしいでしょう。その力で仕事ができたら、どんなに素敵でしょう。その力で就職活動や進学ができたら、どんなに明るい未来でしょう。たかがプログラミング入門書ではありますが、そんな大きなテーマを吹き込んだつもりです。

　この本は私一人の力では決してできませんでした。『いきなりはじめるPHP』の読者のみなさん、私の講座の受講者のみなさん、若い頃の私を育ててくださった諸先輩方、切磋琢磨した仲間たち、いつも的確なアドバイスをくださったリックテレコムの松本昭彦さん、手術後の不自由な執筆を支えてくれた妻、人生の途中で遠い世界へ行ってしまった幾人かの仲間たち、深く深く感謝しています。そして読者であるあなたにこそ、心からこの本を捧げます。

2013年9月　　著　者

参考文献

（本書の執筆に際して筆者が影響を受けた本です）

『藤井旭の天体写真教室』藤井 旭著、誠文堂新光社、1976年

少年の私はどれだけこの本を立ち読みしたことか。それほど引力の強い本でした。結局当時は買ってもらえず、数年前にオークションで入手しました。大人になって対面してみて、驚くべき発見がありました。色使い、文字フォント、言い回しなど、まるでいつもの私と同じ。私が書く原稿や提案書の源流は、この本にあったのです。子供の頃に見聞きしたものって、脳の奥に焼き付いているものなんですね。本書にもそのテイストが滲んでいます。

『よくわかるマイコンの使い方遊び方——趣味の技術入門』
谷本敏一・野島久雄著、新星出版社、1981年9月

私が最初にプログラミングを覚えた本です。何度も何度も読み返し、もうボロボロです。本書を執筆するにあたり、あのワクワク感を思い出すために、もう一度読み返しました。

『PC-8001/8801マシン語入門』塚越一雄著、電波新聞社、1983年3月

当時、アセンブラ言語の習得はハードルが高いとされていました。そのとき、これでもかというくらい「大丈夫」という気分にさせてくれた本です。いつの間にか理解できていました。技術にはお勉強よりもワクワク感や安心感が大切であることを確信させてくれました。

『作れるマイコンインタフェース——ホビーエレクトロニクス（14）』
矢野越夫著、日本放送出版協会、1984年1月

アセンブラよりもさらにハードルの高いハードウェア設計。安心できる言葉と、リアルな現場感覚の言葉が全面に散りばめられた本です。「ハードウェアですら身構えて勉強する必要はない」という安心感を与えてくれました。本書にもたまに出てくる泥臭い表現は、この本の影響によるものです。

『入門C言語——アスキー・ラーニングシステム 入門コース』三田典玄著、アスキー、1986年3月

C言語の入門書の中でも、ずば抜けて分かりやすかった本です。複雑な概念を、どう分かりやすく伝えるか。まずやってみて、あとからなぜ？を考える姿勢はこの本から学びました。C言語の聖典K&R（プログラミング言語C）よりも、こちらの本が当時の私にとってバイブルでした。自分が執筆する側に立たされた今、技術を紙面で伝えることの意義を改めて考えさせてくれる本です。

C60のページ

若者も中高年も、一人一人生きていくのが大変な時代になりました。学歴や資格だけでは不充分。仕事との向き合い方を自前で創造していく力が求められています。一方、エンジニアの仕事現場では、あのワクワク・ドキドキの「技術伝承」が途絶えてしまいました。そう、一昔前までは、それがあったのです！

研究の末、「スイングバイメソッド」という方法論を編み出しました。個人も組織も見違えるほど元気になる、と言っても、自己啓発ではなく技術伝承です。楽しく早く上達し、しかも忘れにくいIT講座と、多彩なキャリア支援活動に、C60は懸命に取り組んでいます。

技術教育の独自方法論に基づくIT講座メニュー

- 1日でできる！　PHPプログラミング講座　http://php.c60.co.jp/
- 1日でできる！　MySQLデータベース講座
- 1日でできる！　Excel VBAマクロ講座
- 1日でできる！　ホームページ作成講座
- 企業向け各種研修／講座(情報セキュリティ、C言語ロボット制御、リーダー研修、エンジニアキャリアパス研修、エンジニア的思考研修、ほか)

キャリア支援活動の実績

色々な学校・自治体・NPOで、就職支援、キャリア教育の講座やワークショップを開いてきました。

東京電機大学、埼玉学園大学、浦和大学、神奈川県立商工高校、神奈川県立和泉高等学校(現神奈川県立横浜修悠館高等学校)、横浜市立戸塚高校、川崎市立平中学校、東京学芸大学附属世田谷小学校、横浜市立つつじが丘小学校、学習塾スイング、埼玉県職業能力開発センター、東京しごとセンター、相模原市就職支援センター、東京都ひとり親家庭支援センター「はあと立川」、東京都中小企業振興公社TOKYO起業塾、早稲田社会教育センター、NPO法人学生キャリア支援ネットワーク、NPO法人ユースポート横濱、コ・ラボ西川口、NPO法人キーパーソン21、NPO起業とキャリア支援センター、NPO法人全国引きこもりKHJ親の会、NPO法人日本ITイノベーション協会「@SOHO」

読者特典のお知らせ

本書の読者に限り、ささやかながら"特典"をご用意してあります。下記にアクセスしてみてください。

http://www.c60.co.jp/tokuten/

たぶんついていけなくて、聞くだけで終わるかもしれない不安がたっぷりありました。自分で手を動かすことで、何がわからないかが自分で気付けたことで解決されました。
(N.M 30代女性 フリーデザイナー)

ガリガリやれて、おもしろいですよ!! 終わった時はかんげき。(M.S 24歳男性 コールセンター勤務)

感激しまくりでした。勉強というよりも探求という感じで、クイズ感覚でやっているうちに、いつのまにか出来ちゃっていたコトに驚きました!
(K.N 26歳)

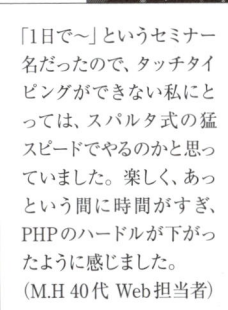

これって本当にセミナーですか?ってかんじですよ。(T.M 32歳)

「1日で〜」というセミナー名だったので、タッチタイピングができない私にとっては、スパルタ式の猛スピードでやるのかと思っていました。楽しく、あっという間に時間がすぎ、PHPのハードルが下がったように感じました。
(M.H 40代 Web担当者)

- 株式会社C60(シーロクマル)　http://www.c60.co.jp
- お勉強禁止!のIT講座　http://php.c60.co.jp
- facebookページ　http://www.facebook.com/c60c60
- 谷藤賢一オフィシャルブログ「強く生きるための そもそも論」
  http://ameblo.jp/tani-official

C60のページ　299

用語索引

数字・記号

8080	21
"	58
!=	57
$_COOKIE	141
$_FILES	113
$_GET	84
$_POST	56
$_SESSION	134
&&	57
.	114
..	114
.=	264
.htaccess	30
¥n	228
/	114
//	232
?>	55
||	57
</a>	58
</body>	55
</option>	253
</select>	253
<?php	55
<a>	58
<body>	55
<form>	50
<input>	50
<option>	253
<select>	253
=	55
==	57
\n	228

A

A_I	44
action	50
AND	259
Apache	19
array	148
array()	240
array_splice	198
as	152
AUTO_INCREMENT	44

B

BOM コード	34
break	156
button	58

C

checked	275
Chrome	22
count	184
CSS	211
CSV ファイル	251

D

DELETE	89

E

else	57
else if	158
enctype	112
EUC-JP	27
Exception	64
execute	66
exit()	135

F

fclose	267
file	112
Firefox	22
fopen	267
for	185
foreach	152
fputs	267
FROM	69
function	160

G

GET	84

H

header	83
hidden	58
history.back()	58
htdocs	29
htmlspecialchars	57
HTML文	50

I

if	57
IIS	20
in_array	207
INSERT INTO	47
INT	43, 44
Internet Explorer	22
isset	81

L

LAST_INSERT_ID()	240
Linux	28
Location	83
LOCK TABLES	246

M

mb_convert_encoding	268
MD5	59
method	50
mi	23
move_uploaded_file	114
multipart	112
my.cnf	32
my.ini	31
MySQL	33

N

name	50
new PDO	65
nl2br	231
Notice	62

O

Object not found!	54

P

password	59
PHP	55
php.ini	31
phpMyAdmin	40
PHPの領域	75
post	50
preg_match	99
PRIMARY	44

Q

query	65

R

radio	71, 275
require_once	163

S

Safari	22
SELECT	69
session_destroy()	141
session_regenerate_id	136
session_start()	133
setcookie	141
Shift_JIS	27
Skype	20
SQL文	45
style	50
submit	51
substr	259
switch〜case	156

T

TeraPad	23
text	50
TIMESTAMP	238
try〜catch	64
type	50

U

Unicode	28
UNIX	28
unlink	120
UNLOCK TABLES	246
UPDATE	78
URL パラメータ	84
UTF-8	28
UTF-8N	34

V

value	71
var_dump	182
VARCHAR	43, 44

W

Web サーバー	19
WHERE	69
width	50

X

XAMPP	17
XSS	164

ア行

合言葉	133
遊び	144
アップロード	111
アプリ	202
アプリポイント	201
アルゴリズム	180
暗号化	59
入れ子	114
インデックス	44
上書き保存	51
エクスプローラ	26
エラー	16
エラートラップ	64
オープンソース	17
お勉強禁止	15

カ行

カートに入れる	173
カートを空にする	187
カートを見る	179
拡張子	25
画像	110
カラム	40
関数	160
基礎は後回し	15
基本設計	180
逆順ループ	199
キュー	246
行	40
業務アプリケーション	90
クッキー	133
クロスサイトスクリプティング	56
コード	43
コピペ	73
コメントアウト	232
コントロールパネル	19

サ行

サーバー	17
削除画面	91
サニタイジング	56
参照画面	91
事前の設定	16
自動返信メール	228
修正画面	91
主キー	44
仕様	72, 203
詳細設計	180
ショートカット	18
ショッピングカート	16
数量の範囲	209
正規表現	99
整数	44
セオリー	41, 73
セッション	133
セッションハイジャック	136
接続	65
切断	65

背番号	27
添え字	148

タ行

ダウンロード	251
楽しく身に付ける	144
注文フォーム	215
重複	44
追加画面	91
ツール	202
ツールバー	26
ツールポイント	201
データの削除	67
データの参照	67
データの修正	67
データの追加	67
データベース	39
データベース管理画面	39
データベースサーバー	31
データベース仕様書	41
テーブル	40
テーブル同士を結合	243
テーブルロック	246
テキストエディタ	23
テキストボックスの初期値	75
デザイン	212
テンプレート	293
電話番号のチェック	218
通し番号	44
独自のフィールド名	263

ナ行

日本語の扱い	114
入力ミス	52
ネスト	114

ハ行

配列	148
破棄	139
パスワード	59
雛形ファイル	35
秘密文書	133

ファイルアクセス	267
ファイルポインタ	267
フィールド	40
フォーム画面	49
2つ以上の条件	210
フラグ制御	222
プリペアードステートメント	66
プルダウンメニュー	253
フレームワーク	293
変数	55
本当の空っぽ	81

マ行

マスタ	41
見えない画面	79
メールアドレスのチェック	218
メールを送信する	232
文字コード	27
文字化け	27
文字列	44

ヤ行

ユーザー	201
ユーザー認証	133
ユーザビリティ	201
郵便番号のチェック	218
ユニコード	28

ラ行

ラジオボタン	71, 275
レコード	40
列	40
連想配列	151
ログアウト	133, 139
ログイン	127
ロック	246
ロックを解除	246

ワ行

ワンクッション	88

[著者プロフィール]

1981年にプログラミングを始め、大学時代の1987年からベンチャー企業に勤務。24才で世界最高精度の測定器を独自理論で開発。23カ国に約3万人のユーザーを持つ天体シミュレーションソフト「SUPER STAR」(http://www.sstar.jp) の開発者でもある。
また、キャリアカウンセラー資格を持つ営業マンとして、大手人材会社で延べ1,000人以上を支援し、行政やNPOとの連携でIT体験インターンシップを実施。フリーターをIT人材に育て上げるユニークな試みは、テレビ東京「ワールドビジネスサテライト」でも紹介。
2008年に株式会社C60（シーロクマル）を創業し、IT教育＆キャリア支援の教室・講演・セミナー活動等を展開。未経験者のIT企業への就職を支援する「ラッシュアウト・プロジェクト」を精力的に推進中。
米国CCE,Inc. GCDF-Japanキャリアカウンセラー。
著書：「いきなりはじめるPHP──ワクワク・ドキドキの入門教室」2011年・リックテレコム刊。

気づけばプロ並みPHP
ショッピングカート作りにチャレンジ！

© 谷藤賢一 2013

2013年10月22日　第1版第1刷発行

著　者　谷藤賢一（たにふじけんいち）

発 行 人　新関卓哉
編　集　松本昭彦
発 行 所　株式会社リックテレコム
　　　　〒113-0034 東京都文京区湯島3-7-7
　　　　振替　00160-0-133646
　　　　電話　03(3834)8380(営業)
　　　　　　　03(3834)8427(編集)
　　　　URL　http://www.ric.co.jp/

装丁・デザイン・イラスト　河原健人
本文組版　株式会社明昌堂
印刷・製本　株式会社平河工業社

本書の全部または一部について無断で複写・複製・転載・電子ファイル化等を行うことは著作権法の定める例外を除き禁じられています。

● 本書に関するお問合せは下記までお願い致します。なお、ご質問の回答に万全を期すため、電話によるお問合せはご容赦下さい。
　FAX (03)3834-8043 ／ E-Mail book-q@ric.co.jp
● 本書に記載されている内容には万全を期していますが、記載ミスや情報に変更のある場合がございます。その場合、当社ホームページ（http://www.ric.co.jp/book/seigo_list.html）に掲載致しますので、ご確認下さい。
● 乱丁・落丁本はお取り替え致します。

ISBN978-4-89797-926-7